新一代人工智能创新平台建设及其关键技术丛书

营 销 智 能

Marketing Intelligence

吴信东　徐凯波　沈桂兰　孙　洁　著

科学出版社

北　京

内 容 简 介

本书以营销智能国家新一代人工智能开放创新平台为基础，综合应用人工智能、大数据挖掘、客户关系管理、数据处理和信息识别等技术，从多源异构的海量数据信息开始，以企业高效营销为目标导向，将智能化数据信息的采集、处理、分析、应用纳入企业生产营销环节中，实现中国企业全面的数字化、智能化、技术化的新营销模式。本书内容覆盖营销、营销智能和营销智能平台的概念、技术和面临的挑战，也提供丰富的中国企业应用营销智能技术的实践与案例。

本书适合高等院校人工智能、市场营销、计算机应用和信息系统等专业本科生、研究生及教师教学和科研使用，也可作为市场研究人员和企业经营管理者的参考用书。

图书在版编目（CIP）数据

营销智能/吴信东等著. —北京：科学出版社，2022.6
（新一代人工智能创新平台建设及其关键技术丛书）
ISBN 978-7-03-072372-7

Ⅰ. ①营… Ⅱ. ①吴… Ⅲ. ①人工智能–应用–营销 Ⅳ. ①TP18
②F713.5

中国版本图书馆 CIP 数据核字（2022）第 087239 号

责任编辑：裴　育　朱英彪　赵微微 / 责任校对：任苗苗
责任印制：师艳茹 / 封面设计：蓝正设计

科学出版社 出版
北京东黄城根北街 16 号
邮政编码：100717
http://www.sciencep.com
北京建宏印刷有限公司 印刷
科学出版社发行　各地新华书店经销

*

2022 年 6 月第 一 版　开本：720×1000　B5
2024 年 1 月第二次印刷　印张：18 1/2
字数：373 000

定价：150.00 元
（如有印装质量问题，我社负责调换）

"新一代人工智能创新平台建设及其关键技术丛书"编委会

"新一代人工智能创新平台建设及其关键技术丛书"序

人工智能自 1956 年被首次提出以来，经历了神经网络、机器人、专家系统和第五代智能计算、深度学习的几次大起大落。由于近期大数据分析和深度学习的飞速进展，人工智能被期望为第四次工业革命的核心驱动力，已经成为全球各国之间竞争的战略赛场。目前，中国人工智能的论文总量和高被引论文数量已经达到世界第一，在人才储备、技术发展和商业应用方面已经进入了国际领先行列。一改前三次工业革命里一直处于落后挨打的局面，在第四次工业革命兴起之际，中国已经和美国等发达国家一起坐在了人工智能的头班车上。

2017 年 7 月 8 日，国务院发布《新一代人工智能发展规划》，人工智能上升为国家战略。2017 年 11 月 15 日，科技部召开新一代人工智能发展规划暨重大科技项目启动会，标志着新一代人工智能发展规划和重大科技项目进入全面启动实施阶段。2019 年 8 月 29 日，在上海召开的世界人工智能大会(WAIC)上，科技部宣布依托 10 家人工智能行业技术领军企业牵头建设 10 个新的国家开放创新平台，这是继阿里云公司、百度公司、腾讯公司、科大讯飞公司、商汤科技公司之后，新入选的一批国家新一代人工智能开放创新平台，其中包括我作为负责人且依托明略科技集团建设的营销智能国家新一代人工智能开放创新平台。

科技部副部长李萌为第三批国家新一代人工智能开放创新平台颁发牌照
舞台中央左起，第 2 位为吴信东教授，第 6 位为李萌副部长

为了发挥人工智能行业技术领军企业的引领示范作用，这些国家平台需要发挥"头雁"效应，持续优化人工智能的创新生态，推动人工智能技术的健康发展。

"新一代人工智能创新平台建设及其关键技术丛书"以国家新一代人工智能开放创新平台的共性技术为驱动，选择了知识图谱、人机协同、众包学习、自动文本简化、营销智能等当前热门且挑战性很强的方向来策划出版相关技术分册，介绍我国学术界和企业界近年来在人工智能平台建设方面的创新成就，以及在这些前沿方向面临的机遇和挑战。希望丛书的出版，能对新一代人工智能的学科发展和人工智能创新平台的建设起到一些引领、示范和推动作用。

衷心感谢所有关心本丛书并为丛书出版而努力的编委会专家和各分册作者，感谢科学出版社的大力支持。同时，欢迎广大读者的反馈，以促进和完善丛书的出版工作。

"大数据知识工程"教育部重点实验室(合肥工业大学)主任、长江学者

明略科技集团首席科学家

2021 年 7 月

前　　言

　　大数据时代的到来，互联网的飞速发展、智能硬件的普及以及计算能力的提升，使得人工智能技术取得了突破性进展，人工智能已经成为引领未来的战略性技术和产业变革的核心驱动力。近年来，受益于技术和网络的高速发展，我国已经形成了世界领先且复杂的数字化消费市场，在营销领域中媒体触点的数字化程度、消费者数字化生活的普及程度以及营销的数字化实践和应用技术都已处于全球领先地位。利用人工智能技术助力智能化决策与管理，加速营销智能技术的应用和创新发展，我国企业已进行了很多深入且富有成效的实践性探索。在此背景下，作者撰写了本书，旨在总结我国企业数字化转型发展过程中的探索经验和我国企业数字化营销上积累的技术，介绍营销智能国家开放创新平台的场景数据、应用框架、行业动态和专家经验。

　　1. 本书的撰写思路

　　国务院在 2017 年 7 月 8 日印发的《新一代人工智能发展规划》文件中明确提出"重点突破跨媒体统一表征，关联理解与知识挖掘、知识图谱构建与学习、知识演化与推理、智能描述与生成等技术，实现跨媒体知识表征、分析、挖掘、推理、演化和利用，构建分析推理引擎"的发展策略，要充分依托知识图谱的自主学习能力，做好数据的营销智能，发挥数据资源的价值，使数据能够更好地服务于行业，进而驱动产业创新，加快推进产业智能化升级。在此背景下，撰写本书的初衷是让读者能够了解营销智能的发展现状，深入理解营销智能的理论，了解营销智能的生态体系，并熟悉营销智能的技术实现。

　　2. 本书的内容组织

　　本书围绕营销的经典理论、营销智能理论和营销智能技术实现的方法论三个部分展开，即包括市场营销基本理论篇、营销智能理论篇和营销智能平台篇。

　　在市场营销基本理论篇，设立 2 章，第 1 章介绍 20 世纪市场营销理论的发展沿革，包括市场营销的发展阶段，市场细分和市场定位理论、市场营销理念的演变阶段、4C 理论和整合营销传播理论等。第 2 章介绍 21 世纪新的营销思想与运用，包括精准营销、体验营销、场景营销、大数据营销、新媒体营销和人工智能营销。

在营销智能理论篇，设立 2 章，第 3 章对营销智能进行概述，包括定义、所需技术、智能营销与营销智能的区别与联系，以及营销智能的起源和发展阶段，并对未来的趋势进行探讨。第 4 章介绍营销智能的主要内容，包括营销智能环境分析、营销智能客户管理、营销智能产品分析、品牌与营销策略智能分析。

在营销智能平台篇，设立 5 章，第 5 章对营销智能平台进行总述，介绍平台功能、架构和明略营销智能平台生态体系。第 6 章是营销智能平台的基础，从全域营销数据的多样性、多维感知数据、数据采集方法、常见开源的数据采集平台和明略大数据汇聚平台等方面介绍多维感知数据的采集。第 7 章介绍营销数据治理技术，涉及数据治理的相关概念、营销数据治理的框架、结构化和非结构化数据的治理技术、明略大数据治理技术。第 8 章和第 9 章重点介绍营销智能的实现核心，即知识图谱涉及的相关技术内容。其中第 8 章主要介绍知识表示和存储技术，第 9 章主要介绍知识推理技术和借助于知识图谱在营销领域进行的知识服务。

3. 参编人员

本书由吴信东和徐凯波进行设计和审核，韦恒、孙洁、沈桂兰、刘宇涵、汪蓉、张琛参与撰写。其中第 1 章、第 2 章、第 4 章由韦恒、刘宇涵、汪蓉执笔，第 3 章、第 7 章由孙洁执笔，第 5 章、第 6 章、第 8 章、第 9 章由沈桂兰执笔。

本书得到了"大数据知识工程"教育部重点实验室(合肥工业大学)和明略科技集团许多同行的大力支持和协助，在此表示感谢。本书的出版得到了国家重点研发计划(2016YFB1000900)、国家自然科学基金重点项目(91746209)、教育部创新团队项目(IRT17R3)的支持，在此也一并表示感谢。

营销智能生态复杂，尚未有经典的论著可供参考，本书在内容上力求做到取材先进并反映营销智能的发展现状，在内容的组织和表述上力求做到概念清晰准确。但是由于作者认识和水平有限，书中难免存在不当或遗漏之处，恳请读者批评指正，并积极反馈意见和建议。

目　　录

第二篇　营销智能理论

第三篇　营销智能平台

第一篇　市场营销基本理论

第 1 章　20 世纪市场营销理论的发展沿革

1.1　从市场研究到营销管理的出现

市场营销就是商品或服务从生产者手中转交到消费者手中的一种过程，是企业或其他组织以满足消费者需要为中心进行的一系列营销活动，市场营销学是系统地研究市场营销活动规律的一门科学。市场营销可以帮助消费者在购买某种产品或劳务时使其利益得到满足；它能帮助企业认识目前未满足的需求和欲望，估量和确定需求量大小，选择和决定企业能最好地提供服务的目标市场，并决定适当的产品、劳务和计划或方案，以便为目标市场服务。

市场营销学于 20 世纪初期产生于美国。近百年来随着社会经济及市场经济的发展，市场营销学发生了根本性的变化，从传统市场营销学演变为现代市场营销学，其应用从营利组织扩展到非营利组织，从国内扩展到全球。当今，市场营销学已成为一门与企业管理、经济学、行为科学、人类学、数学等学科相结合的应用边缘管理学科。市场营销学的产生和发展与西方市场经济的发展和企业经营理念的不断演进有着紧密的联系。市场营销学主要经历了四个发展阶段。

1. 初创阶段

市场营销学于 19 世纪末到 20 世纪 20 年代在美国创立，其形成源于工业的飞速发展。资本主义国家经过工业革命加之泰勒(Taylor)"科学管理理论"的指导，劳动生产率得到了快速的提高，生产迅速发展，经济增长加快，生产的增长速度超过了需求的增长速度，于是加剧了企业之间的竞争。在现实实践中，企业开始寻求促进销量大增的方法。但是此时的市场营销学所研究的范围还很窄，只涉及广告和商业网点的设置。1923 年美国人尼尔森(Nelson)开始创建专业的市场调查公司，做市场研究、建立营销信息系统的工作就成为与营销活动密不可分的有机体。

这时市场营销学的研究特点是：①着重推销术和广告术，而现代市场营销的理论、概念、原则还没有出现；②研究活动基本上局限于大学的课堂和教授的书房，市场营销学还没有得到社会和企业界的重视，也未应用于企业实际活动。

2. 形成阶段

20 世纪 20 年代至第二次世界大战结束为市场营销学的形成阶段。美国国内企业开始大规模运用市场营销学来指导营销工作，打开海外市场，欧洲国家也纷纷效仿。在这一时期，市场营销学的研究范围不断扩大，它对社会的影响也逐渐扩大。1937 年美国市场营销协会(American Marketing Association，AMA)的成立成为市场学发展史上一个重要的里程碑，它标志着市场营销学已经跨出了大学讲堂，引起了整个社会的兴趣和关注，成为一门实用的经济科学。这时的市场营销学也影响到了中国。

这段时间有两个现象促使了市场研究业的发展。①广播媒体的广泛使用，促使尼尔森采用他的统计方法计算出收看电视和电视广告的观众总数。例如，尼尔森在 20 世纪 30 年代末，根据不同年龄、性别、家庭状况对访问对象进行交叉分析，使得不同消费者对问题回答的差异性显现出来。这里是把简单的回归分析引入到市场研究中。②战争使得很多社会科学工作者投入到前线研究上，战前还显得不成熟的研究工具和方法被引入，并经过调整用来研究士兵和他们家庭的消费行为。

在这个阶段，市场营销学的研究特点是：①并没有脱离产品推销这一狭窄的概念；②在更深、更广的基础上研究推销术和广告术；③研究有利于推销的企业组织机构设置；④市场营销理论研究开始走向社会，被广大业界所重视。

3. 发展阶段

20 世纪 50 年代至 70 年代为市场营销学的发展阶段，传统市场营销学开始转变为现代市场营销学。美国开始从军工经济转向民众经济，再加上第三次科技革命进一步提高了劳动生产率，社会上商品供应急剧增加，市场竞争更加激烈。1960年，美国密歇根大学教授杰罗姆·麦卡锡(Jerome McCarthy)的《基础市场营销学》出版，标志着市场营销学有了自己的核心理论体系。此时，美国市场营销学专家W. 艾德尔森(W. Edelson)与 R. 考克斯(R. Cox)提出"广义的市场营销学是促进生产者与消费者进行潜在商品或劳务交易的任何活动"。此观点使营销步入了一个全新的阶段。原先认为市场是生产过程的终点，而现在认为市场是生产过程的起点；原先认为市场营销就是推销产品，而现在认为市场营销是通过调查来了解消费者的需求和欲望，然后生产符合消费者需求和欲望的商品或服务，进而满足消费者的需求和欲望。从此市场营销学摆脱了企业框架而进入社会视野，并具有明显的管理导向性。

20 世纪 50 年代，一些市场营销研究者正式把营销从传统的经济学研究转入管理学研究。日本在此时开始引进市场营销学，1957 年日本市场营销协会成立，该组织对推动营销学的发展起了积极作用。同时，市场营销学也传播到法国，最初应用于英国在法国的食品分公司，60 年代开始应用于工业部门，继而扩展到社会服务部门，1969 年被引进法国国营铁路部门，70 年代初，市场营销学课程先后在法国各高等院校开设。20 世纪 60 年代后，市场营销学被引入苏联及东欧国家。中国则是自改革开放以后才开始引进市场营销学的。

营销走向管理学是一个历史性的飞跃，因为传统上营销属于经济学研究范畴，但是经济学往往着重于效用、资源、分配、生产等研究，其中心是短缺。所以，经济学中对营销的研究是片面的。实际上营销研究的基础是企业的活动，其核心是交换。菲利普·科特勒(Philip Kotler)说过："经济学是营销学之父，行为科学是营销学之母，数学是营销学之祖父，哲学乃营销学祖母。"

自从 20 世纪 50 年代营销走向管理学之后，营销环境的研究也成为热点研究之一，营销管理的精粹在于公司创造性地适应其不断变化的环境。

20 世纪 70 年代，营销学又把战略计划纳入考虑之中。在波士顿咨询公司的研究模型中，把公司业务分成不同的类型，并决定哪些需要保护、哪些需要建立、哪些需要收获或淘汰。后来从这一思想中产生了"营销战略管理"的概念。

4. 完善阶段

20 世纪 70 年代至今是市场营销学的完善阶段。市场营销学日益与经济学、管理学、心理学、社会学、哲学、数学、统计学、系统论等学科紧密结合起来，使市场营销学的理论更为成熟，成为一门综合性的经济管理类的应用学科。现代市场营销学的广泛应用为企业和其他组织带来了非凡的发展成就，给市场营销学的研究和应用带来了空前的繁荣。

进入 20 世纪 90 年代以来，关于市场营销、市场营销网络、政治市场营销、市场营销决策支持系统、市场营销专家系统等的理论与实践问题开始引起学术界和企业界的关注。进入 21 世纪以来，互联网的应用发展推动着基于互联网的网络营销得到了迅猛的发展。

20 世纪 80～90 年代的关系营销(relation marketing)关注点回归到人。营销历经了百年之后关注的焦点终于回到了营销活动的主体——人与人的关系上，这可以说是一种回归，也是西方文化向东方文化的一种回摆。1985 年，巴巴拉·本德·杰克逊(Barbara Bender Jackson)强调了关系营销的重要性。西方关系营销是指建立、维系和发展顾客关系的营销过程，目标是建立起顾客的忠诚度。它有别于传统的交易营销，为顾客增加了经济、社会、技术支持等方面的附加值。关系营销更能把握住营销概念的精神实质。公司不仅是达成购买还要建立各种关系。关系营销强调的是营销活动中人与人的关系，即营销的人文性，因而更靠近中国文化，因为中国文化很早就重视从各种"关系"中去把握世界。

20 世纪 90 年代末兴起了网络营销。以已经实现的全球网络为平台展开营销活动，是有史以来营销领域的最大创新。它所引发的革命是全面的、多样的、层出不穷的，我们将在不久的将来感受到这个营销的"新世界"。21 世纪的营销将是动人心魄的。过去 100 年内的营销创新几乎都是西方人提出的，而在新的世纪中，中国人应当脱颖而出并有所作为。

市场营销于 1978 年到 1985 年初步引入中国，并且二十多年的企业营销的发展与经济体制的改革和发展同步进行。在十一届三中全会后，随着中国改革开放政策的确立和实施，中国的营销理论工作者开始把国外的营销思想传入国内。这时中国的市场仍处于供不应求的卖方市场阶段，企业仍沿用传统的经营模式，此时中国的营销思想是混合型的，生产观念占据着主导地位。中国企业界对营销的认识还是模糊不清的，处在一个感性的认识阶段，市场营销理论仅限于大学课堂和学术界交流。

从 20 世纪 80 年代中期到 90 年代中期，中国的市场营销属于盲目跟从阶段。这一时期是中国经济的转型时期，中国的市场由卖方市场向买方市场转变，企业间的竞争日益激烈，消费者的需求向多样化发展。中国市场环境的改变为市场营销理论的传播和应用创造了条件。外资品牌的进入加速了中国企业营销实践的步伐。与此同时，对市场营销理论的研究和传播进一步展开，中外学术交流日益频繁。从 1991 年中国市场学会成立开始，市场营销理论开始与企业经营实践相结合，理论研究的重点由初期的单纯引进发展到注重探讨理论与实践的结合点。

20 世纪 90 年代中期以后，中国的市场营销进入理性反思和积极探索阶段。随着经济改革的深入，原先被国内企业推崇备至的价格竞争策略和各种促销策略不再起作用，企业对市场的控制力在减弱甚至消失。国外的营销理论在中国企业的营销实践中不再灵验。中国企业面临更加严峻的竞争形势。这种状况迫使理论界和企业界开始进行理性反思，重新审视市场营销的含义，试图探索适合中国国情的营销理论。

1.2　市场细分和市场定位理论的产生

市场营销学最为核心的理论是 STP 理论，即市场细分(segmentation)、市场选择(targeting)，以及市场定位(positioning)。在激烈的市场竞争中，一个企业的资源是有限的，无法实现在每一个市场中都占有优势。所以，对企业来说，需要用自己合适的资源来做适合本企业赚钱的市场，从而获取利润。这是一种称为差异化营销的战略方法，该方法更关注消费者的价值。

市场细分的步骤如下所述。

(1) 确定细分的依据和细分的市场，根据消费者的需求进行归类。

(2) 对细分的市场进行表述。

市场选择的步骤如下所述。

(1) 评估和分析细分市场中客体的吸引力，如市场容量、渗透率、财务贡献、行业集中度等，分析确定细分市场。

(2) 选择目标细分市场。分析和选择最适合企业的目标市场。

市场定位的步骤如下所述。

(1) 确定细分市场定位的价值识别。通过对价值的经营拥有独特的竞争能力，获取目标消费者的认同，取得细分市场的回报。

(2) 传播和传递细分市场的价值。利用宣传和营销活动使消费者接受、使用、认同价值。

1.2.1　市场细分类型

国际上，较为典型的市场细分类型大致分为以下八种。

(1) 地理位置：按一级市场、二级市场、三级市场等方面来细分。

(2) 人口特征：按照性别、年龄、收入、受教育程度等方面来细分。

(3) 使用行为：按照使用数量、费用、购买渠道、决策行为等方面来细分。

(4) 利润潜力：按照收入、获取成本、服务成本等方面来细分。

(5) 价值观/生活态度：按照宏观的价值取向和态度来细分。

(6) 需求/动机/购买因素：按照价格、品牌、服务、质量、功能等方面来细分。

(7) 态度：按照针对产品类别和沟通渠道的态度等方面来细分。

(8) 产品/服务使用场合：按照使用地方、使用时间、如何使用等方面来细分。

1.2.2　市场细分评估

从地理学、人口学、收入、使用地点、产品(或服务)使用行为、购买影响因素、需求、价值等不同角度进行区别。一般而言，需要根据如下问题来评估市场细分。

(1) 该市场细分中要推广的独特产品(或服务)满足客户需求了吗？客户想要的是哪些服务？客户愿意为之花费多少钱？目标客户希望用怎样的方式接触？

(2) 是否存在通过新的产品(或服务)和令人激动的产品(或服务)能够获得的独特的目标客户？产品(或服务)的具体使用情况和不同客户的盈利性怎样？

(3) 哪些客户是最有价值的客户？如何区分他们？他们是否具有某些独特的使用、人口、地域的特点，依此可以刺激产生更好地为他们服务的观点，或者新产品开发的观点？

(4) 有无独特的客户群能够确认其人口学特征？外部可以观察到的、确定的不同客户的特点是什么？

(5) 客户的物理地点在哪？客户的使用行为是否会随着地点的变化而发生

变化?

综上所述,评估细分市场需要确定需求的独特性与真实性;产品和服务载体能否获得客户和产生利润;在获得的客户群体中辨别最有价值的客户;能否根据人口统计学特征对最有价值的客户进行描述和归集;确定这些客户在哪些地方。以上问题实际上需要回答的是:做什么样的产品(或服务)?服务哪些客户及产生多少利润?在哪些地方针对目标客户开展营销活动?

1.2.3　市场细分模式的比较

在上述八种市场细分模式的基础上,麦肯锡咨询公司提出了以需求为基准的细分市场,比以简单人口特征为基准的细分市场更好,具体如下所示。

(1) 以地理位置、人口特征为基准类型的细分市场。其优点是易于辨认、易于集中媒介等多种沟通渠道、易于组织开展分销活动。缺点是仍属于描述性的因素,不足以预测其未来购买行为。

(2) 以需求为基准类型的细分市场。其优点是有驱动因素。在市场日趋成熟、复杂和多样化的形势下更显重要,能够全面帮助营销活动建立营销策略,赢得目标客户群。缺点是如果不结合其他信息用处就不大。

(3) 以心理取向、生活方式为基准类型的细分市场。其优点是可以为消费者人格背景提供更完整的信息,从而为广告渠道策划提供思路。缺点是对产品(或服务)的具体方向往往不能确定。

1.2.4　市场定位

典型的市场定位主要分为以下步骤。

(1) 了解行业和市场的整体特征,即目标市场份额、目标市场增长率、替代产品的趋势,以及对目标市场的影响等。

(2) 分析消费者和产品对于企业销售利润的贡献,即究竟哪些消费群、哪些产品、哪些细分市场的利润回报最高?哪些因素影响到企业的利润率?这些因素影响是否持续?

(3) 明确同一市场中市场竞争压力,即主要竞争对手是谁?竞争对手的强项和弱项是什么?市场份额如何?竞争对手的市场份额如何?市场份额的发展趋势如何?

(4) 掌握需求、关键购买因素,即购买过程以及购买决策过程如何?驱动效益的关键杠杆是什么?消费者如何看待我们的竞争对手?企业用户进入市场的策略有哪些?我们能否为企业提供使其获胜的服务活动?

(5) 给出关键购买因素的合理假设,即购买的过程是什么?选择的关键是什么?产品如何使用?

(6) 选定目标市场，即哪些细分市场从本质上最理想？哪些细分市场企业最具有为其服务的竞争优势？哪些细分市场企业还可以继续容忍？

(7) 评估细分市场的吸引力，即市场规模、市场成长率、产品价值、价格敏感客户比率、市场竞争密度等。

(8) 评估企业自身能力适应度，即销售、设计、供应、生产与制造、价值塑造等。

(9) 选择最适应的目标市场，即根据市场吸引力和企业适应能力两个维度开展评估。为企业确定最适合的市场进行投资，即确定目标市场，完成市场精准定位。

(10) 确定价值定位要具备的要素，即价值定位要回答：为什么消费者需要这个产品（或服务）。价值定位强调的是能够提供比竞争对手更好的满足消费者需求的产品或服务。在理想情况下，企业价值定位会给消费者带来附加的经济利益价值；具体的价值定位一定要有别于竞争对手提供的产品服务，且对目标消费者群有足够大的吸引力。

1.2.5　选择目标市场的五种市场策略

选择目标市场的五种市场策略如下所示。

(1) 密集单一市场。选择一个细分的市场进行密集营销，在唯一市场专注于做唯一一种产品。

(2) 有选择的专门化。针对不同的市场，投入不同的产品，即在不同的细分市场上营销不同的产品。

(3) 产品专门化。在不同市场只生产一种产品，针对所有具有同样需求的目标消费者。

(4) 市场专门化。只针对一个消费群体提供产品和服务，只做一个市场。

(5) 完全覆盖市场。针对所有市场，提供不同的产品和服务进行市场覆盖。

1.2.6　市场细分与定位

从企业界视角来看，关于市场细分与定位的理解，可以分为以下几种。

(1) 产品经营的定位。即企业需要决策是否经营该产品。同时，这也是产品投资和产品创新的管理领域。

(2) 产品的定位。即产品或服务的目标消费者群是谁，企业通过产品或服务提供给目标消费者群体什么样的价值。

(3) 品牌的定位。即企业希望品牌在消费者心中建立一个独一无二的形象。从长期角度，企业需要产品卖得时间长、利润高，以及通过产品的销售完成品牌的价值传递，实现品牌营销。

(4) 市场策略问题的定位。即企业在经营过程中所采取的市场策略性问题的确定，这可理解为一种市场上经营态度的定位。

从企业实践角度，大多数企业在市场营销过程中，通过市场信息的收集与分析，会发现许多客户的意见反馈，从而意识到市场中存在的可能机会；或现有产品的销售利润贡献非常薄弱，通过新产品的研发获得新的市场份额、销售利润贡献或品牌认知等，实施新产品策略。企业在定位方面通常采取的做法是，调研消费者需求、归纳需求共性、判断有无新市场存在、分析市场潜力的大小，以及判断未来发展趋势、投资产生回报情况、行业中竞争对手的表现和未来可能采取的态度等情况。通过一系列的分析，对某一市场的选择和采取怎么样的策略能保证利润的最大化做出决策。如果分析是适合企业经营的市场，就必须对其进行价值分析与描述，然后通过生产制造、传播和销售等活动，实现客户的价值和企业自身的价值，这同时也属于选择价值和经营价值与否的决策问题。

1.3　市场营销观念的发展

市场营销观念的演变大致经过三个阶段：传统观念阶段、市场营销观念阶段、社会市场营销观念阶段。下面来详细看看市场营销观念的演变与发展。

传统观念阶段的营销观念包括三种观念，即生产观念、产品观念、推销观念。市场营销观念阶段的营销观念可归纳为六种，即生产观念、产品观念、营销观念、客户观念、社会营销观念和大营销观念。

1.3.1　生产观念

20 世纪 20 年代前产生了生产观念，是市场营销观念中最古老的观念之一。生产观念阶段并不是从消费者需求出发，而是从企业生产出发。其主要特征是"我生产什么，就卖什么"。生产观念的观点是，消费者喜欢那些可以随处买得到而且价格低廉的产品。因此，企业都将注意力集中于提高生产效率和分销效率，扩大生产，从而降低成本以扩展市场。例如，美国皮尔斯堡面粉公司从 1869 年至 20 世纪 20 年代运用生产观念指导企业的各项经营，公司口号是"本公司旨在制造面粉"；美国汽车大王福特(Ford)曾宣称："不管顾客需要什么颜色的汽车，我就只有一种黑色的汽车。"这都是生产观念的典型企业表现。综上所述，生产观念更多从企业出发，是一种重生产、轻市场的商业哲学。

生产观念是在卖方市场条件下产生的。主要原因在于在资本主义工业化初期以及第二次世界大战末期和战后一段时期内物资短缺，市场产品主要呈现供不应求的特点。因此，生产观念在企业经营管理中颇为流行。在计划经济时期的中国，

由于市场中产品短缺,企业不担心产品没有销路,所以在经营管理中也广泛奉行
生产观念,其具体特点是企业集中力量发展生产,忽视市场营销,实行以产定销
的策略。

　　生产观念是一种"我们生产什么,消费者就消费什么"的观念。除了物资短
缺、产品供不应求的情况之外,有些企业在生产成本高的时候,其市场营销管理
也受到生产观念的支配。例如,福特曾倾全力于汽车的大规模生产,努力降低成
本,使消费者有能力购买,借以提高福特汽车的市场占有率。

　　生产观念的不足之处主要表现为忽视产品的质量、品种与推销,不考虑消费
者的需求,忽视产品的包装和品牌等。

　　以生产观念为导向的营销活动具有以下特点:①供给小于需求,生产活动是
企业经营活动的中心和基本出发点;②降低成本、扩大产量是企业成功的关键;
③不重视产品、品种和市场需求;④追求的目标是短期利益;⑤坚持"我生产什
么、商家就卖什么、消费者就买什么"的经营思想。

1.3.2　产品观念

　　在市场营销观念中,产品观念也是一种较早的企业经营观念。该观念认为,
消费者更喜欢质量好、功能多和具有某种特色的产品,因此,企业需要将注意力
集中于生产高价值产品,并不断加以改进。产品观念阶段的市场也属于供不应求
的卖方市场。企业持有典型的产品观念往往是在企业发明一项新产品的时候,企
业不适当地把注意力放在产品上,而不是放在市场需要上,这种现象使得企业在
市场营销管理中缺乏远见,只看到自己的产品质量好,却看不到市场需求在变化,
致使其经营陷入困境。

　　例如,20 世纪 50 年代美国某钟表公司一直被公认为是美国最好的钟表制造
商之一。该公司奉行产品观念,在市场营销管理中强调生产优质产品,并通过由
著名珠宝商店、大百货公司等构成的渠道分销产品。可是随着时间的推移,该公
司的销售额却发生了变化。在 1958 年之前,该公司销售额始终呈上升趋势。但
此后,其销售额和市场占有率便开始出现下降的趋势。造成这种状况的主要原因
就是动态变化的市场形势:新时期的很多消费者对名贵手表不再感兴趣,而是更
喜欢经济、方便、新颖的手表;同时很多厂商为了迎合消费者需要,也开始转向
生产低档手表,并通过廉价商店、超级市场等大众渠道分销产品,抢夺了该钟表
公司的大部分市场份额。但是,该公司并未注意到市场形势的变化,依然沉迷于
生产精美的传统样式手表,仍旧借助传统渠道销售名贵手表,认为只要自己的产
品质量好,顾客必然会找上门,结果企业经营遭受重大挫折。

　　产品观念的不足之处主要表现为市场营销近视症,即过分重视产品本身而不
重视市场需求的变化,忽视市场宣传。

1.3.3　营销观念

营销观念是作为对上述两种观念的挑战而出现的一种新型的企业经营哲学。营销观念认为企业需要以满足顾客需求为出发点，即"顾客需要什么，就生产什么"。这种思想由来已久，但直到20世纪50年代，其核心原则才基本定型。此时，社会生产力迅速发展，市场表现为供过于求的买方市场，同时居民收入水平迅速提高，对产品选择的可能性越来越大，这加大了企业与企业之间的竞争，许多企业开始认识到，必须转变经营观念，才能求得生存和发展。营销观念认为，实现企业各项目标的关键在于正确确定目标市场的需求和欲望，并且比竞争者更有效地生产目标市场所期望的产品(或服务)，从而比竞争者更有效地满足目标市场的需求。

营销观念的出现，使企业经营观念发生了本质性的变化，这也使得市场营销学发生了一次革命。

西奥多·莱维特(Theodore Levitt)曾对推销观念和营销观念做过深刻的比较，他指出：推销观念注重卖方需求；营销观念则注重买方需求。推销观念以卖方的需求为出发点，考虑如何把产品变成现金；而营销观念则考虑如何通过制造、分销产品以及与最终消费产品有关的所有事物，来满足顾客的需求。由此可见，营销观念的四个支柱是市场中心、顾客导向、协调的市场营销和利润，而推销观念的四个支柱是工厂、产品导向、推销、赢利。从本质上说，营销观念是一种以顾客的需求和欲望为导向的哲学，是消费者主权论在企业市场营销管理中的体现。

1.3.4　客户观念

随着现代营销战略由产品导向转变为客户导向，客户需求及其满意度逐渐成为营销战略成功的关键所在。各个行业都试图通过及时准确地了解和满足客户需求，实现企业目标。实践证明，不同子市场的客户存在着不同的需求，同属一个子市场的客户的需求也会经常变化。为了适应不断变化的市场需求，企业的营销战略必须及时调整。在此营销背景下，越来越多的企业开始由奉行市场营销观念转变为客户观念。

客户观念，是指企业注重收集每一个客户以往的交易信息、人口统计信息、心理活动信息、媒体习惯信息以及分销偏好信息等，根据由此确认的不同客户价值，分别为每个客户提供不同的产品或服务，传播不同的信息，通过提高客户忠诚度，来增加每一个客户的购买量，从而确保企业的利润增长。营销观念是要满足一个子市场的需求，而客户观念则强调满足每一个客户的特殊需求。

需要注意的是，客户观念并不适用于所有企业。一对一营销需要以工厂定制化、运营计算机化、沟通网络化为前提条件。因此，贯彻客户观念就要求企业在信息收集、数据库建设、计算机软件和硬件购置等方面进行大量投资，而这并不是每一个企业都能够做到的。有些企业即使舍得花钱，也难免会出现由于投资大于回报带来的收益减少的局面。客户观念最适用于那些善于收集单个客户信息的企业，这些企业所营销的产品能够借助客户数据库的积累实现交叉销售，其产品或者需要周期性地重购或升级，或者价值很高。客户观念往往会给这类企业带来异乎寻常的效益。

1.3.5　社会营销观念

社会营销观念是对营销观念的修改和补充。它产生于 20 世纪 70 年代西方资本主义国家出现能源短缺、通货膨胀、失业增加、环境污染严重、消费者保护运动盛行的新形势下。因为营销观念回避了消费者需要、消费者利益和长期社会福利之间隐含冲突的现实，社会营销观念认为，企业的任务是确定各个目标市场的需求、欲望和利益，并以保护或提高消费者和社会福利的方式，比竞争者更有效、更有力地向目标市场提供能够满足其需求、欲望和利益的产品或服务。社会营销观念要求市场营销者在制定市场营销政策时，要统筹兼顾三方面的利益，即企业利润、消费者需要的满足和社会利益。

1.3.6　大营销观念

大营销观念，也称为大市场营销(mega marketing)，于 20 世纪 80 年代中期提出。20 世纪 70 年代末，经济不景气和持续"滞涨"导致西方国家纷纷采取贸易保护主义措施。在贸易保护主义思潮日益增长的条件下，从事国际营销的企业为了成功进入特定市场从事经营活动，除了运用好产品、价格、渠道、促销等传统的营销策略外，还必须依靠权利和公共关系来突破进入市场的障碍。大市场营销观念对于从事国际营销的企业具有现实意义，重视和恰当地运用这一观念有益于企业突破贸易保护障碍，占据市场。

上述六种市场营销观念的产生和存在都有其历史背景和必然性，都是与一定的条件相联系、相适应的。目前受社会生产力发展程度及市场发展趋势、经济体制改革的状况及广大居民收入状况等因素的制约，中国企业市场营销观念仍处于以推销观念为主、多种观念并存的阶段。

1.4　营销组合理论

1.4.1　营销组合的定义

营销组合，又称市场营销组合(marketing mix)，是现代营销学理论中的一个重要概念，是 20 世纪 50 年代由美国哈佛大学教授尼尔·鲍敦(Neil Borden)首先提出来的，此后受到学术界的普遍重视和广泛应用。

市场营销组合是市场营销理论体系中一个很重要的概念，它是指企业针对选定的目标市场综合运用各种可能的市场营销策略和手段，组合成一个系统化的整体策略，以达到企业的经营目标，并取得最佳的经济效益。1960 年，杰罗姆·麦卡锡提出了著名的 4P 组合，具体可分为四个变量，即产品(product)、价格(price)、分销(place)和促销(promotion)。在影响企业经营的诸多因素中，市场营销环境是企业不可控制的因素(或变量)，而 4P 则是企业可控制的营销变量，企业可综合运用这些变量来实现其营销目标。

1. 产品

产品代表企业提供给目标市场的实物和服务组合，包括品质、品牌、规格、样式、特色、服务、特性等。产品变量主要是指设计、创造与维持一个产品、服务或观念等，其核心问题是如何满足目标顾客的需要，这包括单一产品的属性、包装、品牌等决策，也包括多种产品的产品线和产品组合。产品是市场营销组合之首，如果没有产品，便无法制定价格，也就不能安排分销渠道及对产品进行合适的促销。

2. 价格

价格代表消费者为获得产品必须支付的金额，包括基本价格、折扣、津贴、分期付款和信贷条件等。价格之所以重要，是因为价格是市场营销组合中攻击性最强的手段。当组织面临竞争压力时，因为价格的调整较其他因素更容易，所以价格往往被当成主要的竞争工具，如我国曾经有连续几年的彩电价格大战。但是价格大战容易造成两败俱伤，往往与企业以降价带动销售的初衷相悖，因此竞争者应当慎用。

3. 分销

分销，即建立销售渠道，是企业为使产品送到目标顾客手中所进行的各种活动。因为分销渠道的调整相对于其他营销组合因素的调整较为困难，所以营销人员必须谨慎选择渠道成员，并对其进行适当的管理。

4. 促销

促销代表企业为宣传其产品优点和说服目标顾客购买所进行的各种活动，其包括四种形式：广告、人员推销、营业推广和公共关系。促销是营销组合四个变量中工具最多样的一个。

四个变量的组合排序如下：有能够满足目标市场需求的"产品"，随后寻找一条渠道去"分销"，以使产品顺畅地到达目标顾客的手中；接着去"促销"，告诉目标顾客有关的信息，并劝说他们购买；然后根据顾客对整体产品的预期反应和费用补偿原则来规定"价格"。

市场营销组合是一个多层次的复合结构。在四个大的变量中，又各自包含着若干个小的变量，见表1-1，每一个变量的变动，都会引起整个营销组合的变化，形成一个新的组合。

表 1-1　市场营销组合及其变量

产品策略	价格策略	分销策略	促销策略
品质、品牌、规格、样式、特色、服务、特性	基本价格、价格水平、折扣幅度、折让、支付期限、信用条件	分配渠道、区域分布、中间商类型、储存营业场所、物流运输、服务标准	广告、人员推销、营业推广、公共关系

市场营销组合是一种动态的、整体性的组合，每一个变量都在不断变化，同时又相互影响。所以，市场营销组合是企业可控制因素的多层次的、动态的、整体性的组合，具有可控性。

1.4.2　营销组合的策略

营销组合策略中最基本的决策是产品决策。企业的一切生产经营活动都是围绕着产品进行的，即通过及时、有效地提供消费者需要的产品而实现企业的发展目标。企业生产什么产品？为谁生产产品？生产多少产品？这些似乎是经济学命题的问题，其实是企业产品策略必须回答的问题。企业如何开发满足消费者需求的产品，并将产品迅速、有效地传送到消费者手中，构成了企业营销活动的主体。企业时时刻刻都在开发、生产、销售产品，消费者时时刻刻都在使用、消费和享受产品。但科学技术的快速发展，社会的不断进步，消费者需求特征的日趋个性化，市场竞争程度的加深、加广，导致产品的内涵和外延也在不断扩大。产品策略是市场组合营销策略的核心，是价格策略、分销策略和促销策略的基础。从社会经济发展看，产品的交换是社会分工的必要前提，企业生产与社会需要的统一是通过产品来实现的，企业与市场的关系也主要通过产品或服务来联系；就企业内部而言，产品是整个生产活动的中心。因此，产品策略是企业市场营销活动的支柱和基石。产品策略是非常复杂的决策，它包括新产品开发、产品组合、产品线、品牌、包装以及服务策略。

1. 产品策略

1) 产品及产品整体概念

在现代市场营销学中，产品概念具有极其丰富的内涵和宽广的外延，产品一般是指通过交换提供给市场的，能满足消费者或用户某一需求和欲望的任何有形物品和无形服务。有形物品包括产品实体及其品质、款式、特征、商标、包装等；无形服务包括可以给顾客的心理满足感、信任感，各种售后支持和服务保证等。

以往学术界曾用三个层次来表述产品整体概念，即核心产品、形式产品和延伸产品(附加产品)。20 世纪 90 年代以来，菲利普·科特勒等倾向于使用五个层次来表述产品整体概念，认为五个层次的表述方式能够更深入、更准确地表述产品整体概念的含义。如图 1-1 所示，这五个层次具体如下所示。

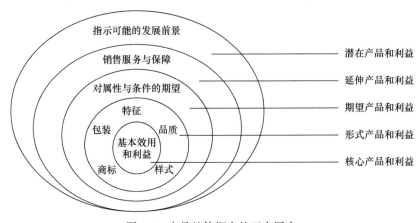

图 1-1　产品整体概念的五个层次

(1) 核心产品。

核心产品(core product)是指向顾客提供产品的基本效用和利益。从根本上说，每一种产品实质上都是为解决问题而提供的服务。例如，人们购买空调不是为了获取装有某些电气零部件的物体，而是为了在炎热的夏季满足凉爽舒适的需求。因此，营销人员向顾客销售的任何产品，都必须具有反映顾客核心需求的基本效用和利益。

(2) 形式产品。

形式产品(basic product)指核心产品借以实现的形式。它由五个因素构成，即品质、样式、特征、商标及包装。即使是纯粹的服务，也是具有相类似的形式上的特点。产品的基本效用必须通过特定形式加以实现，销售人员应努力寻求完善的外在形式以满足顾客需要。

(3) 期望产品。

期望产品(expected product)指购买者在购买产品时期望得到的与产品密切相关的一整套属性和条件。例如，旅馆的客人期望得到清洁的床位、洗浴用品、洗漱间等。因为大多数旅馆均能满足旅客这些一般的期望，所以旅客在选择档次大致相同的旅馆时，不是选择哪家旅馆能提供期望产品，而是根据哪家旅馆近和方便而定。

(4) 延伸产品。

延伸产品(augmented product)指顾客购买形式产品和期望产品时附带获得的各种利益的总和，包括产品说明书、保证、安装、维修、送货、技术培训等。许多情况表明，新的竞争并非借助各公司在其工厂中产生的产品，而是依靠附加在产品上的包装、服务、广告、顾客咨询、资金融通、运送、仓储及其他具有价值的形式。

(5) 潜在产品。

潜在产品(potential product)指现有产品包括所有附加产品在内的，可能发展成为未来最终产品的潜在状态的产品。潜在产品指出了现有产品可能的演变趋势和前景。

产品整体概念的五个层次，清晰地体现了以顾客为中心的现代营销观念。这一概念的内涵和外延都是以消费者需求为标准的，由消费者的需求来决定。可以说，产品整体概念是建立在"需求=产品"这样一个等式基础上的。没有产品整体概念，就不可能真正贯彻现代营销观念。

2) 产品组合

(1) 产品组合及相关概念。

产品组合(product mix)是指一个企业提供给市场的全部产品线和产品项目的组合或结构，即企业的业务经营范围。企业为了实现营销目标，充分有效地满足目标市场的需求，必须设计一个优化的产品组合。产品线是指产品组合中的某一产品大类，是一组密切相关的产品，如以类似的方式发挥功能，售给相同的顾客群，通过同样的销售渠道出售或属于同样的价格范畴等。产品项目是衡量产品组合各种变量的一种基本单位，指产品线中不同品种及同一品种的不同品牌。

(2) 产品组合的宽度、长度、深度和关联度。

产品组合包括四个衡量变量：宽度、长度、深度和关联度。产品组合的宽度是指产品组合中所有的产品线数目。产品组合的长度是指产品组合中产品项目的总数。产品组合的深度是指产品项目中每一品牌所含不同花色、规格、质量产品数目的多少。产品组合的关联度是指各条产品线在最终用途、生产条件、分销渠道或其他方面相互关联的程度。

(3) 产品组合的调整。

产品组合决策就是企业根据市场需求、竞争态势和企业资源对产品组合的宽度、深度和关联度方面做出的决定和调整。

① 扩大产品组合。当企业预测现有产品线的销售额和盈利率在未来可能下降时，就需要考虑在现有产品组合中增加新的产品线，或加强其中有发展潜力的产品线。根据产品组合的四种尺度，企业可以采取以下四种方法扩展业务。

a. 拓展产品组合的宽度，在产品组合增加产品线，扩展企业的经营领域，实行多样化经营，分散企业投资风险。

b. 延伸产品组合的长度，使产品线丰满充裕，成为更全面的产品线公司。

c. 增加产品组合的深度，在原有产品线增加新的产品项目，占领同类产品的更多细分市场，满足更广泛的市场需求。

d. 加强产品组合的一致性，使企业在某特定市场领域内增强竞争力和赢得良好的声誉。

② 缩减产品组合。市场繁荣时期，较长或较宽的产品组合为企业带来更多的盈利机会。但在市场不景气或原料、能源供应紧张时期，缩减产品线反而使总利润上升。因为剔除那些获利小甚至亏损的产品线或产品项目，企业可集中力量发展获利多的产品线和产品项目。

③ 产品线决策。每一个企业的产品都有特定的市场定位，如林肯汽车定位高档车市场，雪佛兰汽车定位中档车市场，斑马汽车定位于低档车市场。产品线延伸策略指全部或部分地改变原有产品的市场定位，具体有向下延伸、向上延伸和双向延伸三种实现方式。

a. 向下延伸：在高档产品线增加低档产品项目。这一决策可能是由于高档产品销售量增加缓慢，资源设备没有得到充分利用，企业为赢得更多的顾客将产品线向下延伸；企业最初进入高档市场，目的是建立品牌信誉，然后进入中、低档市场，以扩大市场占有率和销售增长率；利用高档品牌的声誉，吸引购买力较低的顾客慕名购买此产品线中的低价产品，补充企业的产品线空白。实施这一策略也有一定的风险，如果处理不善，会影响原有产品，特别是品牌形象；必须辅之以一套相应的营销组合策略，甚至对销售系统重新设置等。但这些都将大大增加企业的营销开支。

b. 向上延伸：在原有的产品线增加高档产品项目。这一策略适用于：高档产品市场具有较大的成长潜力和较高的利润率，企业具备进入高档市场的技术、设备和营销能力；企业要重新进行产品线定位。例如，乳品消费从有奶喝过渡到喝好奶的阶段。蒙牛乳业在 2005 年率先推出了高档奶产品特仑苏，迅速占领了国内高端牛奶市场。采用这一策略的风险在于：改变产品在顾客心目中的地位是困难的，如果消费者不信任还会影响原有产品的市场声誉。

c. 双向延伸：原定位于中档产品市场的企业掌握市场优势以后，向产品线上下两个方向延伸。采取这一策略的主要问题是，随着产品项目的增加，企业的营销费用和管理费用会相应增加。因此，要求企业对高、低档产品的市场有准确的预测，以使相关产品的销售在抵补费用的增加后有利可图。采取该决策的风险是可能同时具有向上延伸及向下延伸决策所带来的风险，易造成品牌形象混淆；而且公司同时多方向发展，资源能力能否支持是一个很值得考虑的问题。

2. 价格策略

1) 价格折扣策略

企业为了鼓励顾客及早付清货款、大量购买、淡季购买，可酌情降低基础价格，这种价格调整称为价格折扣。价格折扣的主要类型有以下几种。

(1) 现金折扣，是企业给及时付清货款的顾客的一种减价。

(2) 数量折扣，是企业给大量购买某产品的顾客的一种减价，以鼓励多买。大量购买能使企业降低生产、销售、储运、记账等环节的成本费用。

(3) 功能折扣，又叫贸易折扣，是企业给批发商或零售商的一种额外折扣，促使它们执行某种销售功能(如推销、储存、服务)。

(4) 季节折扣，是企业为购买过季商品或服务的顾客的一种减价。

(5) 价格折让，有以旧换新折让和促销折让等。

2) 地区价格策略

一般来说，一个企业的产品不仅销售给当地，同时也可能销售到外地。销售给外地顾客，要把产品从产地运到顾客所在地，需要交付装运费。地区性定价策略就是：销售给不同地区(包括当地和外地)的顾客，是分别制定不同价格还是制定相同价格，也就是说是否制定地区差价。

(1) FOB 原产地定价。

离岸价格(free on board，FOB)原产地定价就是顾客(买方)按照厂价购买某种商品，企业(卖方)负责将这种产品运到产地某种运输工具(如卡车、火车、船舶、飞机等)上交货。交货后从产地到目的地的一切风险和运费概由顾客承担。这样定价对企业的不利之处是远地顾客可能不愿意购买这个企业的产品，转而购买其附近企业的产品。

(2) 统一交货定价。

统一交货定价就是企业销售给不同地区顾客的产品，按照相同的厂价加相同的运费(按平均运费计算)定价，即不同地区的顾客不论远近，实行一个价格。这种定价又叫邮资定价。

(3) 分区定价。

分区定价形式介于前面两者之间。企业把整个市场(或某些地区)分为若干价格区,销售给不同价格区顾客的产品分别制定不同的地区价格。距离较远的价格区定价较高,较近的价格区定价较低,同一价格区实行统一价格。

采用分区定价存在的问题:

① 即使在同一价格区,有的顾客距离企业较近,有的顾客距离企业较远,前者就会感觉不合算。

② 处在两个相邻价格区边界上的顾客,相距不远,但要按照不同价格购买同一产品。

(4) 基点定价。

基点定价是企业选定某些城市作为定价基点,然后按一定的厂价加以基点城市到顾客所在地的运费定价,而不管货物实际是从哪个城市起运。有些企业为了提高灵活性,选择多个基点城市,按照离顾客最近的基点计算运费。基点定价的产品价格结构缺乏弹性,竞争者不易进入,利于避免价格竞争。顾客可在任何基点购买,企业也可将产品推向较远的市场,有利于市场扩展。

基点定价方式比较适合下列情况:①产品运费成本所占比重较大;②企业产品市场范围大,许多地方有生产点;③产品的价格弹性较小。

(5) 运费免收定价。

运费免收定价是企业负担全部或部分运费的定价方式。有些企业认为如果生意扩大,平均成本就会降低,足以抵偿这些开支。运费免收定价可使企业加深市场渗透,并在竞争日益激烈的市场上站住脚。

3) 心理价格策略

(1) 名声定价。

名声定价是指企业利用消费者仰慕名牌商品或名店的名声所产生的心理,把价格定成整数或高价。质量不易鉴别的商品定价适宜用此法,因为消费者崇尚名牌,往往以价格判断质量,以为高价代表高质量。但定价也不能高得离谱,使消费者无法接受。

(2) 尾数定价。

尾数定价是利用消费者数字认知的某种心理,尽可能在价格数字上不进位、保留零头,使消费者产生价格低廉和卖主认真核算成本的感觉,从而对企业产品及定价产生信任感。

(3) 招徕定价。

招徕定价是零售商利用顾客求廉心理,将某些商品定价较低以吸引顾客。一些商店随机推出降价商品,每天、每时都有 1~2 种商品降价出售,以吸引顾客经常光顾,同时也选购其他正常价格的商品。

3. 分销策略

1) 分销渠道长短的选择策略

商品从生产商到消费者或使用者手中具有长短不同的分销渠道。

(1) 短分销渠道的适用范围。

根据商品、市场和企业等方面的因素差异，企业选择短分销渠道主要有以下几种情况。

① 从商品因素来看，单价昂贵、体积庞大、形状笨重、款式变化快、易损易腐、构造复杂、要求附加技术服务的商品，以及新投入市场的产品可选用短分销渠道。

② 从市场因素来看，商品市场销路窄的、顾客比较集中或距离生产企业较近的、市场季节性明显、顾客的购买量又较大的市场，以及不经常购买的某种耐用品可选用短分销渠道。

③ 从企业本身的因素来看，企业资金雄厚、声誉好、销售力量强的，有能力或有必要建立自行销售系统的企业，以及必须为顾客提供更多售前/售后服务的宜选用短分销渠道。

(2) 长分销渠道的适用范围。

① 从商品因素来看，商品单价较低、体积较小、重量较轻、款式变化较慢、容易运输储存、构造不过于复杂或附加技术服务较少等，可选用长分销渠道。

② 从市场因素来看，市场销路广的、顾客分散或距离生产企业较远的、顾客需要经常购买或日常必需的、市场季节不明显或需求不集中等情况，可选用长分销渠道。

③ 从企业本身的因素来看，企业资金力量薄弱、销售力量不足或没有必要建立自行销售系统，没有能力或没有必要直接为最终客户或消费者提供较多服务且必须依靠中间商扩大市场，以及从经济效益分析认为使用中间商更为有利等情况，可选用长分销渠道。

2) 分销渠道出口宽窄的选择策略

分销渠道出口的宽窄是指商品分销所使用的零售出口的多少。宽的分销出口就是使用零售出口的数量较大，即利用较多的批发商和大量的零售商，使商品在广泛的市场上销售。窄的分销渠道出口就是使用零售出口的数量较小，即利用较少的批发商和零售商，使商品在有限的市场上销售。对于分销渠道出口宽窄的选择，主要取决于商品的类型、产量和价格，一般有三种策略可供选择。

(1) 独家销售策略。

独家销售策略，又称专一性或专营性销售策略，即企业根据产品特点在一个地区、一定时期内仅选择一家中间商独家经营自己的商品。采用这种策略，通常双方协商签订独家经销合同，规定不得向第三方，特别是竞争者承担购销义务。这个策略的重心是控制市场和资源，应付竞争者，或者是彼此充分利用对方的商誉和经营能力，增强自己的推销能力。这种策略适用于需要售后服务的产品，如高档消费品、多数生产资料以及专利技术、专门客户等具有优势的特异性商品。

(2) 选择销售策略。

选择销售策略是企业在某一地区仅通过几个精心挑选的、最合适的中间商推销产品的策略。这种销售策略相对于独家销售策略范围要大一些，但它的专业性要差一些。因此，生产者与销售者之间相互承担的义务就不是很严格。这种策略是先采用普遍性经销策略，经过一段实践，逐步淘汰效率低的渠道，再形成选择性销售渠道的策略。采用这种策略的重心着眼于企业市场竞争地位的维护，塑品牌，保声誉，淘汰不合适的中间商，提高经济效益。这种策略在新产品的试销阶段尤为适用。

(3) 广泛销售策略。

广泛销售策略，也称普遍性或密集性销售策略，是通过能经营某种商品的所有批发商和零售商来销售企业生产的商品。这是一种既长又宽的销售渠道策略。这种销售渠道策略的重心是扩大市场覆盖面或快速进入一个新市场，使消费者随时随地买到这些商品。所以，这种策略多用于消费者经常需要的日用品的销售，如牙膏和工业品中的通用机具等。

3) 中间商的选择策略

中间商是指在商品流通领域中担任各种商业职能的商业企业和个体商人的总称。根据在分销渠道中的地位和作用，中间商可粗略地分为批发商和零售商两大类。其中，根据是否拥有商品所有权，可将批发商划分为经销批发商和代理批发商。企业在对分销渠道的长短、出口的宽窄进行选择的同时，必须根据各类中间商在分销渠道中的地位和职能加以选择，以降低费用，提高销售率。

(1) 经销批发商。

经销批发商是独立从事批发购销业务并拥有商品所有权的中间商。其经营收入主要是通过向其他的中间商或生产企业提供对商品的集散、销售与其他技术服务，赚取经销差价及部分服务费。它与生产企业之间是买者与卖者的关系，双方之间的合作条件由经销合同确定。生产企业要保证经销批发商的货源和有关权利，经销批发商则要保证按照经销合同约束的价格和义务出售产品，商业经营的利润和风险归经销批发商所有与承担。

(2) 代理批发商。

代理批发商，简称代理商，是接受企业委托从事批发购销活动，但不拥有商品所有权的中间商。其经营收入主要是通过为生产企业寻找顾客和代表生产企业进行购销活动而赚取的佣金和手续费。代理商与生产企业之间不是买者与卖者的关系，而是被委托人与委托人之间的委托关系。双方之间的合作关系，由代理合同确定，双方的权利与义务需要互相保证，而商业经营的利润与风险，仍归生产企业所有与承担。

(3) 零售商。

零售商是商品从生产者到消费者流通过程的最后一个商业环节，处于分销渠道出口地位，对于保证商品销售的正常进行有重要的作用。一方面，它是生产企业和批发商的推销者，对于保证生产企业和批发商的日常经营具有重要的促进作用；另一方面，它是消费者生活中的服务商，对于保障供给、满足需求能够做出经常性的贡献。按照商品经营范围和经营特点来划分，零售商可分为专业型、综合型和百货型。

企业在选择上述各类中间商作为自己的贸易伙伴时，除了要分析它们在分销渠道中的地位和职能外，还应考虑它们所处的地理位置是否与企业的目标市场相适应，以及它们的信誉等方面问题。

4) 分销渠道的组合策略

由于分销渠道的各种选择策略各有利弊，在现代市场营销活动中企业通常将多种分销渠道加以组合。归纳起来，分销渠道的组合策略有以下三种情况。

(1) 分销渠道的纵向联合策略。

企业分销渠道的纵向联合，也称垂直营销系统，是指用一定的方式将分销渠道中各个环节的成员联合在一起，采取共同目标下的协调行动，以促使产品分销活动整体效益提高。这种纵向联合策略大致可分为两种形式，即契约型产销结合和紧密型产销一体化。

① 契约型产销结合。契约型产销结合通常是指生产企业同其所选定的中间商以契约的形式来确定各自在实现分销目标基础上的责权利关系和相互间的协调行动，以保证分销活动具有较好的整体效益。从我国的情况来看，契约型产销结合大致包括三种形式。

a. 特约经销，即企业同一家或几家拥有稳定市场分销网络的中间商建立长期的特约经销关系，将商品主要提供给这些中间商进行销售，并给予一定的优惠。

b. 厂店挂钩，即企业直接同一些大型零售企业或专业商店建立联合关系，保证向它们提供所需的货源，指导其经营活动，并通过这些企业商店建立自己的市场窗口，扩大企业影响，反馈市场信息。

c. 批发代理，即企业以契约的形式，委托一些大型批发企业代理自己的产品批发业务，企业将主要精力集中于产品的开发和生产。

契约型产销结合的主要特征在于分销渠道中各环节的成员以契约的形式，为实现分销系统整体利益而承担相应的义务，采取统一的行动，不同于传统的产销分离的渠道形式。同时，分销渠道中各环节的成员既保持着某种形式的长期合作关系，也是相互独立的经济实体，区别于产销一体化的紧密联合，是一种比较灵活的分销渠道纵向联合方式。

② 紧密型产销一体化。紧密型产销一体化是指企业以延伸或兼并的方式建立起统一的产销联合体，使其具有生产、批发和零售的全部功能，以实现对分销活动的全面控制。紧密型产销一体化有以下两种形式。

a. 自营销售系统，即拥有庞大资本的企业自行投资建立自己的销售公司和分销网络，直接向市场销售产品。

b. 联营分销系统，即企业与中间商共同投资或相互合并建立起统一的产销联合体，共同协调产品的产销活动。

分销渠道的纵向联合可以在一定程度上缓解和避免渠道成员间出于追求各自利益而形成的相互冲突，以及由此造成分销系统整体利益的损失，而且还因减少多层谈判、重复服务等活动而提高了分销活动的效率，增强整体的协调功能，使分销活动的整体效益得以提高。

(2) 分销渠道的横向联合策略。

分销渠道的横向联合，也称水平营销系统，是指由两个以上的企业联合开发共同的分销渠道。这种横向联合可以分为暂时的松散型联合和长期的固定型联合。前者往往是为了共同开发一个市场机会，由相关企业联合起来，共同策划和实施以实现市场机会的分销渠道策略。

分销渠道的横向联合策略可以较好地集中各有关企业在分销方面的相对优势，从而更好地开展分销活动。例如，每个企业可能都有自己的一部分分销网络，联合起来就可能同时扩大所有企业的市场覆盖面；每个企业具有各自的分销技术优势，联合这些技术就可能建立共存的分销渠道，并能在一定程度上减少企业在分销渠道方面的投资，同时由于协同作用的产生而降低各自的经营风险，提高分销活动的整体效益。

(3) 集团型联合策略。

集团型联合是由多个企业联合而成，具有生产、销售、信息、服务以及科研等综合功能的经济联合体。在这种经济联合体中，往往同时含有生产企业销售机构、物流机构、科研机构及金融机构的功能。集团中的销售机构和物流机构同时为集团内各生产企业承担产品分销业务。企业集团的形式是多种多样的，有的以生产企业为主体，有的以商业企业为主体，甚至有的以金融机构或科研机构为主体。从分销功能来看，有的企业集团只包含批发功能，有的延伸到零售功能；有的企业集团只具备商流功能，也有的同时具备物流功能；有的企业集团只经营同类产品，也有的各种产品都经营。

集团型联合是一种比较高级的联合形式。从分销的角度看，它往往能集商流、物流、信息流于一体，分销功能比较齐全，系统控制能力和综合协调能力都比较强，能对分销活动进行比较周密的系统策划，并能建立起健全高效的运行机制，从而能促使分销活动的整体效益得到较大的提高。

4. 促销策略

1) 促销策略的含义

促销是促进产品销售的简称。从市场营销的角度看，促销是企业通过人员和非人员的方式，加强与消费者的信息沟通，提升品牌形象，引发、刺激消费者的购买欲望，使其产生购买行为的活动。

各种促销方式都有其优点和缺点，在促销过程中，企业常常将多种促销方式同时并用。促销组合就是企业根据产品的特点和营销目标，综合各种影响因素，对各种促销方式的选择、调配和运用。促销组合是促销策略的前提，在促销组合的基础上，才能制定相应促销策略，而促销策略是促销组合的结果。因此，促销策略也称促销组合策略。

促销策略从总的指导思想上可分为推式策略和拉式策略两类[1]。推式策略是企业运用人员推销的方式，把产品推向市场，即从生产企业推向中间商，再由中间商推给消费者或最终用户，故也称人员推销策略。推式策略一般适用于单价较高的产品，性能复杂、需要做示范的产品，根据用户需求特点设计的产品，流通环节少、流通渠道较短的产品，市场比较集中、集团性购买的产品等。拉式策略是指企业运用非人员推销方式把顾客拉过来，使其对本企业的产品产生需求，以扩大销售。单价较低的日常用品，流通环节较多、流通渠道较长的产品，市场范围较广、单次购买量少、市场需求较大的产品等常采用拉式策略进行促销。

2) 促销策略的影响因素

促销组合和促销策略的制定影响因素较多，主要应考虑以下几个因素。

(1) 促销目标。

企业在不同时期或不同地区，经营的目标不同，促销目标也不尽相同。无目标的促销活动收不到理想的效果。因此，促销组合和促销策略的制定，要符合企业的促销目标，并根据不同的促销目标采用不同的促销策略。

(2) 产品因素[1]。

① 产品的性质。不同性质的产品，购买者和购买目的是不相同的，因此，对不同性质的产品必须采用不同的促销组合和促销策略。一般来说，对消费品进行促销时，因市场范围广而更多地采用拉式策略，尤其以销售促销和广告形式促销为多；对工业品或生产资料进行促销时，因购买批量较大、市场相对集中，则以人员推销为主要形式。

② 产品的市场生命周期。促销目标在产品市场生命周期的不同阶段是不同的，这决定了在市场生命周期各阶段要相应地选择不同的促销组合，采用不同的

促销策略。以消费品为例，在投入期，促销目标主要是宣传介绍商品，以使顾客了解、认识商品从而产生购买欲望。因此，这一阶段以广告为主要促销形式。在成长期，由于产品打开销路，销量上升，同时也出现了竞争者，这时仍需广告宣传，以增进顾客对本企业产品的购买兴趣，同时辅之以公共关系、销售促进等形式，尽可能扩大销售渠道。在成熟期，竞争者增多，促销应以增进购买兴趣为主，各种促销工具的重要程度依次是销售促进、广告、公共关系。在衰退期，由于更新换代产品和新发明产品的出现，销量大幅度下降，销售促进应继续成为主要的促销手段，并辅之以广告和公关手段。为减少损失，促销费用不宜过高。

(3) 市场条件。

市场条件不同，促销组合和促销策略应有所不同。从市场地理范围大小看，若促销对象是小规模的本地市场，应以人员推销为主；而对广泛的全国甚至世界市场进行促销，则多采用广告形式。从市场类型看，消费者市场因消费者多而分散，多数靠广告、销售促进等非人员推销形式；而对用户较少、批量购买、成交额较大的生产者市场则主要采用人员推销形式。此外，在有竞争者的市场条件下，制定促销组合和促销策略还应考虑竞争者的促销形式和策略，要有针对性地适时调整自己的促销组合和促销策略。

(4) 促销费用。

企业开展促销活动必然要支付一定的费用。费用是企业经营十分关心的问题，而且企业能够用于促销活动的费用总是有限的，因此在满足促销目标的前提下，要做到效果好而费用低。企业确定的促销预算额应该是企业有能力负担的，同时是能够适应竞争需要的。为避免盲目性，在确定促销预算额时，企业除了考虑营业额的多少外，还应考虑到促销目标的要求、产品市场生命周期等其他影响促销的因素。

1.4.3　营销组合的发展[2]

市场营销组合最早来自卡林顿(Carrington)于 1948 年研究市场营销成本过程中发现的要素混合体。营销人员将多种营销竞争方式融合在一起，最终形成市场营销组合的不同形式，主要是为企业获取最高的经济收益，同时使广大消费者满意。鲍顿是最早提出市场营销组合概念的学者，基于不同竞争方式的各种组合逐步发展成"4P"形式。

发展到 20 世纪，美国著名营销学专家、密歇根大学教授麦卡锡完成著作《基础市场营销学》，其中最早提出了营销组合的著名模型"4P"，包括产品、价格、分销、促销四个方面。市场营销组合就是将大量的营销变量组合在一起，以这种方法对当时经济现象进行描述并不能代表全部。在实际运行中，当前，很多研究人员认为在"4P"的基础上还需增加其他因素，主要原因就是他们发现"4P"并不能代表全部市场因素。1986 年，科特勒第一次提出"大市场营销"的观点，将"4P"扩大为"6P"，增加的两种因素为公共关系与政治力量。

服务市场营销与上述不同，1981 年，布姆斯(Booms)与比特纳(Bitner)认为应该在原来基础上增加三个因素，也就是人员、有形展示与过程管理。1987 年，居德(Gyude)认为应该增加一个因素——人员。创建市场营销组合的学者也认为"P"的清单上应该包括服务因素，自 70 年代以后，人们普遍认同"4P"的说法，因此人们提出的其他因素全部认定为"P"的形式。

综上所述，市场营销组合策略的制定应该来源于产品策略的制定，然后制定价格策略、分销策略与促销策略，形成策略体系，才能将正确的产品以合理的价格与促销手段送到最为恰当的区域。

企业经营要想取得成功首先要有正确的组合策略，所以企业在开展营销活动时要制定正确的组合策略。在确定产品生产类型后，下一步是采取哪种方式进入市场，满足社会需求，这时起关键作用的是产品、价格、分销、促销等要素的合理组合。为制定正确的组合策略：①要深入研究国内外优秀企业的成功做法，看其采取了哪种形式的营销组合；②要形成与竞争企业不同的个性化特点，充分放大自身优势；③采取合适的营销组合，企业要有绝对的控制权，可以在调整不同组合的基础上控制全部营销组合；④处于营销组合中的各种因素要相互配合，在更换产品的同时也需更改产品价格，同时应用不同的销售途径与促销方式。营销组合不是一个固定不变的整体，不管产品生命周期中哪一个环节发生变化，其他组合因素也会随之发生改变。

1.5 服务营销的发展

服务业是 21 世纪的热门行业。目前，服务业占世界经济总量的比重为 70%，主要发达经济体的服务业比重则达 80% 左右，服务出口占世界贸易出口的比重为 20%。服务业在发达国家经济中已占统治地位，服务消费占人均生活消费支出的一半。2019 年 7 月 22 日，国家统计局官网刊发的《服务业风雨砥砺七十载 新时代踏浪潮头领航行》[3]显示：新中国成立 70 年，是服务业快速成长的 70 年。1952～2018 年，我国第三产业(服务业)增加值从 195 亿元扩大到 469575 亿元，按不变价计算，年均增速达 8.4%，比国内生产总值(gross domestic product，GDP)年均增速高出 0.3 个百分点。

我国服务业规模日益壮大，综合实力不断增强，质量效益大幅提升，新产业新业态层出不穷，逐步成长为国民经济第一大产业，成为我国经济稳定增长的重要基础。

1.5.1　服务的特征与要素

1. 服务的概念

美国市场营销协会 20 世纪 60 年代对服务的定义是：服务是用于出售或与产品一起被出售的活动、利益或满足感。后来又修改为：可被区分界定，主要为不可感知，却可使欲望得到满足的活动，而这种活动并不需要与其他产品或服务的出售联系在一起。生产服务时可能会需要利用实物，而且即使需要借助某些实物协助生产服务，这些实物的所有权也不涉及转移的问题。

1990 年，格鲁诺斯(Grounus)对服务的定义是："服务一般是以无形方式，在服务与服务职员，有形资源商品或服务系统之间发生的，可以解决顾客问题的一种或一系列行为。"菲利普·科特勒认为："服务是一方向另一方提供的任何在本质上是无形的，并且不会产生所有权问题的活动或行为。服务的生产可能与实际产品有关，也可能无关。"佩恩(Payne)在分析了各国营销组织和学者对服务的界定之后，对服务做出了这样的定义："服务是一种涉及某些无形性因素的活动，它包括与顾客或他们拥有财产的相互活动，它不会造成所有权的变更。"

上述关于服务的多种定义说明：

(1) 服务提供的基本上是无形的活动，可以是纯粹服务，也可以与有形产品联系在一起。

(2) 服务提供的是产品的使用权，并不涉及所有权的转移，如自动洗衣店等。

(3) 服务对于购买者的重要性足以与物质产品相提并论，但某些义务性的服务，如教育、治安、防火等政府服务，作为纳税人，"购买者"并不需要直接付费或全额付费。

2. 服务的特征

服务的特征较多，但以下几方面的特征对特定营销方案影响较大。

1) 无形性

无形性(intangibility)，也称不可触摸性，主要指服务是提供非物质产品，顾客在购买之前，一般不能看到、听到、嗅到、尝到或感觉到。服务产品是由服务提供者和顾客的主体感受的价值共同构成的，这一本质的特点赋予服务产品区别于有形产品的特质。因此，广告宣传不宜过多介绍服务的本体，而应集中介绍服务所能提供的利益，让无形的服务在消费者眼中变得有形。潜在顾客运用可利用的有形因素，可以对服务供应商提供的某项服务做一些前期的评估。例如，顾客选择旅店时，可能考虑到地点、外观及额外服务(住店时间长的顾客会关心餐厅、衣物清洗设施、购物和邮政设施、托管孩子的设施、接待质量等)。实际上，真正无形的服务极少，很多服务需借助有形的实物才可以产生。对顾客而言，购买某些产品，只不过因为它们是一些有效的载体，这些载体所承载的服务和效用才是最重要的。

2) 同步性

同步性(inseparability)，也称不可分割性，主要指服务的生产和消费是同时进行的，有时也与销售过程连接在一起。服务具有直接性，服务与其供应者密不可分，服务过程是顾客和服务人员广泛接触的过程。服务的供应者往往是以其劳动直接为购买者提供使用价值，其生产过程与消费过程同步进行，如照相、理发等。这一特征表明，顾客只有加入到服务的生产过程中，才能享受到服务；而且一个出售劳务的人，在同一时间只能在一个地点提供直接服务。因此，直接销售通常是唯一的销售途径。

3) 异质性

异质性(heterogeneity)，也称可变性，主要指服务的构成成分及其质量水平经常变化，很难统一界定。与实行机械化生产的制造业不同，服务是以人为中心的产业，它依赖于谁提供服务以及在何时、何地提供服务。由于人的气质、修养、文化与技术水平存在差异，同一服务由数人操作，品质难以完全相同；同一人做同样的服务，因时间、地点、环境与心态的变化，其作业成果也难完全一致。格鲁诺斯认为："顾客认可才是质量。"质量是服务营销的核心所在。因此，服务的产品设计须特别注意保持应有的品质，力求始终如一，维持高水准，建立顾客信心，树立优质服务形象。

4) 易逝性

易逝性(perishability)，也称不可储存性或"短暂性"，主要指服务既不能在体验之前也不能在体验之后制造或在生产后储存备用，消费者也无法购后储存。服务的提供极具时间性，生产与消费的同步性及其无形性，决定了服务具有边生产、边消费或边销售、边生产、边消费的重要特征。很多服务的使用价值如果不及时加以利用，就会"过期作废"。例如车、船、飞机上和剧院中的空座位，宾馆中的空房间，闲置的服务设施等，均为服务业不可补偿的损失。因此，服务业的规模、定价与推广，必须力求达到人力、物力的充分利用；在需求旺盛时，要千方百计解决由缺乏库存导致的供求不平衡问题。

此外，服务的无形性与易逝性，使得购买者不能"实质性"地占有，因而不涉及所有权的转移，也不能申请专利。各类服务产品之间往往可以互相替代，如为到达同一目的地，可以选择多种运输服务方式。

3. 服务营销的要素

市场营销的实质是一种交换关系，物质产品营销的理论和原则也适用于服务营销。但是，由于服务的前述特征，服务营销战略的形成和实施，以及服务营销组合均应有所调整。服务性企业既然能够区别于有形产品行业而存在，那么局限于有形产品的产品、价格、渠道、促销的分析方法就不再完全适用了。在服务产品营销组合中，需要有反映服务营销特点的人员，也需要有形展示和流程等营销要素。

服务市场营销的主要要素有七个。

1) 产品(product)

服务产品必须考虑的要素是提供服务的范围、质量、品牌、保证以及售后服务等。服务产品包括核心服务、便利服务和辅助服务。核心服务体现了企业为顾客提供的最基本效用，如航空公司的运输服务、医院的诊疗服务等；便利服务是为配合、推广核心服务而提供的便利，如订票、送票、送站、接站等；辅助服务用以增加服务的价值或区别于竞争者的服务，如辅助于实施差异化营销战略。在某些服务中，由于融入了一些本来与服务产品并不相关的东西，产品开发变得相当复杂。例如，旅行社为游客安排打包旅游，必须慎选航空公司。

2) 分销(place/distribution)

随着服务领域的扩展，服务销售除直销外，经由中介机构销售的情况日渐增多。中介机构主要有代理、代销、经纪、批发、零售等形态。例如歌舞剧团演出、博览会展出、职业球队比赛等，往往经中介机构推销门票。在分销因素中，选择服务地点至关重要。像商店、电影院、餐厅等服务组织，若能坐落于人口密集、人均收入高、交通方便的地段，服务流通的范围较广泛，营业收入和利润也就较高。

3) 定价(place)

由于服务质量水平难以统一界定，质量检验也难以采用统一标准，加上季节、时间因素的重要性，服务定价必须有较大的灵活性。在飞机快要起飞前买票的乘客，或深夜入住的旅客，也许能谈定一个比定价低得多的价钱。因为服务的易逝性，航空公司不愿让座位空着，旅店也不愿让床位空着。而在区别一项服务与另一项服务时，价格是一种重要的识别标志，顾客往往从价格中感受到服务价值的高低。

4) 促销(promotion)

服务促销包括广告、人员推销、营业推广、宣传、公共关系等营销沟通方式。为增进消费者对无形服务的印象，企业在促销活动中要尽量使服务产品有形化。例如，美国著名的"旅游者"保险公司在促销时，用一个伞式符号作为象征，其促销口号是"你们在旅游者的安全伞下"。这样，无形的保险服务就具有了一种形象化的特征。

5) 人员(people)

服务业的操作人员，在顾客心目中实际上是服务的一个重要组成部分，如这次发型是某位理发师的杰作。服务企业的特色，往往体现在操作者的服务表现和服务销售上。因此，企业必须重视雇员的甄选、训练、激励和控制。此外，顾客与顾客间的关系也应受到重视。一位顾客对服务质量的认识，很可能是受到其他顾客的影响。

6) 有形展示(physical evidence)

有形展示包括一些支持提供服务的、可以传递服务特色和优点的有形因素，或给予顾客看得见、摸得着的东西，包括环境、实物装备等，象征可能获得的无形利益。例如，航空公司或汽车出租公司的飞机或汽车的型号以及新旧程度，超市的地点和设施，学校的教室及设备、图书馆等，对于服务都是至关重要的。

7) 流程(process)

服务供应商应有流畅、让顾客一目了然的服务流程，包括服务的传递顺序和内容，以及整个体系的运作政策和方法。服务流程中，顾客接触的主要是前台的人员和设施，感受到的是服务的质量。但是，有些流程是在后台进行的，例如，行政和数据处理系统处理与服务有关的文件和信息，并进行顾客跟踪。后台的工作量往往比前台大，技术性更强，是保证服务质量必不可少的。服务流程管理的好坏直接影响服务的质量，从而影响企业的竞争力。

1.5.2　服务营销的演进

服务营销作为一门独立的学科正在迅速发展，学术界将服务营销理论范式演进分为服务营销科学的前科学时期、服务营销科学的初步形成时期、服务营销科学的严峻挑战时期和服务营销理论的创新时期四个阶段。

1. 服务营销科学的前科学时期

20 世纪 60～70 年代是服务营销科学的前科学时期。在早期有学者关心服务与有形产品的区别以及服务营销范式问题，但从 20 世纪 70 年代开始，西方发达国家逐渐放松了对服务业的管制，服务业的竞争也随之加剧。因此，企业迫切需要新的理论指导企业的经营管理实践，以便在激烈的市场竞争中求得生存与发展。服务营销理论发展由此进入了一个全新的时期，学者们开始单独探讨服务理论问题，但大多是将服务作为有形产品的附加部分加以研究，并且主要关注理论框架的构建，几乎没有实证研究，服务营销理论尚未形成统一的研究范式。

2. 服务营销科学的初步形成时期

20 世纪 80～90 年代是服务营销常规科学的初步形成时期。该时期是服务营销发展最重要的历史时期，服务营销范式逐步形成，学术界达成了如下共识：①服务被界定为活动、努力，具有与产品完全不同的特性；②服务特性产生的问题是有形产品营销未曾涉及的；③产品营销的知识难以解决上述问题；④确立了服务质量评价模型与维度。与此同时，服务营销理论研究的两大学派——北欧学派(Nordic School)和北美学派(North America School)也已悄然形成。北欧学派代表学者格罗鲁斯提出的顾客感知服务质量概念将服务质量与有形产品质量彻底地区分开来。北美学派的突出贡献则在于大量的实证研究工作，将服务营销理论研究推进到了一个全新的发展阶段。其代表学者 PZB①创建了全球应用最为广泛的服务质量评价模型——SERVQUAL(service quality)模型。

在服务特性问题的探讨上，学者们的理解和阐述有所差异。例如，有学者将服务与实体产品的差异界定为无形性、是活动而不是物品、生产与消费同时进行，以及顾客参与服务的生产过程等四点。也有学者提出无形性、不可分割性、易变性和易逝性是服务最重要的特性。还有学者关注服务中人际互动这一重要特征。PZB 则通过实际调查发现了学者提及的服务特性情况依次为无形性(全部)、不可分割性(绝大多数)、异质性(70%)和易逝性(大于 50%)。尽管存有争议，但在这一时期，服务的基本特性已经基本确立，包括无形性、不可分割性、异质性、易逝性和不可拥有性，并且认为无形性是服务最根本的特性。

3. 服务营销科学的严峻挑战时期

20 世纪 90 年代至 21 世纪初，是服务营销理论面临严峻挑战的时期。随着计算机和网络技术的高速发展与扩散，电子服务在金融、旅游预定和知识密集型服务领域所占比重日益加大。以互联网为媒介的虚拟互动取代了传统的面对面互动，顾客可以借助于网络技术同时充当服务提供者和服务消费者两个角色。服务与产品的差异在缓慢消失，服务日益趋向于同质性发展，行业之间的界限也逐步模糊，服务型制造、生产性服务等词汇应运而生。例如，国际商业机器公司(International Business Machines Corporation，IBM)坚称自己是服务企业，因为在其提供给顾客的解决方案中，服务价值的比重已经超过了有形产品价值的比重。更为重要的是，原来服务营销学科赖以存在的基本范式，一些基本前提和假设发生了变化：在有些情况下，借助科学技术，特别是互联网技术，服务的生产与消费可以分开进行(如网上医疗诊疗系统)；在传统服务中，质量感知主要取决于员工的表现、顾客的情绪和态度，而以计算机网络科技为基础的服务质量感知既取决于网络服务者的技术水平，也取决于网络连接的质量，服务的定制化既受限于服务的设计，也受限于顾客能够或准备接受服务的程度；在互联网环境下，顾客必须借助无形的要素对无形的服务进行评价，顾客服务质量感知的路径和机理发

---

① PZB 为美国学者帕拉苏拉曼(Parasuraman)、泽斯曼尔(Zeithmal)和白瑞(Berry)，三人被合称为 PZB 研究组合。

生了重大的变化；顾客更加难以拥有服务，因为有些服务完全依赖于无形的技术，使顾客难以掌握，但同时顾客又能通过屏幕看到服务结果，这又增加了服务的有形性，使服务更加容易。针对以上诸多变化，一些学者对服务营销学科理论体系的科学性提出了质疑，有的学者认为服务营销学科已经走到了尽头。

因此，学术界和理论界进行了新的探索。例如，以传统的服务质量测量模型为基础，针对电子零售行业的实际情况开发了测量其电子服务质量的模型，如 E-SERVQUAL 等。在美国，电子零售服务质量包括绩效(在线零售商满足顾客期望的程度)、可进入性(顾客通过在线零售商从世界各地购买产品的能力)、安全性(在线传递金融信息的安全性与个人信息等非金融安全性)、感觉(在线顾客在购物过程中与产品、其他个人的互动能力)和信息(信息数量和可信度)五个维度，这五项与满意度、口碑、未来购买和抱怨的可能性都高度正相关，并且绩效和信息是在线顾客最关心的因素。但电子服务质量的构成维度和测量模型会因环境和行业的不同发生变化，因此其普适性还有待于检验。

4. 服务营销理论的创新时期

21 世纪至今，服务营销理论正在经历创新时期。

1) 服务科学的提出

2004 年，服务科学作为 21 世纪美国国家创新战略之一，首次在美国国家创新计划报告中提出：服务科学是管理科学、数学、决策科学、工业工程、计算机科学和社会科学等诸多领域的综合体，其核心内容是服务系统管理、服务创新管理、服务技术与应用理论等。服务营销学知名学者玛丽·乔·比特纳(Mary Jo Bitner)于 2006 年也界定了服务科学的概念，认为服务科学是通过服务提升创新力、竞争力和生活质量的一些基本理论、模型和方法，是一门新兴学科。

在我国，服务科学的研究也引起了众多学者的关注，他们认为"服务科学学科"是一门新兴的复合交叉型学科，将计算机科学、运筹学、产业工程、商务战略、管理科学、社会认知行为学和法学等领域综合在一起，发展现代服务业所必需的相应技能；"服务科学学科建设"将聚焦于对商务和科技课题的有效结合，通过使用真实的案例，尤其是信息技术和商业服务领域的案例来分析和教学，为服务提供技能，为客户创造价值。服务营销范式的研究主体和客体都发生了变化，学者背景多元化，学科交叉融合性越来越强。新型技术，特别是计算机技术等在服务营销与管理中的应用越来越广泛，制造业与服务业相互融合的趋势越来越明显。

2) 服务的租用/进入模式——潜在的服务营销范式之根基

不可否认，科学技术的发展使得理论界公认的服务本质属性——"无形性"已经不合时宜。谷姆森(Gumson)曾多次表示，服务的无形性这一假设并不存在，更不能成为服务的根本标志与特征，所以需要创建一种新的服务范式。其中，服务交易不涉及所有权的转移，可以作为服务营销新范式的根基。

在租用/进入模式中，顾客通过支付租金或者进入的费用获得进入权或临时拥有权(而不是所有权)来获取服务提供的利益。这种观点不但将服务与有形产品区分开来，而且解释了典型的服务特性。例如，租用空间的酒店服务，租用劳动和经历的医疗服务，获得机构进入权的展览馆服务，获得进入/使用权的网络服务、信息服务、银行服务和保险服务等。

可以看出，学者们还是力争将服务区别于有形商品研究的，并坚持认为服务完全有别于有形商品，并且经常通过与有形商品的对比来界定服务，因为服务必须要树立自身的研究领域与路标。

3) 以价值创造为基础的服务逻辑观点

格罗鲁斯认为目前理论界对服务的认知大概可分为以下三种：服务是一种活动；服务是一种关于顾客价值创造，理解顾客购买消费过程的观念(服务消费逻辑)；服务是组织经营的基本观念(服务供应商逻辑)，服务供应商逻辑必须以服务消费逻辑为导向，两者之间互相影响且相互依存。对企业来讲，将服务视为一种观念比仅仅将其作为一种活动更加有意义。

从价值创造角度来看，服务消费逻辑是顾客在日常活动中运用自备技能，利用企业提供的以及其他可利用的资源通过消费服务为自己创造价值的观念；而服务供应商逻辑则是企业通过与顾客的互动，创造与顾客联合创造价值的机会，采用服务的观念和方法调整营销战略适应顾客对服务消费的价值创造观念。但是价值并不存在于商品/服务本身(交换价值)，而是在顾客对商品/服务的使用过程中被创造出来(使用价值)。使用价值是价值创造的基础，交换价值只是使用价值的职能，顾客利用购买的资源和自备技能创造使用价值，交换的只是促进使用价值生成的价值基础资源，并不是价值。因此，只有顾客才是真正的(使用)价值创造者，目前的服务研究混淆了顾客作为服务生产资源与价值创造者的双重身份。

供应商在价值创造中的作用取决于企业是否采用了服务逻辑。采用服务逻辑的供应商为顾客提供必需的价值基础，是顾客价值创造的协助者；而采用商品逻辑的供应商则无法直接参与消费过程，也不能影响顾客价值创造过程，顾客只能独立创造价值。从使用价值角度来看，供应商甚至都不是价值的合作创造者，而只是价值创造的协助者。因此，企业只有采用服务逻辑才可以使自己积极参与价值实现过程。

毋庸置疑，服务科学是服务营销范式的发展方向，会加强服务营销学科对社会经济发展的指导作用。但服务科学并不是对服务营销学的替代(至少在现阶段)，而只是服务营销研究范式上的革新与创新，是服务实现与运营的科学。

虽然租用/进入模式可以较好地区分服务与有形产品，以及很好地解释典型服务的特性，但还是不能描述所有的服务。而且这种通过与有形商品的对比来界定服务，认为服务完全区别于有形商品的研究方法限制了服务观念的普适性，阻碍了服务营销理论在更为广阔空间中的进一步发展，服务营销学者的这种做法无疑是自我设限。

服务营销理论面临的危机并没有改变服务逻辑的有效性，相反恰好说明了服务观念的普适性与科学性。当顾客自主创造价值时，所有企业都面临着服务竞争，而不是单一服务或有形产品的竞争。企业向顾客提供的不仅仅是单一的产品或单一的服务，而是一个整体解决方案，这是企业在市场上取得竞争优势最基本的前提。服务应上升为一种哲学观念，生产性服务或服务型制造都要始终以顾客为中心、具有服务观，以"服务逻辑"管理企业，将企业与顾客之间的互动视为市场提供物，使自身融入顾客价值创造过程，获得与顾客合作创造价值的机会。否则，企业将远离顾客的期望，企业的经营理念和"逻辑"将与顾客的理念与"逻辑"背道而驰。

1.6　全球化营销

1.6.1　全球化营销的含义

国际市场营销是跨国界的企业市场营销活动，其发展的形式是全球市场营销。国际市场营销不同于国内市场营销，在营销环境分析、目标市场选择、市场进入、市场营销战略以及营销组织策略上，都有鲜明的国际特点。我国加入世界贸易组织后，广大企业直接面对经济全球化的汹涌浪潮，以及"国内市场国际化、国际竞争国内化"的严峻现实。如何更好地把握国际市场营销的特点，积极开展国际市场营销活动，对于企业开拓国际市场、扩大规模经济、赢得核心竞争优势，具有极为重要的意义。

全球化营销是企业把全球市场作为一个统一的市场，在全球一体化的视野下实现全球资源有效整合的新型营销理论。1983 年，美国哈佛大学商学院教授西奥多·莱维特(Theodore Levitt)在《哈佛商业评论》上发表了《全球化的市场》一文，提出了国际营销的概念。随后，一些国际企业纷纷响应并采用了该营销理论，并将该理论应用于跨国营销中，取得了显著成绩。进入 21 世纪之后，国际营销理论被越来越多的国际企业接受。一般而言，促使国际营销理论得以迅速传播和广泛应用的根本原因可以归结于经济利益，即利益最大化的动机引发了企业的国际营销。

1.6.2　国际目标市场选择

1. 国际市场细分与目标市场选择

进行国际市场营销活动，同样必须选定目标市场。世界各国的诸多市场，并非每一个都是企业应该进入和能够进入的。选择国际目标市场可以发现潜在的市场，寻求国际购买者；可以充分利用资源，发挥企业营销优势；可以把市场需求与企业优势有机结合，提高营销效率。

国际市场是一个庞大的、多变的市场。为了选择目标市场，首先要根据各国顾客的不同需要和购买行为，对国际市场进行细分。

国际市场可按不同的标准进行细分。

(1) 按经济发展水平，可以把国际市场细分为原始农业型、原料出口型、工业发展型和工业发达型等四类市场。

(2) 按国别和地区，可以把国际市场划分为美国、日本、俄罗斯、埃及等不同的市场，还可以按地区分为北美洲、欧洲、拉丁美洲、亚洲等市场。

(3) 按商品性质，可以把国际市场分为工业市场、消费市场和服务市场。

(4) 按人均国民收入，可以把国际市场划分为高、中、低收入三类市场。

此外，还可以按家庭规模、性别、年龄、文化程度、宗教、种族、气候等标准进行进一步的细分。

在市场细分的基础上，企业就可以决定哪些市场是自己的目标市场。选择目标市场的依据主要有以下几方面。

(1) 市场规模。没有规模的市场，营销发展就非常有限。因此，选择目标市场首先要考察市场的规模。一个国家或地区的市场规模，取决于人口总量和人均收入水平。

(2) 市场增长速度。有的市场尽管规模不大，但潜力很大，未来的市场增长速度快，可能会产生一个巨大的市场。这种市场是选择目标市场时绝对不能错过的。选择这种市场作为目标市场，其未来营销收益十分可观。

(3) 交易成本。市场交易发生的费用多少，直接关系产品成本和利润的高低。在不同市场中每项交易发生的运费、调查费、保险费、税收、劳动力成本以及广告宣传费用是截然不同的，企业往往选择那些交易成本较低的市场作为目标市场。

(4) 竞争优势。国际市场竞争十分激烈，要与竞争对手相比较，选择在产品质量和花色品种、企业规模、经营组织等方面竞争对手较弱的市场作为自己的目标市场。

(5) 风险程度。国际市场营销是跨国界的营销活动，市场风险是十分突出的问题。自然灾害、意外事故、战争、政局不稳、两国关系恶化以及材料供求变化、货币贬值、通货冻结等原因，都会导致合同废除、货物丢失、交货延误、贸易歧视，甚至财产没收等风险的产生。因而，从原则上说，目标市场应选择为风险较小的市场。当然，高收益往往伴随着高风险，企业要视具体情况而定，具体问题具体分析。

2. 国际目标市场的估测

企业在初步选定目标市场后，还要对目标市场进行深入的分析研究，对市场潜力、市场占有率、经营收益、投资收益以及风险进行认真估测，最终确定目标市场，并为进入目标市场打下坚实的基础。

(1) 估计现有市场潜力。通过已公布的资料和企业组织调查获取的资料，对目前市场需求的状况进行估计。由于跨国界的营销活动，其调查研究远比国内困难，访问调查的合作率不高，花费的时间和费用却很多。但只有对现状进行充分的分析研究，进入目标市场才能有的放矢，后续的营销活动才能顺利展开。

(2) 预测未来市场潜力。未来目标市场需求的发展变化，对企业组合营销策略至关重要。因此，不仅要估计目前的市场潜力，而且要分析判断随着该国经济发展、政局变动等环境的变化，目标国市场潜力的发展及其走向。因而，要求调查研究人员一定要熟悉外国政治、经济、文化的状况以及政策走向，综合判断未来市场的发展变化。

(3) 预测市场占有率。研究目标市场的竞争状况以及有关方面可能设置的种种限制，正确判断企业在目标市场的市场份额。

(4) 预测成本和利润。成本高低与进入市场的策略或方式有关。如果以出口商品方式进入，商业责任与销售成本由合同标明；如果以投资设厂方式进入，则成本估算还要涉及折旧、利息、员工工资、税款、原材料及能源价格等因素。成本估算出来后，从预计销售额中减去成本，即可测算出企业利润。

(5) 预估投资收益率与风险。将某一产品在国外市场的预测利润流量与投资流量进行比较，估计投资收益率。估计的投资收益率必须高于正常的投资收益率，并能抵消在国际市场营销中可能遇到的政治风险、商业风险、货币风险以及其他各种风险。

1.6.3　国际市场营销战略

企业在国际市场营销中，除了运用成本领先、差异化以及聚焦战略外，还应当考虑运用以下几个方面的战略。

1. 大市场营销战略

大市场营销是菲利普·科特勒(Philip Kotler)于 20 世纪 80 年代提出的思想。

大市场营销的中心思想是：为了进入障碍极高的封闭型和保守型市场，企业在战略上必须协调使用经济的、心理的、政治的和公共关系的手段，以取得当地各有关方面的合作和支持。换言之，在国际市场营销中，针对国际上贸易壁垒或非贸易壁垒的封闭市场，企业应运用权力营销和公共关系营销两种基本手段，以获得目标国政府、利益集团、企业以及相关社会公众的合作和支持。大市场营销作为国际市场营销的战略思维，超越了国内市场营销单纯运用 4P 组合的思维，充分考虑到国际市场营销涉及的不同国家的权利结构因素和社会公众因素，在经济全球化和贸易保护并存的今天，仍然具有极为现实的战略意义。

2. 标准化营销战略与本土化营销战略

企业开展国际市场营销最初采取的战略一般是标准化营销战略，又称普适化营销战略。这种战略的前提是将各目标国市场视为均质性的市场，设定目标国市场营销环境与跨国公司总部所在国环境没有太大差别。或者说，忽略目标国市场与跨国公司总部所在国市场在营销环境上的差异化或异质性。在目标国市场上，采用与所在国无差异的营销组合来满足各目标国市场的需求。从这个意义来说，标准化营销战略的思维定式是：所在国成功的营销可以复制和或移植到目标国。换言之，所在国的战略营销方案必然适用于各目标国市场。

标准化营销的最大利益是规模经济的利益。跨国公司经营成功的营销方案，可以不加改进或稍加改进地复制到目标国市场，从而达到营销成本的最小化和营销收益的最大化。当然，标准化营销战略所面对的市场往往是同质市场，或者说，对于某些不需要细分市场的具体产品，往往将各目标国的市场视为同质市场。

本土化营销战略，又称适应性营销战略，是针对各目标国本土的具体营销环境，将目标国市场视为异质性市场，采用差异化的营销组合来满足这些市场的需求。从本质上说，本土化营销是差异化营销战略在国际区域范围的具体运用，是国际市场营销环境差别化对营销战略有效选择的直接结果。

本土化营销战略的实施，同样使一些跨国公司获得巨大成功，对跨国公司的全球化发展立下汗马功劳。这些公司在"思考全球化，行动本土化"的方针指导下，力求"入乡随俗"，努力通过本土化营销战略跨越目标国市场营销环境的障碍，将品牌深深扎根于目标国顾客的心中，成为国际市场营销的成功典范。在我国，宝洁公司可称为在实施本土化营销战略的众多跨国公司中最成功的企业。占据中国洗涤用品半壁江山的宝洁公司，在营销推广中几乎从不宣传公司的跨国性质和品牌的西洋化性质，而是力求贴近中国消费者。在飘柔、海飞丝、潘婷、佳洁士、舒肤佳等众多品牌中，国人熟知的是颇具东方韵味的品牌本身，而不是远在太平洋彼岸的洋公司。与宝洁有异曲同工之妙的是，可口可乐公司聘请国人的促销宣传、肯德基推出的香脆油条等。由此不难看出，本土化营销早已成为跨国公司全球营销战略一个重要的选择。

3. 多元化营销战略与归核化营销战略

多元化营销战略是跨国公司在国际市场营销中采取的一种战略。多元化营销战略的基本思想是：企业在原有某种业务的基础上，开发新的一种或多种业务，从而形成企业在两个或多个业务领域发展的格局。这里所指的业务，包括产品以及相应的市场和技术。多元化营销可以分为相关多元化和非相关多元化。相关多元化指企业经营不同的产品，但在市场、技术方面具有某些相关性；非相关多元化指企业经营不同的产品，这些产品在市场、技术等方面都与原有的产品无关。一般而言，多元化营销战略具有降低经营风险、市场和技术资源共享、灵活转移战略的优点，从而为世界 500 强的众多公司采用。但是，多元化营销战略中专业化不足、资源分散的缺点也是明显的。

归核化(refocusing)的原意是摄影中的重新聚焦或再聚焦。归核化营销战略的基本思想是：剥离非相关业务，回归核心业务，培育企业的核心竞争力。归核化营销战略是针对某些公司过度多元化带来的限制而展开的。在以往国际市场营销中，一些跨国公司过度多元化扩展，导致公司不能集中资源培养和发展企业自身的强项业务，面临面面俱到但面面薄弱的危机，因而需要强调资源的归核，加大核心业务的投资力度，进而实现在核心业务上的扩张。

归核化营销战略不是简单的多元化营销战略的回归，而是对多元化营销战略的修正和补充。归核化营销战略实施的主要方式是：收缩归核和扩张归核。收缩归核主要指企业规模的收缩和经营范围的收缩，其基本内容是出售、业务外包、业务分立。扩张归核是指在资源归核的基础上，扩大对核心业务的投入和核心业务规模，其主要内容是整合、改造、更新核心业务。

1.6.4 国际市场营销策略

1. 国际市场营销产品策略

国际市场营销的产品必须适应国际目标市场的需求。产品的设计、包装及商标、新产品开发等，都必须符合特定国家和地区的社会文化及消费者购买偏好。因此，国际市场营销产品策略主要有以下几个方面。

1) 产品延伸策略

产品延伸策略是一种对现有产品不加任何变动，直接延伸到国际市场的策略。这一策略的核心是在原有生产基础上的跨国界规模扩张，即在产品功能和外形的设计上、在包装广告上都保持原有产品的面貌，不做任何改动，不增加任何产品研制和开发费用，只是将现有产品原封不动地打入国际市场。

对于企业生产上要求规模经济、市场需求具有同质性的产品，在国际市场营销中往往采用产品延伸策略。

2) 产品适应策略

产品适应策略是对一种现有产品进行适当变动，以适应国际市场不同需求的策略。这一策略的核心是对原有产品进行适当的更改，即一方面保留原有产品合理的部分，另一方面对某些部分进行适当更改以适应不同国家客户的具体需要。产品更改通常包括功能更改、外观更改、包装更改、品牌更改。在消费者需求不同、购买力不同、生产技术不同的情况下，或者说在异质性的国际市场上，企业的国际市场营销往往采用产品适应策略。

3) 产品创新策略

产品创新策略是一种全面开发设计新产品，以适应特定国际目标市场的策略。产品创新策略的核心是产品的全面创新，即在产品功能、外观、包装、品牌方面都针对目标市场进行新产品的开发。

在市场具有独特的巨大需求、企业技术规模较大、市场竞争激烈的情况下，往往特别强调采用产品创新策略。

2. 国际市场营销渠道策略

企业的产品从本国转移到国外市场的最终消费者手中，就形成了国际市场的营销渠道。各国市场环境不同，渠道安排错综复杂，因而存在着许多国际市场营销的渠道形式。企业可根据不同国度的市场状况，采用不同的渠道策略。

1) 窄渠道策略

窄渠道策略是指企业在国际市场上给予中间商一定时期内独家销售特定商品的权利，包括独家包销和独家代理两种形式。独家包销是企业将产品的专卖权转移给国外的中间商，独家代理则是企业将产品委托给国外中间商独家代理销售，产品所有权未发生变化，代理商只收取佣金但不承担经营风险。

2) 宽渠道策略

宽渠道策略是指企业在国际市场上的各个经营环节中选择较多的中间商来销售企业的产品。与窄渠道策略相反，宽渠道策略强调选择中间商的广泛性，要求在特定目标市场上形成众多中间商销售特定产品的格局。

3) 短渠道策略

短渠道策略是指企业直接与国外零售商或产品用户交易。短渠道策略尽可能越过中间环节，使商品在跨国界销售中的中间环节减少到最少。短渠道策略有两种具体方式：一是企业直接与国外的大百货公司、超级市场、大连锁商店进行交易；二是企业直接在国外建立直销机构进行销售。

4) 长渠道策略

长渠道策略是指企业在国际市场上选择两个或两个以上环节的中间商来销售企业的产品。对于那些与广大的消费者贴近的商品，企业往往采用多个环节的中间商将产品分散出去。

3. 国际市场营销定价的影响因素与策略

1) 影响国际市场营销定价的因素

国际市场环境比国内市场更为复杂，其定价也受诸多因素影响。

(1) 成本。除生产成本之外，产品的国际市场营销成本还包括关税和其他税收、国际中间商成本、运费与保险费以及营销业务费等。

(2) 国外法规。反倾销法、反垄断法、价格控制法、产品安全法等国外法规，对产品定价有诸多影响。

(3) 国际市场供求及竞争。国际市场基本处于买方市场，竞争激烈，制定国际市场营销产品价格时必须考虑市场供求及竞争状况。

(4) 经济周期与通货膨胀。国际市场经济的周期变动，会导致不同产品的价格升降；通货膨胀则会增加产品成本，引起产品价格上升。

(5) 汇率变动。国际市场营销活动中使用的计价货币是可以选择的，在实行浮动汇率的情况下，汇率变动使产品价格相对发生变动，极大地影响营销的收益。

2) 国际市场营销的定价策略

(1) 统一定价策略。企业的同一产品在国际市场上采用同一价格。这一方式简便易行，但难以适应国际市场的需求差异和竞争变化。

(2) 多元定价策略。企业对同一产品采取不同价格。采用这一策略时，企业对国外子公司的定价不加干预，各子公司可以完全根据当地市场情况做出价格决策。这一策略使各个国外分支机构有最大的定价自主权，有利于根据市场情况灵活机动地参与市场竞争，但易于引起内部同一产品盲目的价格竞争，影响公司的整体形象。

(3) 控制定价策略。企业对同一产品适当地控制价格。采用这种策略是为了利用统一定价与多元化定价的优点，克服其缺点，对同一产品的定价实行适当控制，既不采用同一价格也不完全放手各子公司自主定价，而是既对内部竞争进行控制，同时又准许公司根据市场状况进行灵活定价。这样既使定价适应了市场变化，也避免了公司内部的盲目竞争，但采用这一策略也会增大管理的难度和成本。

(4) 转移价格策略。企业通过母公司与子公司、子公司与子公司之间转移产品时确定某种内部转移价格，以实现全球利益最大化。采用这一策略，母公司与子公司、子公司与子公司之间转移产品时，人为提高内部结算价格，造成总公司内部此一企业利润与亏损转移到彼一企业的状况，但从整体上使总公司的利益达到最大化。转移价格策略有利于实现公司整体利益的最大化，但可能会损害某些子公司的利益。

4. 国际市场促销策略

国际市场促销的主要任务是实现企业与外国客户之间的沟通。国内市场促销策略中有关人员推销、公共关系、营业推广、广告宣传的策略，很多同样适用于国际市场促销。但是，由于国际市场营销环境的复杂性，国际市场促销策略的运用比国内市场要复杂得多。

1) 人员推销

在国际市场上，人员推销因具有选择性强、灵活性高、能传递复杂信息、有效激发购买欲望、及时反馈信息等优点而成为国际市场营销中不可或缺的促销手段。然而国际市场营销中使用人员推销往往面临费用高、培训难等问题，因此在使用这一促销手段时须尽力招聘有潜力的优秀人才，严格培训并施以有效的激励措施。

2) 公共关系

国际市场营销中，公共关系促销的作用日益加强，特别是进入一些封闭性较强的市场时，公共关系的好坏直接关系到能否进入市场，并在进入后能否取得较好的经济效益。

在国际市场营销中，公共关系应特别重视以下工作。

(1) 与当地政府保持良好关系，争取当地政府的支持和帮助。

(2) 利用有关媒体正面宣传企业经营活动和社会活动，树立良好的企业形象。

(3) 建立多条意见沟通渠道，收集各阶层公众对企业的意见，及时消除相互间的误解和矛盾。

3) 营业推广

营业推广的手段非常丰富，但在运用时要考虑有关法律和文化风俗因素。此外，国际市场营销中博览会、交易会、巡回展览等营业推广形式都对产品促销具有十分重要的作用。在国际市场上，绝大多数企业运用营业推广工具。目前，国际市场营业推广的总费用有超过广告费的趋势，原因是营业推广对刺激需求有立竿见影的效果。同时，由于长期的"广告轰炸"，人们已对广告产生了"免疫力"，广告效果相对减弱。在实践中，如果能够将营业推广与广告宣传结合使用，效果更佳。

4) 广告宣传

企业的产品进入国际市场初期，广告通常是促销的先导，它可以帮助产品实现预期定位，也有助于树立企业的品牌形象。国际广告宣传要注意以下几个问题。

(1) 广告限制因素。

在国际市场上进行广告宣传活动，有诸多限制因素，企业要认真分析，以便择善而行：①法律限制，不同国家对广告有不同法规，须遵守这些国家的广告法及有关法规；②媒体限制，不同国家广告媒体的可利用性、质量、覆盖面及成本不同，须根据媒体情况做出适当选择；③观众限制，不同国家的居民有自己的价值准则和审美观、宗教信仰，须认真进行分析，使广告真正切合当地消费者的需求动机及文化背景。

(2) 广告标准化及差异化。

广告标准化是指在不同的目标市场对同一产品进行同一广告宣传，这种选择突出了国际市场基本需求的一致性，并能节约广告费用，但缺点是针对性不强。广告差异化则充分关注国际市场需求的差异化，对同一产品在不同目标市场进行不同的广告宣传，针对性强但广告成本较高。

(3) 广告管理。

国际广告管理方式有集中管理、分散管理、集中管理与分散管理相结合三种。其中，集中管理有利于总公司控制成本；分散管理使广告决策权分散到国外子公司，有利于开展差异化广告宣传；集中管理与分散管理相结合，则试图按目标市场的具体情况，分情况采取集中或分散的管理方式，使国际广告管理更有效。

1.6.5　国际市场营销策略新发展

1. 企业营销理念创新策略

经济全球化给企业带来的变化是全方位的，企业开展国际市场营销时必须适应这种变化。一方面，要树立全球化营销理念。现代信息化技术的发展，特别是互联网的快速发展，全球统一市场加速形成。对广大中国企业而言，面临的市场竞争与市场机遇都是空前的，要在学习跨国企业相关经验做法的基础上，逐步建立自身全球营销支撑体系。例如，将营销网络从国内拓展到国际，建立全球性的经营网络，以从全球市场上获得资源，开展全球性竞争。又如，针对的海外业务越来越多，要通过海外企业的本地化提升当地消费者对企业和品牌的认可度与接受度。尽可能从当地招聘人员，加以培养后逐步提升到管理层，以加强企业对当地文化、法律、社会环境的了解，用当地的方法办当地的事，减少文化冲突。再如，从打造供应链的角度，适当开展并购业务，以更快更有效地融入国际市场竞争，为企业的国际营销服务。另一方面，要树立网络营销观点。网络营销是目前国际市场营销的热点，也是行之有效的方法。相对于传统线下营销，在国际市场营销中运用好网络营销，可以在产品分销、营销传播、信息采集、服务等方面取得立竿见影的效果。同时，网络营销还可以有效减少国际贸易中的报关、检验检疫等环节的复杂程度，甚至是规避一些事实存在的贸易壁垒，更好更有效地开拓市场，赢得消费者青睐。

2. 企业产品创新策略

经济全球化时代参与国际市场竞争，要以创新的产品赢得消费者。

(1) 在产品标准上进行创新。在行业内具有制定标准权利的企业，更容易主导行业发展，成为消费者首选。要在充分了解、找准消费者需求特点的基础上，以满足消费者多样化、个性化需求为标准进行产品设计和生产。

(2) 在产品样式上进行创新。在个性化需求的影响下，很多消费者在购买产品时，对于产品的样式往往会有更多要求，以此来凸显自身品位。企业的样式创新不仅要满足商品的使用功能，更要满足消费者的心理需求，加快产品的更新换代速度，为消费者提供源源不断的新式产品。

(3) 在产品包装上进行创新。主要是顺应当前的绿色环保理念，从包装材料的选择上开始，使用绿色环保材料，或是可回收重复使用的材料。尽可能使用简单包装，向消费者传递节约资源的理念。

(4) 在产品服务上进行创新。服务体现的是企业的软实力，相对于产品自身创造的价值，产品服务增值空间更大。要在制造优秀产品的同时，提供优秀的服务，给消费者最大的满足感。

3. 企业渠道创新策略

在目前的全球市场环境下，企业的渠道创新主要包括两个方面。

(1) 加快数字化分销渠道的建设。这是跨境电子商务发展的结果，企业能否适应电子商务环境中 B2B(business-to-business，企业对企业)、B2C(business-to-customer，企业对客户)的分销模式，决定着企业在市场中的表现。相比于传统分销渠道，借助电子商务渠道，生产者与消费者的联系更加紧密，配送时间更短，环节也更少，消费者更加习惯于在计算机前完成交易，然后等着物流配送上门即可。从目前来看，电子商务领域的市场营销在整个企业营销中所占比重越来越大，开展国际市场营销的企业要努力开拓适应其分销渠道。例如，建立海外仓、与海外企业建立合作关系、在海外设立本地化企业等，拉近企业与消费者的距离。

(2) 促使企业分销渠道扁平化。扁平化管理是针对传统大型企业管理层级过多，信息传递速度慢且可能失真而出现的管理思想。将扁平化思想应用于企业市场营销领域，可以大大拉近企业与消费者的距离，减少销售中的众多中间环节，确保企业市场营销体系的高效运转。事实上，扁平化分销渠道管理与电子商务下的分销渠道管理有着异曲同工之妙。

4. 市场营销创新策略

(1) 强化创新理念。进入国际市场，意味着要面对行业内的跨国企业巨头，竞争压力可想而知。国内企业以往所依赖的低价和模仿策略已经很难奏效，需要有持续创新的理念。可以通过对现有产品的创新，满足消费者多样化的需求，更可以通过企业的创新，创造新的需求，成为市场的引领者。无论哪种做法，核心都是创新。在国际市场营销上同样如此，通过对营销理念、营销内容和营销方法的创新，取得更好的效果。创新应该是营销各个环节和所有人员的共同行动，以更适应经济全球化的市场竞争需要。

(2) 强化品牌意识。国际市场竞争的利器是品牌，这也是企业的软实力，企业要注意产品形象维护与提升。在全球化市场中，消费者可以选择的商品十分丰富，只有那些更知名、更为消费者接受的品牌才会获得选择机会。企业进入一个新的市场，良好的品牌可以帮助其迅速获得消费者的好感。要通过产品质量的改进和服务水平的提高，不断打造品牌知名度。

(3) 实现企业营销系统的内外整合。内部整合就是要通过营销系统收集消费者的反馈，坚持以消费者需求指导产品的设计与生产，统领企业各个方面的资源为营销目标服务。外部整合则要求企业在国际市场中寻找合作者，通过相互之间的互补、协作，实现在某个市场、领域的共同目标。例如，在设计与生产环节有比较优势的企业，可以与擅长市场营销策划的企业合作等。

1.7　顾客满意、客户关系管理与关系营销

1.7.1　顾客满意

1. 顾客满意的定义

顾客满意是指个体通过对产品的感知效用与自身设定的期望值进行比较后，形成的愉悦的感觉状态。顾客是企业生存的前提和基础，为了获得顾客忠诚，企业必须寻求顾客的满意。多数学者认为顾客满意是通向顾客忠诚的基础，即顾客忠诚应建立在顾客满意的基础之上。顾客满意对顾客忠诚具有积极的作用，顾客的满意程度越高，则购买得越多，对企业及其品牌忠诚越久。然而，学术界有研究发现，二者并不是完全一致的关系。也就是说，满意的顾客也有可能流失。实践中出现宣称满意的顾客并未对企业忠诚的现象。研究者发现，仅仅满足顾客的需求并不足以维持其忠诚，顾客满意也无法准确预测品牌的忠诚度。

对企业而言，过去的企业往往侧重于简单地实现顾客满意度，随着时代的推进和研究的深入，越来越多的服务供应商意识到赢得并维持顾客忠诚才应该是企

业的最终目标。忠诚顾客作为企业热心的支持者，他们购买的数量更大，花费得更多，并且更容易被接触到。

2. 顾客满意的价值

满意还是不满意是消费者购买商品之后最主要的感觉，其买后的所有行为都基于这两种不同的感觉。满意还是不满意，一方面取决于其购买的商品是否同其预期的欲望(理想产品)相一致，若符合或接近其预期欲望，消费者就会比较满意，否则就会感到不满意。另一方面则取决于他人对其购买商品的评价，若周围的人对其购买的商品持肯定意见的多，消费者就会感到比较满意，持否定意见的多，即使他原来认为比较满意的，也可逆转为不满意。

感到满意的消费者在行为方面会有两种情况，一种是向他人进行宣传和推荐，另一种是不进行宣传。当然，消费者能够对企业的产品进行积极宣传是最为理想的，企业要设法促使消费者这样去做。

现代营销观念认为稳定的市场份额比高额的利润更为重要，所以认真对待消费者买后的态度和行为是企业营销活动中的重要一环。消费者对产品满意与否直接决定着以后的行为。顾客满意的价值体现在以下几方面。

1) 顾客满意既是企业的出发点又是落脚点

任何企业在提供产品或服务时，其目的都在于使其提供的产品或服务得到顾客的认可，并让其乐于接受。这就要求企业了解顾客需要什么样的产品和服务，对产品和服务有什么样的要求——再精美的产品，顾客不需要，也不会得到顾客的认可。因此，企业只有掌握了这个出发点，才能为顾客提供满意的产品或服务。同时，顾客满意度决定了企业赚钱的程度，以及企业发展的思路，只有掌握了"顾客满意"这个原动力，企业才能得到长足的发展。

2) 顾客满意使企业获得更大的长期盈利能力

在采取各种措施做到令顾客满意的同时，企业也获得许多具有竞争力的、导致企业长期盈利的优势。

(1) 减少企业的浪费。

在保证顾客满意度的过程中，企业会越来越了解顾客，常常会准确地预测到顾客的需求和愿望。这样，企业就不用花更多的时间和精力去做市场研究，新产品的研制和生产也会少走不少弯路，在很大程度上减少了企业的浪费，压缩了成本，从而获得价格优势。满意的顾客往往愿意为令自己满意的理由而额外付出。当然顾客的额外付出并不是无限度的，付出多少取决于满意度之外的一些因素，如全面的竞争环境、顾客的价格敏感度、购买类型和公司地位等。

(2) 获得更高的顾客回头率。

满意的顾客比不满意的顾客有更高的品牌忠诚度，更可能再次购买该产品或者购买该企业的其他产品。与上述的价格优势结合起来，重复购买率高将导致更多的收入，最终使企业获得更多的利润。

(3) 降低交易成本。

每个销售人员都知道，成交一次重复购买比说服新顾客购买容易得多。越高的顾客忠诚度意味着销售的花费越低。对于重复购买，销售人员只需向顾客推荐应该买哪种产品，需要多少钱，而不是费时费力地向顾客推荐为什么要买本企业的产品。

1.7.2　客户关系管理

1. 客户关系管理的定义

美国是客户关系管理(customer relationship management，CRM)的发源地，早在 20 世纪 80 年代初产生了"接触管理"，专门负责收集客户与公司联系的所有信息。到 20 世纪 90 年代中期接触管理演变为支持资料分析的"客户关怀"。随后基于数据库技术、互联网和电子商务，出现了"一对一营销"，强调网络资源共享和资源管理，以实现企业与客户的"一对一"交互和沟通。

关于客户关系管理的定义，人们有着不同的理解。客户关系管理概念的提出者卡特耐·特格卢普(Katnay Teglop)认为，客户关系管理就是为企业提供全方位的管理视角，赋予企业更完善的客户交流能力，最大化客户的收益率。赫威兹·格卢普(Hewez Gloop)认为，客户关系管理的焦点是改善和销售、市场营销、客户服务和支持等领域的与客户关系有关的商业流程。客户关系管理既是一套原则制度，也是一套软件和技术。它的目标是缩减销售周期和销售成本、增加收入、寻找扩展业务所需的新的市场和渠道以及提高客户的价值、满意度、盈利性和忠诚度。

客户关系管理是指通过培养企业的最终客户、分销商和合作伙伴对企业及其产品更加积极的偏爱或偏好，留住他们并以此提升企业业绩的一种营销策略。客户关系管理是一种倡导企业以客户为中心的管理思想和方法。要真正理解客户关系管理，应该从管理思想、管理软件、管理系统三个不同层面入手。这三个层次是层层递进的。

(1) 客户关系管理思想是客户关系管理概念的核心，没有客户关系管理的管理思想作指导，客户关系管理软件的开发就失去了灵魂和方向。

(2) 客户关系管理软件正是结合了先进的客户关系管理思想和先进的业务模式，并采用信息产业的最新成果，为客户关系管理思想的实现提供了现实的信息平台。

(3) 企业要想得到一个运作良好的客户关系管理系统，首先要选择适合自己的管理系统。

2. 客户关系管理的影响因素

关于客户关系管理的实施，企业应关注以下六个方面的影响因素。

1) 高层领导的支持

高层领导一般是营销副总或总经理，是客户关系管理的支持者，其作用体现在三个方面。

(1) 高层领导为客户关系管理设定明确的目标。

(2) 高层领导是客户关系管理的推动者，向客户关系管理项目提供为达到设定目标所需的时间、财力和其他资源。

(3) 高层领导的支持能确保企业内部充分地认识客户关系管理项目的重要性。在项目出现问题时，高层领导应激励员工解决这个问题而不是打退堂鼓。

2) 要专注于流程

成功的客户关系管理项目团队应该把注意力放在客户关系管理的流程上，而不是过分关注客户关系管理的技术。企业要充分认识到技术只是促进因素，不是客户关系管理的解决方案。因此，好的客户关系管理项目小组开展客户关系管理工作后的第一件事就是花费时间去研究现有的营销、销售和服务策略，并找出改进方法。

3) 技术的灵活运用

在成功的客户关系管理项目中，企业对信息技术的选择总是与要改善的特定营销问题紧密相关。如果营销部门想减少新营销人员熟悉业务所需的时间，可为员工制定标准的营销技能百科知识全书。选择的标准应该是，根据业务流程中存在的问题来选择合适的技术。

4) 组织良好的团队

客户关系管理的项目团队应该在四个方面有较强的能力：①营销业务流程重组的能力；②对营销系统进行客户化和集成化的能力；③能对信息管理提出明确的要求，如网络大小的合理设计、对用户桌面工具的提供和支持、数据同步化策略等；④具有改变管理方式的技能。

5) 分步实现

"欲速则不达"，这句话很有道理。通过营销流程分析，可以识别营销业务流程需要重组的领域，并确定实施优先级，每次只解决几个最重要的问题，而不是毕其功于一役。

6) 营销系统的整合

营销系统各个部分的集成对客户关系管理的成功很重要。客户关系管理的高效率和有效性的获得有一个过程，它们依次是：终端用户效率的提高、终端用户有效性的提高、团队有效性的提高和企业有效性的提高。

1.7.3　关系营销

1. 关系营销的含义和特征

1985 年，美国营销学专家巴巴拉·本德·杰克逊(Barbara B. Jackson)提出了关系营销的概念，使人们对市场营销理论的研究又迈上了一个新的台阶。科特勒评价说："杰克逊的贡献在于，他使我们了解到关系营销将使公司获得的较之其在交易营销中所得到的更多。"

关系营销，是以系统论和大市场营销理论为基本思想，将企业置身于社会经济大系统中来考察企业的市场营销活动，认为企业营销是一个与消费者、竞争者、供应商、分销商、政府机构和社会组织发生互动作用的过程。企业营销的核心是正确处理与这些个人和组织的关系，将建立与发展同相关个人和组织的良好关系作为企业市场营销成功的关键因素。

关系营销与传统的交易营销区别在于：交易市场营销下，除产品和企业的市场形象之外，企业很难采取其他有效措施来与顾客保持持久的关系。而在关系市场营销下，企业与顾客保持广泛、密切的关系，价格不再是最主要的竞争手段，竞争者很难破坏企业与顾客的关系。

交易市场营销强调市场占有率，在任何时刻，管理人员都必须花费大量费用，吸引潜在顾客购买；关系市场营销则强调顾客忠诚度，保持老顾客比吸引新顾客更重要。关系市场营销的最终结果，将为企业带来一种独特的资产——市场营销网络。

关系营销的本质特征有以下四个方面。

1) 信息沟通的双向性

社会学认为，关系是信息和情感交流的有效渠道，良好的关系即渠道畅通，恶化的关系即渠道阻滞，中断的关系即渠道堵塞。交流应该是双向的，如果仅仅由消费者联系企业，那么这种交流是单向的，沟通是不够充分的，企业与消费者之间无法建立一种稳定的关系。如果企业对消费者进行主动沟通，双方进行双向交流，则能够加深消费者对企业的认识，更能满足消费者需求。在此基础上，消费者与企业之间就能建立一种和谐的关系，使企业赢得消费者的忠诚。

2) 战略过程的协同性

关系可分为对立性关系和协作性关系两类。关系营销的目的，就是消除企业之间或消费者与企业之间为了各自的目标和利益而相互排斥和对立的关系状态，促进交易双方为共同利益和目标而相互支持、相互配合与相互合作，力求在两者之间建立协同合作的关系。企业应与消费者、分销商、供应商和竞争者建立长期的、相互信任与相互合作的关系。

3) 营销活动的互利性

关系营销的基础，在于交易双方相互之间有利益上的互补。如果没有各自利益的实现和满足，双方就不会建立良好的关系。关系建立在互利的基础上，要求互相了解对方的利益诉求，寻求双方利益的共同点，并努力使双方的共同利益得以实现。真正的关系营销是达到关系双方互惠互利的境界。

4) 信息反馈的及时性

关系营销要求建立一个专门部门，用以追踪各利益相关者的态度。关系营销应具备一个反馈的循环，连接关系双方，企业由此了解到环境的动态变化，根据合作方提供的信息来改进产品和技术。信息的及时反馈，使关系营销具有动态的应变性，有利于挖掘新的市场机会。

2. 关系营销的市场模型

关系营销的市场模型概括了关系营销的市场活动范围。在关系营销概念里，一个企业必须处理好下面五种关系。

1) 企业与消费者的关系

消费者希望以合理的价格获得满意的产品或服务，而企业需要消费者购买产品服务。在这一过程中，企业与消费者就建立了一种关系。传统的营销理论早已证明消费者对企业的生存与发展具有重要意义。消费者是企业要面对的第一个，也是最基本、最重要的外部公众，处理好企业与消费者的关系是关系营销的基本目标。

消费者是"上帝"，是"财神"，企业要实现盈利目标，必须依赖消费者。企业需要通过搜集和积累大量市场信息，预测目标市场购买潜力，采取适当方式与消费者沟通，变潜在消费者为现实消费者。同时，要致力于建立数据库或以其他方式密切与消费者的关系。对老客户，要更多地提供产品信息，定期举行联谊活动，加深情感信任，争取其成为长期消费者，其花费的成本肯定比寻求新消费者少。

2) 企业与竞争者的关系

企业的竞争者包括现有竞争者、潜在竞争者和替代品生产者。现有竞争者指的是已进入市场，生产与企业相似或同类的产品，并拥有一定消费者和市场份额的竞争者；潜在竞争者是指准备进入市场，试图与现有企业争夺市场份额和资源的竞争者；替代品生产者是所有产业都可能面临的威胁，该类竞争者通过提供某种产品和服务来取代另一种产品和服务，一般来说，这类竞争者可能是最危险的竞争者。

企业拥有的资源条件不尽相同，往往是各有优缺点。为有效地通过资源共享实现发展目标，企业要处理好与竞争者的关系，不能视竞争者为敌人。用关系营销的观点来看，企业与竞争者的对立关系是相对的，两者之间对立的结果，不是一方彻底失败、另一方完全获胜，而是寻求双方共同利益，形成相互适应、相互协调与共同发展的和谐关系。这种关系的形成有利于化解彼此的矛盾，有利于与竞争者协同合作、共同发展。

3) 企业与供销商的关系

企业与供销商的关系就是企业与供应商、分销商之间的关系。这种关系是因为二者的分工而产生的，由于二者的协作而形成了共同的利益。企业与供销商之间的关系历来受到企业的重视，企业希望与供销商建立密切的合作伙伴关系，长期在供、销两个方面都能得到强有力的支持。

关系营销的任务就是与供销商建立良好的关系，并保持这种关系。企业可采取一定措施保护这种关系。

4) 企业内部关系

企业内部关系包括部门之间的关系和员工之间的关系。员工处理好内部关系能够更高效地工作，关系营销的实施才能有一个良好的基础。

美国公共关系学家穆尔(Moore)认为：沟通是组织中每一名成员的责任，员工是与外部公众进行沟通的最有效的媒介。在公共关系方面，每一个部门都有进行具体沟通的特殊公众。例如，推销部门同消费者、分销商进行沟通，供应部门同供应商进行沟通，法律部门同政府进行沟通。"企业的关系营销也应由企业的每个成员去执行，才有可能获得最佳效果。因此在企业内部执行关系营销，形成一个良好的内部环境，既调动了员工的工作积极性，也有利于企业推行关系营销。"美国的罗森布拉斯(Rosenblas)和彼得(Peter)在《顾客第二》一文中论证了公司要想真正使消费者满意，必须使公司员工而不是消费者居于第一位，即首先要使员工满意。由此可见，处理好企业与员工的关系是何等重要。

5) 企业与影响者的关系

企业的影响者包括本国政府机构、目标国政府、企业所在的社区与特殊的公众团体。政府是最具社会影响力和经济实力的影响者，要进入外国市场就必须与目标国政府进行沟通和协调，企业的生产经营活动依赖于社会所提供的各种资源、服务和支持。企业在处理与这些影响者的关系时，应遵循服从、参与和互赢合作等原则。企业在处理与公众的关系时，要注意树立起良好的企业形象，使公众认可；在处理社区关系时，应注意要给社区带来利益，促进社区经济发展；在处理与政府的关系时，要与政府多进行交流和沟通。

3. 关系营销的策略

在关系营销的市场模型中，企业尤其重视处理与顾客之间的关系，有以下策略可以实施。

1) 设立客户关系管理机构

建立专门从事客户关系管理的机构，选派业务能力强的人任该部门总经理，下设若干关系经理。总经理负责确定关系经理的职责、工作内容、行为规范和评价标准，考核工作绩效。

关系经理负责一个或若干个主要客户，是客户所有信息的集中点，是协调公司各部门做好顾客服务的沟通者。关系经理要经过专业训练，具有专业水准，对客户负责，其职责是制订长期和年度顾客关系营销计划，制定沟通策略，定期提交报告，落实公司向客户提供的各项利益，处理可能发生的问题，维持同客户的良好业务关系。建立高效的管理机构是关系营销取得成效的组织保证。

2) 个人联系

个人联系即通过营销人员与顾客密切交流增进友情，强化关系。例如，有的市场营销经理经常邀请客户的主管经理参加各种娱乐活动，如滑冰、野炊、打保龄球、观赏歌舞等，双方关系逐步密切；有的营销人员记住主要顾客及其夫人、孩子的生日，并在生日当天赠送鲜花或礼品以示祝贺；有的营销人员设法为爱养花的顾客弄来优良花种和花肥。

通过个人联系开展关系营销的缺陷是：企业过分依赖长期接触顾客的营销人员，增加管理的难度。

3) 频繁营销规划

频繁营销规划也称为老客户营销规划，是指设计规划向经常购买或大量购买的顾客提供奖励。奖励方式有折扣、赠送商品、奖品等。通过长期的、相互影响的、增加价值的关系，确定、保持和增加来自最佳顾客的产出。

1.8 4C 理 论

1.8.1 4C 理论的产生

随着市场竞争日趋激烈，媒介传播速度越来越快，4P 理论越来越受到挑战。1990 年，美国学者罗伯特·劳特朋(Robert Lauterborn)在其《新市场营销论述：4P 退休，4C 登场》(New marketing litany：Four Ps passé：C-words take over)专文中提出了与传统营销的 4P 相对应的 4C(customer, cost, convenience, communication, 消费者、成本、便利、沟通)营销理论，他认为在营销时需持有的理念应是"请注意消费者"而不是传统的"消费者请注意"[4]。

4C 营销理论以消费者需求为导向，重新设定了市场营销组合的四个基本要素。它强调企业首先应该把追求顾客满意放在第一位，其次是努力降低顾客的购买成本，然后要充分注意顾客购买过程中的便利性，而不是从企业的角度来决定销售渠道策略,最后应以消费者为中心实施有效的营销沟通。

与产品导向的 4P 理论相比,4C 理论有了很大的进步和发展,4C 是"四忘掉,四考虑":①忘掉产品,考虑消费者的需求和欲望(consumer wants and needs);②忘掉定价,考虑消费者为满足其需求愿意付出多少(cost);③忘掉渠道,考虑如何让消费者方便(convenience);④忘掉促销,考虑如何同消费者进行双向沟通(communication)。

4C 理论重视顾客导向,以追求顾客满意为目标,这实际上是当今消费者在营销中越来越占据主动地位的市场对企业的必然要求。

1.8.2　4C 理论的含义

4C 包括顾客(customer)、成本(cost)、便利(convenience)和沟通(communication),分别叙述如下。

1. 顾客

顾客是瞄准消费者需求(consumer's need)。首先要了解、研究、分析消费者的需求与欲望,而不是考虑企业能生产什么产品。顾客主要指顾客的需求。企业必须首先了解和研究顾客,根据顾客的需求来提供产品。同时,企业提供的不仅仅是产品和服务,更重要的是由此产生的客户价值(customer value)。

当今社会,零售企业直接面向顾客,因而更应该考虑顾客的需求和欲望,建立以顾客为中心的零售观念,将"以顾客为中心"作为一条红线,贯穿于市场营销活动的整个过程。在竞争如此激烈的今天,零售企业若想保持竞争优势,必须站在顾客的立场上,帮助顾客组织挑选商品货源;按照顾客的需要及购买行为的要求,组织商品销售;研究顾客的购买行为,更好地满足顾客的需要;更注重对顾客提供优质的服务。

2. 成本

成本是消费者愿意支付的价格。首先了解消费者愿意付出多少钱(成本)满足需求与欲望,而不是先给产品定价,即向消费者要多少钱。成本不单是企业的生产成本,或者说 4P 中的 price(价格),还包括顾客的购买成本,同时也意味着产品定价的理想情况,应该是既低于顾客的心理价格,又能够让企业有所盈利。此外,这中间的顾客购买成本不仅包括其货币支出,还包括其为此耗费的时间、体力和精力,以及购买风险。

顾客在购买某一商品时,除耗费一定的资金外,还要耗费一定的时间、精力和体力,这些构成了顾客总成本。所以,顾客总成本包括货币成本、时间成本、精神成本和体力成本等。由于顾客在购买商品时,总希望把有关成本包括货币、时间、精神和体力等降到最低限度，以使自己得到最大限度的满足，企业必须考虑顾客为满足需求而愿意支付的"顾客总成本"，要努力降低顾客购买的总成本，如降低商品进价成本和市场营销费用从而降低商品价格，以减少顾客的货币成本；努力提高工作效率，尽可能减少顾客的时间支出，节约顾客的购买时间；通过多种渠道向顾客提供详尽的信息、为顾客提供良好的售后服务，减少顾客精神和体力的耗费。

3. 便利

便利是为顾客提供最大的购物和使用便利。4C 营销理论强调企业在制定分销策略时，要更多地考虑顾客的方便，而不是企业自己方便。要通过好的售前、售中和售后服务让顾客在购物的同时，也享受到便利。便利是客户价值不可或缺的一部分。

最大限度地为消费者提供便利，是目前处于过度竞争状况的零售企业应该认真思考的问题。零售企业在选择地理位置时，应考虑地区抉择、区域抉择、地点抉择等因素，使消费者容易到达商店。即使是远程的消费者，也能通过便利的交通接近商店。同时，在商店的设计和布局上要考虑方便消费者进出、上下，在商品陈列上要方便消费者参观、浏览、挑选，方便消费者付款结算，提供购物袋等方便消费者携带等。总之，应最大限度地给予消费者便利，才能在激烈的竞争中脱颖而出。

4. 沟通

沟通是与消费者沟通。以消费者为中心实施营销沟通是十分重要的，通过互动、沟通等方式，将企业内外营销不断进行整合，把顾客和企业双方的利益无形地整合在一起。沟通用以取代 4P 中对应的 promotion (促销)。4C 理论认为，企业应通过同顾客进行积极有效的双向沟通，建立基于共同利益的新型企业/顾客关系。这不再是企业单向地促销和劝导顾客，而是在双方的沟通中找到能同时实现各自目标的通途。

当今的社会，企业单向的传播已经不再被消费者接受，为了创立并保持竞争优势，企业必须不断地与消费者沟通。与消费者沟通包括向消费者提供有关商店地点、商品、服务、价格等方面的信息；传递产品的功效与理念，影响消费者的态度与偏好，说服消费者光顾商店、购买商品；传递企业文化，在消费者的心目中树立良好的企业形象。在当今竞争激烈的零售市场环境中，企业管理者应该认识到：与消费者沟通比选择适当的商品、价格、地点、促销方式更为重要，更有利于企业的长期发展。

1.8.3　4C 理论的优势与不足

1. 4C 理论的优势

4C 理论从消费者角度出发，关注消费者感受，具有如下优势。

(1) 更多考虑消费者的需求。消费者的生活经历、受教育程度、工作性质、家庭结构、个人审美情趣各不相同，每个人对商品品质需求的侧重点也大不相同，因此要了解并满足消费者的需求并非易事。4C 理论认为消费者需求可以有多种产品概念形式满足，因此消费者需求才是根本，了解并满足消费者的需求不能仅表现在一时一处的热情，而应始终贯穿于产品开发的全过程。

(2) 更多考虑消费者愿意支付的成本，而非企业的生产成本。传统的企业更多地考虑如何弥补成本赚取利润，4C 理念下的企业则更多地考虑消费者愿意支付多少成本购买本商品。消费者为满足其需求愿意支付的成本包括：消费者因投资而必须承受的心理压力以及为化解或降低风险而耗费的时间、精力、金钱等诸多方面。

(3) 更关注提供给消费者的全方位的便利性。今天企业的竞争已不单单是产品质量方面的竞争，更多体现在提供给消费者的服务和便利性方面。企业提供给消费者的便利性更要贯穿整个消费过程，从售前到售中再到售后，企业应尽可能提供给消费者最大的便利性，这样才能保持竞争优势。企业咨询、销售人员是与消费者接触、沟通的一线主力，他们的服务心态、知识素养、信息掌握量、言语交流水平，对消费者的购买决策都有着重要影响，因此这批人要尽最大的可能为消费者提供方便。

(4) 更关注与消费者的双向沟通，而非单向的信息传递。众所周知，以往的营销大战在很大程度上就是广告大战，广告与沟通在创作思维上有着本质区别。仔细审视各种广告就会发现，它们大多面貌相似，模式化、定式化趋势非常明显。不仅是广告文案、创意表现大同小异，就连报纸上的广告发布版面、日期选择都高度雷同。造成这一现象的原因是厂商们都以"请消费者注意，而不是注意消费者"的 4P 模式为出发点，广告创作的基础仍是对项目的简单认识和创作人员的瞬间灵感，而不是对目标消费者的了解和对消费者心理的深刻洞察。

2. 4C 理论的不足

尽管 4C 理论较之以前的理论更加关注消费者需求，但在实践过程中，4C 理论的一些局限性也渐渐显露出来。4C 理论以顾客需求为导向，但顾客需求存在合理性问题，如果企业只是被动适用顾客的需求，一味去满足顾客需求，必然会付出巨大的成本，因此，应该根据市场的发展寻求在企业与顾客之间建立一种更均衡的关系。可见，4C 理论虽然是以顾客为中心进行营销，但没有解决满足顾客需求的操作性问题。

(1) 4C 理论是顾客导向，市场经济要求的不仅是顾客导向，还需要考虑竞争导向，中国的企业营销也已经转向了市场竞争导向阶段。顾客导向与市场竞争导向的本质区别是：前者看到的是新的顾客需求；后者不仅看到了需求，还更多地注意到了竞争对手，冷静分析自身在竞争中的优劣势并采取相应的策略，在竞争中求发展。

(2) 4C 理论虽然已融入营销策略和行为中，但企业营销又会在新的层次上同一化。不同企业至多是程度上的差距问题，并不能形成营销个性或营销特色，不能形成营销优势，难以保证企业顾客份额的稳定性、积累性和发展性。

(3) 4C 理论以顾客需求为导向，但也要考虑顾客需求的合理性。顾客总是希望质量好、价格低，特别是在价格上的要求是无界限的。只看到满足顾客需求的一面，企业必然要付出更大的成本，久而久之，会影响企业的发展。所以从长远看，企业经营要遵循双赢的原则，这是 4C 理论需要进一步解决的问题。

(4) 4C 理论没有体现既赢得客户，又长期地拥有客户的关系营销思想。没有解决满足顾客需求的操作性问题，如提供集成解决方案、快速反应等。

(5) 4C 理论总体上虽是 4P 理论的转化和发展，但被动适应顾客需求的色彩较浓。根据市场的发展，需要从更高层次以更有效的方式在企业与顾客之间建立起有别于传统营销的新型的主动性关系，如互动关系、双赢关系、关联关系等。

4C 理论从其出现的那一天起就普遍受到企业的关注，许多企业运用 4C 理论创造了一个又一个奇迹。但是 4C 理论过于强调顾客的地位，而顾客需求的多变性与个性化发展，导致企业需要不断调整产品结构、工艺流程，不断采购和增加设备，其中的许多设备专属性强，从而使专属成本不断上升，利润空间大幅缩小。另外，企业的宗旨是"生产能卖的东西"，在市场制度尚不健全的国家或地区，就极易产生假冒伪劣的恶性竞争以及"造势大于造实"的推销型企业，从而严重损害消费者的利益。当然，这并不是由 4C 理论本身引发的。

1.9　整合营销传播

1.9.1　整合营销传播理论的产生

1992 年，美国西北大学教授唐·舒尔茨(Don Shulz)及其合作者斯坦利·田纳本(Stanley I. Tannenbaum)、罗伯特·劳特朋出版了全球第一部整合营销传播

(integrated marketing communication，IMC)理论的专著 *Integrated Marketing Communications*，系统介绍了整合营销传播理论。整合营销传播一方面把广告、促销、公关、直销、企业形象设计、包装、新闻媒体等一切传播活动都涵盖到营销活动的范围之内，另一方面则使企业能够将统一的传播资讯传达给消费者。所以，整合营销传播也称为 Speak With One Voice(用一个声音说话)，即营销传播的一元化策略[5]。

1. 整合营销传播理论的起源

20世纪80～90年代，广告部门用以向顾客、潜在顾客及股东传递信息的工具和技术得到了迅速的发展。在早期市场上，营销传播只有几种基本的方法可供选择：电台广告、报纸广告、杂志广告、户外广告牌、公共关系及其他类似的方法。然而当媒体变得更加专业化后，每种媒体都必须予以特别的重视。有时候甚至需要进行专门的活动以将差异化的信息传递给不同的受众。同时其他新型工具也有了巨大的发展，如直销、促销、特别事件促销法、宣传手册法、竞争联盟、担保，当然还有电子的和其他互动性的工具。

很多学者预感到具有战略意义的"传播合作效应"时代的到来，开始从自己的观点出发提出了传播合作效应的定义，并逐渐发展出整合营销传播这一概念。20世纪80年代中期，美国西北大学 Medill(梅蒂)学院首次尝试对整合营销传播进行定义。

对许多组织而言，要进行整合营销传播意味着有必要协调各个产品、分部、地区及国家的营销活动。这一时期，整合营销传播最基本的目标是通过制定统一的架构来协调传播计划，从而使组织达到"一种形象，一个声音"的效果。有时，营销传播活动集中化的目的是希望通过整合各种活动以获得更大的协同效应。在另外一些情况下，整合营销传播一方面使得公司制定严格的信息发布政策，另一方面却让那些对经营业绩负责的主管自行决定计划的执行。

这个时期整合营销传播还具有跨职能(cross-functionality)的特点。不同的组织使用不同的跨职能形式，其潜在的目标是获得更高的能力。这种能力不仅包括管理单个的传播活动，也包括使各种活动显得更有生气并获得协同效应。有时营销传播部门要建立由广告专家、公关专家及其他传播领域的专家组成的跨专业小组，这些小组要负责特定的产品多媒介、多维度的传播活动；或者对各个传播媒介的雇员进行培训，从而使该部门的每个人都精通最有效的实施方法及各种传播渠道的运用战略。

20世纪80年代，整合营销传播理论研究的重点在于对这一理论进行描述和定义，并把整合营销传播放在企业营销战术的角度去研究，仍然是站在企业的角度考虑。企业对整合营销传播也持有一种狭义的观点，把它当作协调和管理营销传播(广告、销售推广、公共关系、人员销售和直接营销)，保持企业信息一致的一种途径。

2. 整合营销传播理论的发展与成熟

自 20 世纪 80 年代后期整合营销传播理论形成以来，其概念和结构已经有了很大的变化。到 20 世纪 90 年代，已经形成许多清晰的、关于整合营销传播的定义。AGORA(Agora Digital Holdings)公司作为美国生产及质量中心(American Production and Quality Center，APQC)研究的主题专家，提出了一个更为清楚的、关于整合营销传播实践操作的定义：整合营销传播是一个业务战略过程，它用于计划、制订、执行和评估可衡量的、协调一致的、有说服力的品牌传播方案；它以消费者、顾客、潜在顾客以及其他内部和外部的相关目标为受众。90 年代，美国广告公司协会(American Association of Advertising Agencies，4A)对整合营销传播的定义在很大程度上推动了整合营销传播的研究和发展。90 年代整合营销传播理论的发展主要表现在以下两个方面。

(1) 理论界开始把营销和传播紧密结合在一起进行研究，4C 理论成为整合营销的支撑点和核心理念。整合营销传播开始强调营销即传播，运作应摆脱粗放的、单一的状态，走向高效、系统和整体。美国营销传播学专家特伦奇·希姆普(Tranche Himmple)甚至提出："90 年代的营销是传播，传播亦是营销，两者不可分割。"随着消费者个性化日益突出，加之媒体分化，信息过载，整合营销传播理论逐渐开始被企业界重视。

(2) 将"关系利益人"这一概念引入整合营销传播理论的研究体系。随着整合营销传播理论的发展，逐渐产生了一种更成熟、更全面彻底的观点，把消费者视为现行关系中的伙伴，把他们作为参照对象，理解了整个传播体系的重要性，并接受他们与企业或品牌保持联系的多种方法。

整合营销传播理论远远没有成熟，进入 21 世纪，随着营销实践的发展和传播工具的创新，人们相信整合营销传播理论会走向成熟和完善。虽然无法凭空给整合营销传播的明天描绘出一个清晰的蓝图，但是认为一个成熟的整合营销传播理论应该具备以下两点特征。

(1) 更具有操作性。一个理论能够更好地、有效地指导人们的实践活动，才能算是一个成熟的理论。

(2) 能够有效地监测和评估绩效。运用技术来测量和评估传播计划对传播者们来说是一个巨大的挑战。例如，大多数传播专业人员面临着如何使用数据库、收入流测量工具等技术问题，它对人们对工具方法的理解、经验和管理能力都形成了挑战。

1.9.2　整合营销传播的含义与特点

1. 整合营销传播的含义

关于整合营销传播的含义，很多相关组织和学者都给出了自己的见解，具体如下[5,6]。

1) 美国广告公司协会

美国广告公司协会是这样给整合营销传播进行定义的：整合营销传播是一个营销传播计划概念，要求充分认识用来制订综合计划时所使用的各种带来附加值的传播手段，如普通广告、直接反应广告、销售促进和公共关系，并将之结合，提供具有良好清晰度、连贯性的信息，使传播影响力最大化。

2) 特伦奇·希姆普

美国南卡罗来纳大学特伦奇·希姆普教授认为整合营销传播学是制订并执行针对顾客或与未来顾客的各种说服性传播计划的过程。整合营销传播学的目标在于影响或直接影响有选择的受播者的行为。整合营销传播学认为，一个顾客或一个未来顾客在产品或服务方面与品牌或公司接触的一切来源均是未来信息潜在的传播渠道。进而，整合营销传播利用与顾客或未来顾客相关的并有可能接受的一切形式的传播。总之，整合营销传播学开始于顾客或未来顾客，然后反馈，以期明确规定说服性传播计划的形式与方法。

3) 舒尔茨·唐列巴姆和劳特朋

美国学者舒尔茨·唐列巴姆(Shulz Don Lebaumer)和劳特朋也给出了他们的观察结论：整合营销传播是一种看待事物整体的新方式，而过去在此只看到其中的各个部分，如广告、销售促进、人员沟通、售点广告等，它是重新编排的信息传播，使它看起来更符合消费者看待信息传播的方式，像一股从无法辨别的源泉流出的信息流。

4) 托马斯·罗索和罗纳德·莱恩

美国知名学者托马斯·罗索(Tomas Roseau)和罗纳德·莱恩(Ronald Lyne)认为：整合营销传播是指将广告、促销、公关、直销、组织形象、包装、新闻媒体等一切传播活动都涵盖于营销活动的范围之内，使企业能够将统一的传播信息传达给消费者。如果这一过程成功，它将通过向消费者传达同样的品牌信息而建立起品牌资产。

5) 汤姆·邓肯

在对整合营销传播的研究中，科罗拉多大学整合营销传播研究生项目主任汤姆·邓肯(Tom Duncan)引入了"关系利益人"的概念来解释整合营销传播，即整合营销传播指企业或品牌通过发展与协调战略传播活动，使自己借助各种媒介或其他接触方式与员工、顾客、投资者、普通公众等关系利益人建立建设性的关系，从而建立和加强他们之间的互利关系的过程。

6) 唐·舒尔茨

整合营销传播理论的先驱、全球第一本整合营销传播专著的第一作者唐·舒尔茨教授根据对组织应当如何展开整合营销传播的研究，并考虑到营销传播不断变动的管理环境，给整合营销传播下了一个新的定义。他认为整合营销传播是一个业务战略过程，包含当前及可以预见的将来的发展范围，是指制订、优化、执行并评价协调的、可测度的、有说服力的品牌传播计划，这些活动的受众包括消费者、顾客、潜在顾客、内部和外部受众及其他目标。

这一定义与其他定义的不同之处在于：它将重点放在商业过程上。这最终将形成一个封闭的回路系统，它深入地分析消费者的感知状态及品牌传播情况，最重要的是隐含地提供了一种可以评价所有广告投资活动的机制，因为它强调消费者及顾客对组织的当前及潜在的价值。唐·舒尔茨分别对内容整合与资源整合进行了表述，认为内容整合包括：

(1) 精确区分消费者——根据消费者的行为及对产品的需求区分；

(2) 提供一个具有竞争力的利益点——根据消费者的购买诱因；

(3) 确认目前消费者如何在心中进行品牌定位；

(4) 建立一个突出的、整体的品牌个性，以便消费者能够区别本品牌与竞争品牌之不同，关键是"用一个声音来说话"。

他认为资源整合应该发掘关键"接触点"，了解如何才能更有效地接触消费者。传播手段包括广告、直销、公关、包装、商品展示、店面促销等，关键是"在什么时候使用什么传播手段"。无论是内容整合还是资源整合，都统一到建立良好的"品牌-顾客"关系上来。内容整合是资源整合的基础，资源整合推动内容整合的实现。奥美"360 度品牌管家"和智威汤逊"品牌全行销计划"把品牌创建的焦点放到了资源整合；而电通公司的蜂窝模型则把焦点放到了内容整合。

2. 整合营销传播的特点

整合营销传播具有战术的连续性和战略的导向性两个特点。战术的连续性是指所有通过不同营销传播工具在不同媒体传播的信息都应彼此关联呼应。战略的导向性强调在一个营销战术中所有包括物理和心理的要素都应保持一贯性。

1) 战术的连续性

战术的连续性是指在所有营销传播中的创意要素要有一贯性。例如，在一个营销传播战术中可以使用相同的口号、标签说明以及在所有广告和其他形式的营销传播中表现相同的行业特性等。

2) 战略的导向性

战略的导向性是企业的一切行动都必须在公司战略的指导下进行。许多营销传播专家虽然制作出超凡的创意广告作品，能够深深地感动受众甚至获得广告或传播大奖，但是未必有助于本企业的战略目标，如销售量市场份额及利润目标等。能够促使一个营销传播战术整合的就是其战略焦点，设计的内容必须用来达成特殊的战略目标，而媒体必须通过有利于战略目标的考虑对其进行选择。

1.9.3　整合营销传播的七个层次和六个步骤[5,6]

1. 整合营销传播的七个层次

1) 认知的整合

这是实现整合营销传播的第一个层次，这里只要求营销人员认识或明了营销传播的需要。

2) 形象的整合

第二个层次牵涉确保信息与媒体一致性的决策。信息与媒体一致性，一是指广告的文字与其他视觉要素之间要达到一致性；二是指在不同媒体上投放广告的一致性。

3) 功能的整合

第三个层次是把不同的营销传播方案编制出来，作为服务于营销目标(如销售额与市场份额)的直接功能，也就是说每个营销传播要素的优势、劣势都经过详尽的分析，并与特定的营销目标紧密结合起来。

4) 协调的整合

第四个层次是人员推销功能与其他营销传播要素(广告、公关、促销和直销)等被直接整合在一起，这意味着各种手段都用来确保人际营销传播与非人际形式的营销传播高度一致。例如，推销人员所说的内容必须与其他媒体上的广告内容协调一致。

5) 基于消费者的整合

营销策略必须在了解消费者的需求和欲望的基础上锁定目标消费者，在对产品明确定位以后才能开始营销策划，换句话说，营销策略的整合使得战略定位的信息直接到达目标消费者的心中。

6) 基于风险共担者的整合

营销人员认识到目标消费者不是本机构应该传播的唯一群体，其他共担风险的经营者也应该包含在整体的整合营销传播战术之内，如本机构的员工、供应商、配销商以及股东等。

7) 关系管理的整合

这一层次被认为是整合营销的最高阶段。关系管理的整合就是要向不同的关系单位进行有效的传播，公司必须制定有效的战略。这些战略不只是营销战略，还有制造战略、工程战略、财务战略、人力资源战略以及会计战略等，也就是说，公司必须在每个功能环节内(如制造、工程、研发、营销等环节)制定营销战略以达成不同功能部门的协调，同时也要对社会资源进行战略整合。

2. 整合营销传播的六个步骤[5,6]

1) 建立消费者资料库

这个方法的起点是建立消费者和潜在消费者的资料库，资料库的内容至少应包括人员统计资料、心理统计资料、消费者态度的信息和以往购买记录等。整合营销传播和传播营销沟通的最大不同在于整合营销传播是将整个焦点置于消费者、潜在消费者身上，因为所有的厂商、营销组织，无论是在销售量还是利润上的成果，最终都依赖消费者的购买行为。

2) 研究消费者

这是第二个重要的步骤，要尽可能使用消费者及潜在消费者的行为方面的资料作为市场划分的依据，相信消费者"行为"资讯比起其他资料如"态度与意想"测量结果更能清楚地显现消费者在未来将会采取什么行动，因为用过去的行为推论未来的行为比较直接有效。在整合营销传播中，可以将消费者分为本品牌的忠诚消费者、其他品牌的忠诚消费者和游离不定的消费者三类。很明显这三类消费者有着各自不同的"品牌网络"，而想要了解消费者的品牌网络就必须借助消费者行为资讯。

3) 接触管理

接触管理就是企业可以在某一时间、某一地点或某一场合与消费者进行沟通，这是 20 世纪 90 年代市场营销中一个非常重要的课题，在以往消费者自己会主动找寻产品信息的年代里，决定"说什么"要比"什么时候与消费者接触"重要。然而，现在的市场由于资讯超载、媒体繁多，干扰的"噪声"大为增大。目前最重要的是决定如何、何时与消费者接触，以及采用什么样的方式与消费者接触。

4) 发展传播沟通策略

发展传播沟通策略是确定在什么样的接触管理之下，该传播什么样的信息，而后，为整合营销传播计划制订明确的营销目标。对大多数企业来说，营销目标必须非常正确同时在本质上也必须是数字化的。例如，对一个擅长竞争的品牌来说，营销目标可能是以下三个方面：激发消费者试用本品牌产品的欲望；在消费者试用过后积极鼓励其继续使用并增加用量；促使其他品牌的忠诚消费者转换品牌并建立起对本品牌的忠诚度。

5) 营销工具的创新

营销目标一旦确定，接下来就是决定来完成此目标的营销工具。显而易见，如果将产品、价格、通路都视为和消费者沟通的要素，整合营销传播企划人将拥有更多样、广泛的营销工具来完成企划，其关键在于哪些工具、哪种结合最能够协助企业达成传播目标。

6) 传播手段的组合

最后一步就是选择有助于达成营销目标的传播手段，这里所用的传播手段可以无限宽广，除了广告、直销、公关及事件营销以外，事实上产品包装、商品展示、店面促销活动等只要能协助达成营销及传播目标的方法，都是整合营销传播中的有力手段。

1.10　互联网营销

1.10.1　互联网营销的概念和特点

1. 互联网营销的概念

随着互联网作为信息沟通渠道的商业使用，互联网的潜力被挖掘出来，呈现出巨大威力和发展前景。互联网营销，也称网络营销，是以互联网络为媒介，以新的方式、方法和理念实施营销活动，从而有效促成个人和组织交易活动的实现。

2. 互联网营销的特点

随着互联网技术发展的日渐成熟、互联网成本的大幅降低，以及互联网用户的日渐普及，互联网能把从近在咫尺到远在天涯的、有着潜在交换需求与欲望的组织和个人跨时空联结起来，从而为企业或消费者创造出更多的交换机会。互联网营销呈现出以下特点与优势。

1) 网络铺设跨时空，营销机会成倍增加

互联网具有超越时间约束和空间限制进行信息交换的特点与优势，使网络营销脱离时空限制、冲破时空局限达成交易成为可能。企业与消费者可以在更大的空间、更长的时间，利用更多的交换机会进行营销活动。

2) 网络连接一对一，营销沟通可互动

网络互动的特性使得消费者参与到整个营销过程中成为可能，消费者参与的可能性和选择的主动性都得到了加强与提高。在这种互动式营销中，买卖双方可以随时随地进行互动式双向交流，而非传统营销的单向交流。互联网上的促销也可以做到一对一的供求连接，使促销活动消费者主导化、理性化，而且整个促销活动表现为非强迫性、循序渐进的人性化促销，避免推销人员强势推销的干扰，并通过信息提供和交互式交谈，与消费者建立长期良好的关系。网络营销通过展示目录、链接商品信息数据库等方式向消费者提供有关商品的信息，供消费者查询，并且可传送信息的数量与精确度远远超过其他方式。企业能适应市场需求，及时更新产品或调整价格，及时有效地了解并满足消费者的需求。企业还可通过互联网收集市场情报、进行产品测试与消费者满意度调查，为企业的新产品设计与开发、价格制定、有用渠道的选择和促销策略的实施提供可靠的、有效的决策依据。

3) 网络介入全过程，营销管理大整合

互联网是一种功能强大的营销工具，它同时兼具市场调查、产品推广与促销、电子交易与互动式消费者服务，甚至某些无形产品的直接网上配送，以及市场信息分析与提供等多种功能。网络营销从商品信息的发布，直至发货收款、售后服务一气呵成，因此是一种网络介入全程的营销活动。

4) 网络运行高效率，营销运作低成本

(1) 网络媒介具有传播范围广、速度快、无时间地域限制、无时间版面约束、内容全面详尽、多媒体传送、形象生动、双向交流和反馈迅速等特点，有利于提高企业营销信息传播的效率，增强企业营销信息传播的效果，大大降低企业营销信息传播的成本。

(2) 网络营销没有店面租金成本，减少了商品流通环节，减轻了企业库存压力。

(3) 利用互联网，中小企业只需极小的成本，就可以迅速建立起自己的全球信息网和贸易网，将产品信息迅速传递到以前只有实力雄厚的大公司才能接触到的市场中去。

(4) 消费者可以根据自己的特点和需要在全球范围内不受地域、时间的限制，快速寻找能满足自己需要的产品并进行充分比较与选择，在较大程度上降低交易时间与交易成本。

5) 网络终端遍及世界，营销战略覆盖全球

由于互联网覆盖全球市场，企业可方便快捷地进入任何国家的市场。网络营销可以帮助企业构筑覆盖全球的市场营销体系，实施全球性的经营战略，加强全球范围内的经济合作，获得全球性竞争优势，增强全球性竞争能力。同时，互联网使用者数量快速成长并遍及全球，而且使用者年龄构成偏年轻，消费水平相对高且受教育程度比较高，这部分群体有着较强的购买力、很强的市场影响力和明显的消费示范功能。因此，对企业来说，这无疑是一个极具开发潜力的市场。

1.10.2 互联网营销策略

在互联网营销中，企业考虑最多的是消费者的需求与欲望，再根据这种需求

与欲望来设计开发产品；在制定价格时不以自己的成本为导向，而着重考虑消费者对这样的产品愿意付出多少成本来获取；在设计分销渠道时，首先要考虑消费者购买的方便程度，也就是利用何种分销渠道消费者购买起来才比较容易。完成以上三个营销组合的组成要素设计之后，就要想方设法与消费者展开双向互动的沟通，将企业的各种营销信息传达给消费者，并且听取他们的意见与建议，随时根据消费者的需求调整整个营销计划。

1. 产品策略

1) 核心产品策略

核心产品策略即为消费者提供的核心价值。网络作为一种新型的营销元素，既可以作为整个营销系统中的一个组成部分，与传统营销中的其他部分进行整合，也可以作为营销系统的主体出现，成为主要的营销载体、销售渠道与工具。当网络作为营销体系中的一部分，与其他成分相辅相成时，对大多数商品来说都是适合的，如在网上对该产品进行宣传，与传统的手段配合一起加大品牌的力量，更好地树立其品牌形象，从而对整个营销系统起到推动与促进的作用。

2) 品牌策略

品牌策略即为消费者提供的形式价值。企业除了要考虑将自己的营销组合与网络结合以外，也要在网络空间中建立自己公司的品牌。拥有最佳品牌的企业对于消费者具有最强大的吸引力，并且能够以此为其具有品牌个性的产品制定较高价格，从而产生最佳的经济效益。采用这种整合营销组合的典范有绿城管理集团、火星人厨具股份有限公司等。

3) 服务策略

服务策略即为消费者提供的延伸价值。在网络营销中，企业可以为消费者提供以下几个层次的服务：在消费者购买之前，可以为其提供各种有关产品的信息，如产品的性能、外观等，同时设立相应的对话系统，随时解答消费者提出的各种问题；消费者购买产品之后，在使用过程中可能会产生一些问题，企业应通过一定的途径及时了解并加以解决。为了给客户提供良好的服务，企业从事互联网营销时可以采取以下几种策略。

(1) 充分向消费者展示产品的有关性能与指标。建立网络展览厅是一个很好的方法。

(2) 建立自动网络服务系统。例如，建立自动的电子函件回复系统，以便能够及时回复消费者通过电子邮件提出的各种要求和疑问，定时跟踪已购买了企业产品的消费者，以进行回访和提示注意事项等。

(3) 在网上建立论坛，邀请消费者自由发表对本企业产品的意见与建议，倾听消费者的声音，了解消费者的需求，以便能够适时地进行产品改造、更新与新产品的开发。对于那些为企业带来较高利润的高价值消费者，还可以通过网络的互动方式为其提供量身定制的个性化服务。

2. 价格策略

在互联网营销中，企业以消费者为中心，在制定价格时要从消费者的角度进行考虑，测试消费者对企业提供的各项价值的评估，并根据消费者对该价值的心理预期进行定价。因而成本导向定价法在此时处于逐渐弱化的地位，需求导向定价法和竞争导向定价法成为主要的定价方法。

1) 需求导向定价法

网络的互动性可使企业较为迅速地了解目标消费者的需求和消费者对于产品的预期价格等。这样企业可以根据消费者的心理预期为自己的产品制定价格，避免了传统营销中不了解消费者的心理，从而导致制定的价格过高或过低的弊病；同时，网络使企业在把握消费者个性化需求方面具有洞察力，企业不用再像传统营销时那样，通过外观、样式、档次等进行以产品为基础的差别化定价。通过网络的特性，企业可让消费者自己设计想要的产品，并根据这种个性化的需求进行定价，更具合理性。

2) 竞争导向定价法

目前互联网营销中，竞争导向定价法主要有拍卖式的定价方法和招标式的定价方法。

(1) 拍卖式的定价方法在传统营销中较为常见，但是该定价方法的重要性在网络营销中得到了放大。拍卖式的定价方法，是指专门进行拍卖的公司在收到商品所有者的委托后，在某一专用的场所公开竞价。一般由主持拍卖的拍卖人给出拍卖商品的最低价，然后由购买者竞价，拍卖人从中选择出最高价格销售该产品。拍卖式的定价方法利用了买方的竞争心理，有利于商家以较高的价格出售商品。

(2) 招标式的定价方法是由招标的企业或机构在网络上发布招标的公告，投标的企业或机构进行投标，然后招标的企业或机构选择其中条件较好的，通过网络完成招投标。这种定价方法一方面扩大了招标企业或机构的选择面，另一方面使投标企业获得更为公平的竞争机会和营销机遇。

3. 分销策略

网络作为一个连接企业和消费者的桥梁，具有直接、快捷、灵活等优点。但是，网络介入营销领域是一个逐步的过程，在大多数时候，它会和传统的营销协作与整合，对整体的营销效果起到推动的作用。这时的传统分销系统依然有存在的价值与意义。例如，企业通过网络进行广告宣传，但并不进行产品的销售，如果消费者要购买该产品，依然需要传统的分销商介入。

从另一个角度讲，即便网络在营销中介入较深，消费者可以在网上直接订购该产品，分销商也不会从根本上被这种网络直接渠道全盘替代。这主要是因为，一项网络交易的完成要通过三种流通的达成而实现，即信息流、资金流和物流。网络的介入和资金交付系统的不断完善使信息流和资金流均可以绕过分销商而在网上直接达成，但是商品实物的流动却一定要通过网络外的其他渠道达成，这时，分销商可以在营销体系中充当物流配送实体的角色。

此外，消费者在购买过程中，也许会对订货、付款等产生疑问。为了方便消费者购买，当企业在网络上进行产品销售时，要注意页面设计合理易懂，并应设立相应的帮助信息，使消费者在购买时可以清楚地了解订货、预付款的方式。

4. 促销策略

1) 网络广告策略

网络广告的一般过程主要包括分析网络广告目标受众、确定网络广告的沟通目标、设计网络广告信息、选择网络广告媒体、制定网络广告预算、发布网络广告与评估网络广告效果七个步骤。

2) 网络公关策略

国内外一些政府机构已经将网站作为其发布相关法令和通告的正式渠道，日益增多的企业通过网站对外发布消息、企业经营状况和最新动态。由于互联网相对于传统媒体的特有优势，这一应用逐渐成为企业公共关系和全球化战略的重要组成部分。

企业网站公关有两个方面的含义：一是强调企业网站自身作为公关媒介的特性；二是推动企业网站与相关网站的紧密合作。企业网站成为越来越重要的公关媒介，主要是从其发布新闻、组织活动的角度而言的。至于积极开展网站之间的相互合作，则主要包括促进网站之间的信息交换、建立交叉链接和构建网站会员制联盟等。

网站的公关功能主要是通过新闻发布系统实现的。新闻发布系统又称信息发布系统，是将网页上某些需要经常更新的信息，如新闻、新产品发布、业界动态等进行集中分类管理，并经过系统化、标准化之后发布到网站上的一种应用程序。通过新闻发布系统，管理员能够在一个简洁的操作界面实现数据库的信息增减，再根据已有的网页模板与审核流程将信息发布到网站上。新闻发布系统大大提高了网站的响应速度，能够及时配合企业的公关活动，已经成为企业网站公关的必备工具。

关注互联网的舆论导向是企业网站公关的另一个很现实的问题。互联网为舆论的形成和快速传播提供了便利的途径。网络论坛、新闻组等互联网交流平台使各种主题讨论得到了及时、广泛和深入的意见交换——舆论在一定程度上突破了时间和空间的限制。企业网站应该密切注意互联网与企业相关的舆论导向，并及时做出趋利避害的回应。

3) 网络销售促进策略

从本质上来说，销售促进是一种信息沟通活动。因而，沟通媒介的发展必然成为销售促进的方式和内容发展的重要推动力之一。网络作为第五大媒体，给销售促进带来的正是这种巨大的推动作用。应该说，网络销售促进(cyber sales promotion)在互联网发展的目前阶段，还是以传统的销售促进形式为重要参照。它可以定义为：企业运用各种短期诱因，通过互联网技术，来实现促进目标消费者对企业产品或服务的购买和使用的促销活动。其包括网上折价促销、网上捆绑促销、网上赠品促销、网上抽奖促销、网上积分促销、在线交流促销、文娱作品促销和网上联合促销等。

1.10.3　互联网营销的新发展[7]

近年来，由于科学技术的进步，互联网经济发展得如火如荼，势头不可阻挡。"互联网+实体经济"是中国新时代经济创新的体现，也是实现经济可持续发展的一大良策。网红代销能力有目共睹，带领淘宝销售额爆发式增长；美团外卖、京东O2O(online to offline，线上到线下)模式更是创新网络营销方式，创造巨大经济收益；抖音与旅游城市合作，塑造众多网红城市，为城市发展注入新活力，促进经济转型发展。因此，新形势下网络营销的发展需要引起广泛重视。

1. 互联网营销的新发展形势

1) 与实体经济实现互利共赢，向O2O模式发展

"互联网+"是一个所有人都可以从中获得商机的概念。"互联网+"是跨界和融合，使闲置资源重新流通的领域，移动互联网时代也全面来临，价值远大于单纯的这个产业，传统行业将被赋予新的商业价值。实体经济借助"互联网+"模式不仅可以顺利实现由中国制造向中国智造转型，而且可以扩大其市场空间。万达是实体经济的代表企业，京东和苏宁是网络营销的坚定拥护者。2018年由腾讯、京东、苏宁、融创等投资者组成的财团投资340亿元收购万达商业14%的股份，这些大型企业的合作将不仅仅限于投资，腾讯、京东、万达是无界零售下人、货、场的完美组合，三方将共同用智能化技术为线下零售重构成本、效率和体验，共创价值。三方合作将形成国内最大规模的无界零售联盟。这种O2O模式下，两种形式的企业实现自身价值并获得良好的效益回报。

2) 网红经济引导消费潮流，成为新时尚

网红是在社交互动中，受广大网民关注的人物。目前，网红正在从社交媒体

现象向经济模式转变。在淘宝上都有签约网红为其直播宣传，尤其在购物节或大型销售活动中网红发挥着重要作用。例如，直播过程中网红推荐自己认为性价比高的产品，并直播使用该产品。在此情况下，网红粉丝便会购买该产品使其销量暴增。抖音网红开发使用创新产品，成为消费导向，如脏脏包、网红蛋糕、网红冰淇淋、网红拍照店等，引导消费潮流，成为新时尚。互联网使得信息传播速度加快，人们能通过互联网了解到更多的消费信息，改进消费习惯。

3) 与旅游城市合作驱动经济转型发展

为实现经济转型发展，各地政府积极开拓当地旅游产业，在环境生态化的同时带动经济持续健康发展。与抖音合作过的两大城市成都和西安都取得了不错的成果。以西安为例，抖音短视频对西安进行全方位的包装推广，用短视频向全球传播优秀传统文化和美好城市文化。截至 2018 年 3 月，抖音上关于西安的视频量超过 61 万条，播放量超 36 亿次。2018 年春节期间西安共接待游客 1269.49 万人次，同比增长 66.56%，实现旅游收入 103.15 亿元，同比增长 137.08%。西安的摔碗酒、钟鼓楼、肉夹馍、兵马俑都在抖音上拥有不少粉丝，抖音成为城市文化传播的新手段。

游客的增长，不仅给西安旅游经济增添活力，更是成功带动了西安文化产业、服务业的发展，成为西安文化经济的引擎，促进了西安经济高速转型发展。

2. 互联网营销的新特点

1) 高效化

互联网营销通过公众号、直播、抖音小视频等方式将新产品进行可视化的宣传，大大提高了传播速度与广度，减少了许多中间环节，使产品信息传递更加直接，更有效率。电子数据交换(electronic data interchange，EDI)将制造商、营销商、储运机构、银行等连接在一起，促进了资源的高效配置和有效利用，构建了一套高效的营销模式。除此之外，网红主播拥有大量忠实粉丝，在直播过程中直接使用某些产品，并在线回复消费者各种问题，使消费者能放心购买，所以经其推荐过的产品往往会脱销，这使得销售更加简单、快速。例如，淘宝美妆主播定时在线直播，通过向消费者展现自己的美妆技能，对所用产品进行使用和推荐，并且在线实时回应顾客的问题，增加消费者对其关注度和信任度，而且这种方式也提高了客户的参与度和积极性，利于吸引客户源；同时直播过程中所用产品的链接也直接在屏幕中显示，使得产品宣传和销售一体化，大幅度缩短了整个消费过程需要花费的时间，提高了营销效率。

2) 法治化

2019 年中国互联网络信息中心(China Internet Network Information Center，CNNIC)在北京发布的第 43 次《中国互联网络发展状况统计报告》中显示，截至

2018 年 12 月，中国网民规模达 8.29 亿，占全球网民总数的 1/5。同时，我国互联网普及率为 59.6%，超全球平均水平 4.6 个百分点。许多大型公司看到了互联网经济的繁荣趋势，也纷纷踏入网络营销行列。随着网络用户的激增，为维护网络安全，净化营销环境，国家立法部门迅速开启了网络立法进程，出台了《中华人民共和国网络安全法》等，大力整顿网络问题。另外，一些网络平台还颁布了规章制度，如为维护消费者权益，淘宝、京东承诺七天无理由退换，使消费者信任度得到提升；实行软件注册用户实名制，使得互联网不再是纯虚拟的环境，而是现实经济的一种延伸和拓展。这些举措都规范了用户的行为，促进了互联网经济的长远发展。

3) 绿色化

(1) 绿色宣传。在传统营销方式下，前期宣传主要靠发放印刷广告、登报纸或赞助电视节目等进行，而在新媒体迅速兴起后，宣传便趋向无纸化、经济化，通过公众号推送、朋友圈转发集赞或直播等电子商务形式便可达到宣传效果。市场交易手段也趋向无纸化，从传递纸面单证转向传递电子数据。

(2) 绿色营销。在新兴营销方式下，通过多媒体或直播演示，消费者对产品的性能特点可以有更全面、更直观的认识，而且还可以在网上进行私人订制、个性化服务，不仅减少了商家存货，还提高了消费者对所购产品的满意度，实现了产品的使用价值。由此可见，绿色营销顺应了国家供给侧结构性改革的要求。

(3) 绿色运输。网络营销下产品运输大都通过快递实现，需要建立运输站点和运输交通网，根据地域统筹规划合理分配资源。经济全球化是大势所趋，网络营销也遍及全球，尤其对中国这个消费大国来说，要加强世界各国的贸易互利共赢，就必须对运输方式、运输速度及运输质量提出更高要求。例如，对内线上下单线下就近发货节约时间，优化资源，使用无人送货方式，落实绿色运输理念；对外利用物联网技术，对产品进行实时定位，合理安排运输方式，实现运输集约化、经济化、绿色化。

第 2 章 21 世纪新的营销思想与运用

2.1 精 准 营 销

2.1.1 精准营销的内涵

精准营销(Precision Marketing)是指在精准定位的基础上，企业依托现代信息技术手段建立个性化的顾客沟通服务体系，是企业实现可度量的低成本扩张之路，是有态度的网络营销理念中的核心观点之一。精准营销需要企业做出更加精准、可衡量和高投资回报的营销沟通，需要企业更加注重结果和行动的营销传播方案，也要越来越注重对直接销售沟通的投资。精准营销是企业在充分了解顾客信息的基础上，针对客户的偏好和喜好，有针对性地进行产品营销，在有效把握一定的顾客和市场信息后，将直复营销与数据库营销结合起来的营销新趋势。根据精准营销的理念和结构框架，进行细分市场，可帮助企业在激烈的市场竞争中取得竞争优势。当今，越来越多的企业通过精准营销，精确确认目标顾客的需求，成功拉近与顾客的距离。

精准营销的"精准"核心思想是精确、精密、可衡量性。"精准"比较恰当地体现了精准营销的深层次意义与核心思想。

第一层次，精准营销是指通过可量化的、精确的市场定位技术，突破传统营销定位只能通过定性方法的局限。只有对市场进行准确区别，才能保证市场的有效、产品和品牌的准确定位。

第二层次，精准营销借助先进的数据库技术、网络通信技术及现代高度分散物流等手段保障与顾客长期个性化的沟通，使营销达到可度量、可调控等精准要求。摆脱了传统广告沟通的高成本束缚，使企业实现低成本快速增长。

第三层次，精准营销的系统手段保持了企业和客户的密切互动沟通，从而不断满足客户的个性化需求，建立稳定的企业忠实顾客群，实现客户消费的链式反应增长，实现企业长期稳定高速发展的目标。

第四层次，精准营销借助现代化高效手段，使企业摆脱繁杂的中间渠道环节以及对传统营销中模块式营销的组织机构的依赖，实现了对客户的个性化关怀，极大降低了营销成本。

总之，精准营销通过可量化的、精确的市场定位技术，借助先进的技术手段，可以保持企业和客户之间密切的互动沟通，实现对客户的个性化关怀，极大地降低企业成本，有助于实现企业长期稳定高速发展的目标。

2.1.2　精准营销的意义

精准营销有三个层面的意义。

(1) 精准的营销思想，营销的终极追求就是不营销，逐步精准就是一个过渡的过程。

(2) 实施精准的体系保证和手段，同时该手段需要具有可衡量性。

(3) 达到低成本可持续发展的企业目标。

2.1.3　精准营销的个性化体系

(1) 精准的市场定位体系。

市场的区分和定位是现代营销活动中关键的一环。通过对消费者消费行为的精准衡量和分析，并建立相应的数据体系，利用数据分析进行客户优选，并通过市场测试验证来区分所做定位是否准确有效。

(2) 建立与顾客的个性传播沟通体系。

精准营销采用的不是大众传播，它要求的是精准。这种传播有电话、短信、网络推广等几种形式。

(3) 建立适合一对一分销的集成销售组织。

精准营销颠覆了传统的框架式营销组织架构和渠道限制，其销售组织包括两个核心组成部分，即一个全面可靠的物流配送结算系统和一个面向顾客个性化沟通的主渠道呼叫中心。精准营销摆脱了传统营销体系对渠道及营销层级框架组织的过分依赖，实现一对一的分销。

(4) 提供个性化的产品。

与精准的定位和沟通相适应，只有针对不同的消费者、不同的消费需求，设计、制造、提供个性化的产品和服务，才能精准地满足市场需求。通过精准定位、精准沟通找到并"唤醒"大量的、差异化的需求，通过个性化设计、制造或提供产品、服务，才能最大限度地满足有效需求，获得理想的经济效益。

(5) 建立顾客增值服务体系。

精准营销的最后一环就是售后客户保留和增值服务。对任何一个企业来说，完美的质量和服务只有在售后阶段才能实现。同时，站在营销的角度，一般认为老顾客带来的实际收益要远大于新顾客。只有通过精准的营销服务体系才能在留住老顾客的同时又吸引新顾客，引起链式的连锁反应。

2.1.4　实现精准营销的核心

实现精准营销的核心是客户关系管理，主要包括以下四个方面。

(1) 客户关系管理是面向客户，关心客户，一切围绕客户为中心来运作的管理体系，它通过一套软件来实现企业的管理思路和管理模式。

(2) 客户关系管理系统是以客户数据管理为核心的系统，包括：互联网和电子商务、多媒体技术、数据仓库和数据挖掘、专家系统和人工智能呼叫中心等方面。

(3) 客户关系管理的焦点是自动化以及改善与销售、市场营销、客户服务和支持等领域的客户关系有关的商业流程。

(4) 客户关系管理能够实现：深度开发目标客户，支持公司发展战略，实现会员信息的管理与应用，建立以客户为中心的集中式营销管理平台，实现业务与管理规范化以及效益最大化。

客户关系管理系统的运营主要包括三个模块：①数据管理：把内部信息与数据接触点管理起来，实现数据跨区域、跨部门的集中管理与共享应用；②流程管理：实现相关业务流程的管控和自动处理，固化管理流程；③智能管理：实现企业分析智能，据此对外为客户提供有效的客户关怀服务，对内为企业提供有效准确的分析决策依据。

2.1.5　精准营销的理论依据

精准营销的理论依据主要由以下四个方面构成。

1. 4C 理论

4C 理论的核心是强调买方在市场营销活动中的主动性与积极参与，强调顾客购买的便利性。精准营销为买卖双方创造了得以即时交流的小环境，符合消费者导向、成本低廉、购买便利以及充分沟通的 4C 要求，是 4C 理论的实际应用。

(1) 精准营销真正贯彻了消费者导向的基本原则。4C 理论的核心思想便是企业的全部行为都要以消费者需求和欲望为基本导向。精准营销作为这一大背景下的产物，强调的仍然是比竞争对手更及时、更有效地了解并传递目标市场上所期待的满足。企业要迅速而准确地掌握市场需求，就必须离消费者越近越好。这是由于，一方面，信息经过多个环节的传播、过滤，必然带来自然失真，这是由知觉的选择性注意、选择性理解、选择性记忆、选择性反馈和选择性接受决定的；另一方面，由于各环节主体利益的不同，他们往往出于自身利益的需要而过分夸大或缩小信息，从而带来信息的人为失真。精准营销可以绕过复杂的中间环节，直接面对消费者，通过各种现代化信息传播工具与消费者进行直接沟通，从而避免了信息的失真，可以比较准确地了解和掌握他们的需求和欲望。

(2) 精准营销降低了消费者的满足成本。精准营销是营销渠道最短的一种营销方式，由于减少了流转环节，节省了昂贵的店铺租金，营销成本大为降低，又由于其完善的订货、配送服务系统，购买行为的其他成本也相应减少，所以降低了满足客户需求的成本。

(3) 精准营销方便了顾客购买。精准营销商经常向顾客提供大量的商品和服务信息，顾客不出家门就能购得所需物品，减少了顾客购物的麻烦，增进了购物的便利性。

(4) 精准营销实现了与顾客的双向互动沟通。这是精准营销与传统营销最明显的区别之一。

2. 让渡价值

美国西北大学菲利普·科特勒在《市场营销管理——分析、计划、执行和控制》一书中提出了"让渡价值"的新概念。这是对市场营销理论的又一发展。"让渡价值"的含义是顾客总价值与顾客总成本之间的差额。其中顾客总价值是指顾客购买某一产品或服务期望获得的一组利益，包括产品价值、服务价值和形象价值等。顾客总成本是指顾客为购买某一产品或服务支付的货币及耗费的时间、精力等，包括货币成本、时间成本及精力成本等。由于顾客在购买时，总希望把有关成本降至最低，同时又希望从中获得更多的实际利益，所以总是倾向于选择"让渡价值"最大的方式。企业为在竞争中战胜对手，吸引更多的潜在顾客，就必须向顾客提供比竞争对手更大的"让渡价值"。

首先，精准营销提高了顾客总价值。精准营销实现了"一对一"的营销，在这种观念指导下，其产品设计充分考虑了顾客需求的个性特征，增强了产品价值的适应性，从而为顾客创造了更大的产品价值。在提供优质产品的同时，精准营销更注重服务价值的创造，努力向顾客提供周密完善的销售服务，方便顾客购买。另外，精准营销通过一系列的营销活动，努力提升自身形象，培养顾客对企业的偏好与忠诚。

其次，精准营销降低了顾客总成本。顾客购买商品，不仅要考虑商品的价格，而且必须知道有关商品的确切信息，并对商品各方面进行比较，还必须考虑购物环境是否方便等。精准营销有助于顾客精确地掌握上述信息。

综上所述，企业若想增大商品销售量，提高自身竞争力，扩大市场占有率，那么就需要考虑制定的商品价格能否被消费者接受，更需要考虑消费者在价格以外的时间与精力的支出。这些支出往往称为交易费用，直接制约交易达成的可能性，从而影响企业营销效果。所以，降低交易费用便成为营销方式变革的关键动因。精准营销方式，一方面，既缩短了营销渠道，又不占用繁华的商业地段，也不需要庞大的零售商业职工队伍，因而降低了商品的销售成本价格，也就降低了顾客购买的货币成本；另一方面，通过直接媒体和直接手段及时地向顾客传递商品信息，降低了顾客搜寻信息的时间成本与精力成本。另外，在家购物，既节省了时间，又免去了外出购物的种种麻烦，也使这两项成本进一步降低，因而减少了交易费用，扩大了商品销售，成为众多企业乐意采用的营销方式。

3. 一对一直接沟通理论

精准营销主要效仿的是"两点之间，直线最短"理论，因此精准营销在和客户的沟通联系上主要采取最短的直线距离。

精准营销线性模式的特点是互动交流过程为直线型，包括三个含义：①具有时间性，即在一段时间内进行；②具有意义性；③具有互动交流性，其中，互动交流的主要元素包括情境、参与者、信息、管道、干扰和回馈。

1973 年，领导行为理论代表人物明茨伯格(Mintzberg)指出，管理工作有十种作用，而沟通和人际关系占三成。首先，明茨伯格创立了经理角色理论，指出"爱用口头交谈方式"和"重视同外界和下属的信息联系"为经理角色六个特点中非常重要的两个特点，强化了直接沟通。

从泰勒探索下行沟通开始，管理沟通理论的发展历程主要经历了从研究"行政沟通"向研究"人际沟通"发展、从以"纵向沟通"研究为主向以"横向沟通"研究为主进而向以"网络化沟通"研究为主发展、从以"单一的任务沟通"研究为主向"全方位的知识共享沟通"研究发展等一系列过程。

20 世纪 80 年代以来，管理思想随世界经济政治的变化发生了重大的转变，管理沟通理论的研究也遇到新的挑战，主要表现在信息网络技术在沟通中的应用、学习型组织及知识型企业的建立等。伴随现代管理理论呈现出的管理理念更加人性化、知识化、管理组织虚拟化、组织结构扁平化、管理手段和设施网络化、管理文化全球化等总体趋势，管理沟通理论也出现了企业流程再造沟通趋势、管理更加柔性化的文化管理沟通趋势、知识管理沟通趋势、网络经济和全球经济一体化的管理沟通的国际化趋势。

精准营销的直接沟通，使沟通的距离达到了最短，强化了沟通的效果。

4. 顾客链式反应原理

1) 精准营销关心客户细分和客户价值

精准营销的客户关系管理体系强调对企业与客户之间"关系"的管理，而不是客户基础信息的管理。关心客户"关系"存在的生命周期，客户生命周期包括客户理解、客户分类、客户定制、客户交流、客户获取、客户保留等几个阶段。管理大师德鲁克(Drucker)认为，企业的最终目的在于创造客户并留住他们。一个完善的客户关系管理应该将企业作用于客户的活动贯穿于客户的整个生命周期。

以往多数营销理论和实践往往集中在如何吸引新的客户，而不是保留老客户，强调创造交易而不是关系。目前，企业争夺客户资源的竞争加剧，而客户总体资源并没有明显增长。因此，实现客户保留无疑是目前企业最关心、最努力要实现的工作。

2) 精准营销关心客户忠诚度

客户理论的重点在于客户保留。客户保留最有效的方式是提高客户对企业的忠诚度。商业环境下的客户忠诚可定义为客户行为的持续性。客户忠诚是客户对企业的感知、态度和行为。它们驱使客户与企业保持长久的合作关系而不流失到其他竞争者那里，即使企业出现短暂的价格上或服务上的过失。客户忠诚来源于企业满足并超越客户期望的能力，这种能力使客户对企业保持满意。所以，理解并有效捕获到客户期望是实现客户忠诚的根本。

3) 精准营销着重于客户增值和裂变

精准营销的研究类似于物理学的链式反应，精准营销客户保留价值更重要的是客户增值管理，营销是一种典型的链式反应过程。精准营销形成链式反应的条件是对客户关系的维护达到形成链式反应的临界点。这种不断进行的裂变反应，使企业低成本扩张成为可能。

精准营销的思想和体系使顾客增值这种链式反应会不断地进行下去，并且规模越来越大，反应越来越剧烈。

精准营销和传统营销模式的区别，主要有以下三点。

(1) 理念创新：精准营销更加关心客户的长久利益。

(2) 技术创新：由传统的定性营销向定量营销的转变。

(3) 理论创新：由精准营销形成了个性化沟通及顾客增值等新型理论。

2.1.6　精准营销的实施策略

1. 市场细分

企业要实施精准营销，首先要在市场细分的基础上选择明确的细分市场，作为企业的目标市场，并且清晰地描述目标顾客对本企业产品(或服务)的需求特征。通过对市场目标进行全面、系统和深入的分析研究，明确和准确地找到目标市场是市场营销的基础性工作，更是精确化营销的第一个环节。

2. 清晰的市场定位

在非垄断条件下，同一目标市场中的竞争者肯定存在，通常还可能很多。企业需要给自己的产品一个清晰、独特的市场定位，以便使自己的产品在众多竞争性产品中脱颖而出。让自己的产品有一个清晰、独特的市场定位，是开展精准营销的必要基础。

3. 市场营销的全过程管理

目前市场营销流程大多还停留在以产品为中心的阶段，对市场反应的速度比较慢。营销活动的发起应该从对客户需求的洞察和分析入手，结合相应的营销活动规划、产品规划、品牌规划等策划相关的市场营销活动。

4. 先进的客户寻找工具

客户寻找工具是企业能否寻找到潜在顾客的关键。在有了明确的目标市场和清晰的产品定位之后，接下来的关键问题是如何找到目标顾客，而且是精准、经济地找到。这要求企业有相应的工具并掌握好方法。主要工具有手机短信、呼叫中心、E-mail 广告、门户网站、博客、搜索引擎等。

5. 有效的顾客沟通

精准地找到顾客以后，精准营销并没有结束，企业需要与目标顾客进行有效率的双向、互动沟通，让顾客了解、喜爱企业及企业的产品，并最终形成购买行为，有效的沟通对顾客的购买也有很重要的作用。

2.1.7　互联网精准营销

最能体现互联网改变人们生活方式的网络应用即为电子商务。因此，网络精准营销即为电子商务网站的精准营销。随着电子商务的迅猛发展，一方面，人们欣喜于网上商城商品的极大丰富。另一方面，随着商品的增多，在网上商城寻找自己想要并喜欢的商品越来越难了。虽然几乎每个网上商城都有站内搜索功能，但人们还是觉得不能满足。于是，国内知名的电子商务网站，如淘宝、京东等都陆续引进站内个性化推荐系统以达到精准营销的目的。这些网站往往都能够提供免费的二级域名、三级域名，还能够提供专业的网页模板，减少用户建设网站的时间。当然在选择这些网页模板作为营销根据地时，一定要设置好页面，要对模板做个性化的改造，否则同样的模板太多，势必会造成用户的审美疲劳。

1. 网络精准营销的兴起

随着网络技术的发展，人们的生活逐渐全面向互联网和移动互联网转移，然而在享受网络带来便利的同时，急速发展的互联网也给我们带来了信息爆炸的问题。在互联网里，我们面对的、可获取的信息呈指数式增长，如何在大量的信息数据中快速挖掘出有用的信息已成为当前急需解决的问题，所以网络精准营销的概念应运而生。

2. 网络精准营销的手段

运用个性化技术的手段，帮助用户从这些过量的网络信息里筛出需要的信息，以达到精准营销的目的。电子商务网站、媒体资讯类网站、社区都逐渐引进站内个性化推荐这种手段进行精准营销。

互联网精准营销主要是通过个性化技术来实现的。例如，在 1999 年，德国德累斯顿工业大学的 Tanja Joerding 实现了个性化电子商务原型系统 TELLIM。2000 年，日本电气公司(Nippon Electric Company，NEC)的 Kurt 等为搜索引擎 CiteSeer 增加了个性化推荐功能。2009 年 7 月，北京百分点科技集团股份有限公司，在其个性化推荐引擎技术与数据平台上汇集了国内外百余家知名电子商务网站与资讯类网站，并通过这些 B2C 网站每天为数以千万计的消费者提供实时智能的商品推荐。在互联网营销后续的发展中，将搜索引擎、云计算进行结合，在用户喜欢的网站和经常使用的手机 APP 中应用智能推荐、实现精准营销服务也成为网络精准营销的主要技术手段。

2.1.8　大数据时代下的精准营销现状

1. 用大数据为客户画像

客户画像指的是企业通过将自己的运营系统和客户维护系统收集到的数据进行分析，为客户信息贴上标签，以形成客户信息的完整图像。依托大数据的海量数据对顾客的消费习惯、消费偏好等有利于企业制定针对性营销策略的方面进行分析，切实把握住顾客的核心需求，以此为基础进行产品的创新与改进，提高用户群体对公司产品的黏度，培养忠诚的顾客，有利于企业在激烈的市场竞争环境中抓住发展的机遇，有助于企业的长远发展。

2. 广告的精准投放

广告的作用是提高品牌和产品在消费者心中的知名度和赞誉度。当潜在顾客对企业的产品产生需求时，广告就会引导其选购企业的相关产品。所以，企业可运用搜集到的数据通过相关性等算法进行分析，将有消费欲望的产品推送给顾客，很可能正好满足其需求，直接刺激了顾客的消费欲望，实现了将潜在客户转化为实际消费客户的目标，以此做到精准投放。同时通过收集顾客是否消费了所推送的产品的反馈数据，来扩充数据库，以此为基础又提升了算法结果的精准性，也提升了顾客的满意度。因为精准投放面对的是小范围的特定用户，所以也能降低企业的营销成本，提高广告的反馈率。

3. 实现交叉销售

交叉销售的成功开展也要借助大数据实现。交叉销售是借助客户关系管理系统，在销售人员完成了已有目标之后，主动进行市场拓展，发掘更多的潜在客户需求，以此来销售更多的产品或服务的营销模式。具体来说，企业通过对客户的消费数据进行分析来研究其消费习惯，对那些消费关联性较大的产品可以进行捆绑销售或者将它们的摆放区域进行统一，方便顾客的联动购买，以此带来更多的购买量。在大数据的支持下，只要企业对客户数据进行深度研究从而挖掘其中的大众消费习惯，借此进行商品的优化组合，就能轻易实现由一名顾客向多名顾客拓展的目标。

4. 满足顾客个性化需求

日本消费问题专家三浦展曾提出了"四个消费时代"的理论，其中第三消费时代是趋向于个性化的消费，而第四消费时代是重视"共享"的时代。中国正处于从第三消费时代向第四消费时代转变的过程，消费者一方面要求个性化需求得到满足，另一方面追求简约、环保和共享，追求人与自我和所处环境的联系。因为这个时代的大部分消费者是愿意用高价来换取个性化的定制服务的，那么企业就可以在营销活动中通过收集消费者的数据，针对消费者的个性化需求以及消费习惯，制订有针对性的、科学的营销方案，以获得更多的利润。

5. 改善营销途径

营销信息的传播渠道各种各样，针对不同类型的产品或服务其市场推广效果可能有较大差别，运用一些公司内部成熟的归因模型，营销人员能够评估他们投入了大量成本的市场营销活动的成效，以此找出对收益有较大贡献的那些途径。然后就可以将那些推广效果不是很理想的途径中断，从而把企业的资源集中用于发展能够帮助企业获得更高收益的途径。

2.2　体验营销

2.2.1　体验的概念与内涵

随着市场营销模式的不断完善和发展，"体验"不仅成为一种间接的经济提供物，也被认为是消费者在与企业互动过程中的主观感受。当今，企业给消费者提供的商品与服务慢慢趋于饱和，这时企业就应该考虑从新的途径来获取顾客兴趣点，使消费者以个性化的方式参与到企业营销实践过程中，在其内心深处留下美妙的、深刻的或理性或感性的感受。

互联网形成的网络中有很多可以让商家直接与消费者对接的体验接触点。这种对接主要体现在浏览体验、感官体验、交互体验、信任体验。这些体验活动给了消费者充分的想象空间，最大限度地提升了消费者参与和分享的兴趣，提高了消费者对品牌的认同。

具体来看，浏览体验是指消费者通过网络直接进行品牌信息接触并保证其顺畅。这种体验主要表现在网络内容设计的方便性、排版的美观、网站与消费者沟通的互动程度等。消费者通过对于网络中相关信息的主观感受，对品牌产生感性认识。感官体验，即充分利用互联网可以传递多媒体信息的特点，让消费者通过视觉、听觉等实现对品牌的感性认识，使其易于区分不同公司及产品，达到激发兴趣和增加品牌价值的目的。

交互体验的交互是网络的重要特点，能够促进消费者与品牌之间的双向传播。品牌通过论坛、社群、微博等网络媒介进行宣传推广，消费者将自身对品牌体验的感受反馈给品牌，不仅提高了品牌对于消费者的适应性，更提高了消费者的积极性。信任体验，即借助网站的权威性、信息内容的准确性以及在搜索引擎中的排名等，构成消费者对于网络品牌信任的体验程度。

2.2.2 体验营销的概念与内涵

体验营销(experiential marketing)是指通过看(see)、听(hear)、用(use)、参与(participate)的手段，充分刺激和调动消费者的感官(sense)、情感(feel)、思考(think)、行动(act)、联想(relate)等感性因素和理性因素，重新定义、设计营销过程的一种方式。这种方式突破了传统上"理性消费者"的假设，认为消费者消费时是理性与感性兼具的，消费者在消费前、消费中和消费后的体验才是购买行为与品牌经营的关键。

1998年，Pine等[8]第一次给体验营销赋予完整的定义。汪涛等[9]将体验营销比喻为一场"演出"，在这场"演出"中，企业提供氛围，设计一系列事件，促使顾客在这些事件中以不同角色进行"表演"，顾客因为主动参与"表演"，会形成深刻的体验，依据这些体验向企业让渡价值。这些定义都强调了体验营销的目的就是要给消费者留下深刻的感受，以感受为基点创造价值。Schmitt[10]用横向的战略体验模块(strategic experiential module，SEM)与纵向的体验媒介构成了体验矩阵。他对体验营销的研究，是后来许多学者对相关问题进行研究的基础。例如，郭国庆等[11]就是以Schmitt的研究为基础，认为体验营销是指企业从感官、情感、思考、行动和关联等方面设计营销理念，利用产品或者服务，使消费者的体验需求受到激发并且进一步达到满足，从而间接使企业目标达成的一种营销模式。

目前研究中对体验营销并没有一致的概念界定，Schmitt[10]认为体验营销是以体验为主导的营销管理模式，而以产品功能、性能为主导的传统营销模式必然被体验营销取代，成为未来营销模式的新趋势。汪涛等[9]认为，体验营销就是为消费者创建逼真的购买环境，通过角色置换和情景设立，使得消费者将自己置身于这种环境，并将自己定位为其中一个角色，主动体验产品带来的感受，从而做出购买决策和购买行为。

2.2.3　体验营销的特点

由于消费者需求和行为的改变，体验营销作为一种全新的营销模式具有鲜明的特征。体验营销的特点主要表现为以下三个方面。

1. 突出产品的价值

随着消费者对产品差异化和个性化需求的日益增加，经济水平的提高和人们生活方式的改变，人们对价格的敏感度逐渐降低，这使得对产品和服务的精神满意度要求越来越凸显。消费者不仅关注产品性能和服务质量，还更关注情感和心理需求与满意度。

2. 突出消费者的主动参与

体验营销的本质是从消费者的角度考虑问题，消费者的积极参与是体验营销与传统营销不同的显著特征。消费者的参与程度会直接影响体验营销的方方面面。

3. 突出理性与感性的结合

在体验营销模式下，消费者并不了解产品信息，也不会在购买前的研究和计划制订上花费太多时间。消费者偏向感性而非理性。面对激烈的竞争压力，企业需要采取更多的方法让用户参与产品设计和开发，以了解客户对产品的需求和反馈，加强客户与产品之间的互动，建立消费者的品牌意识和情感。

2.2.4　体验营销与传统营销的比较

体验营销与传统营销理念之间存在许多差异，主要表现在以下三个方面。

1. 注意的重点不同

传统营销关注产品和服务本身的特征以及它们给消费者带来的影响，企业从产品销售中获利，因此可以称为功能和特色营销。体验营销的重点是客户体验，如感觉、情感、创造性认知、行为和社会特征，企业通过为客户提供全面而宝贵的经验而受益。当前电信行业的营销属于功能和特色营销。企业将所有精力都集中在产品和服务上，而忽略了对客户体验的理解和关注。当产品和服务变得更加同质化并且客户体验需求有断层时，体验营销将成为塑造品牌差异的核心亮点。

2. 对客户的认识不同

传统营销假设消费者是理性的。他们做出购买决定通常包括以下阶段：需求识别，信息搜索，各种产品评估，选择、购买和消费。如果客户的购买过程遵循该程序，则简单的购买将花费大量时间和精力，并且购买过程将更加麻烦。体验营销强调客户既理性又感性。一般来说，客户在消费时通常会做出理性的选择，但他们也需要娱乐、刺激、感动和创新挑战。企业不仅要从客观理性的角度开展营销活动，还要考虑客户情感的诉求。

3. 客户与企业的主被动关系不同

在传统营销时代，尽管企业也以客户为核心，但客户通常只能被动地接受企业的产品特征。不管这些特征的质量如何，它都只停留在企业品牌上。也就是说，产品的理性价值和感知价值都由企业决定。市场的核心围绕"一组固有特性满足要求的程度"，即令人满意的质量而展开。

在体验营销时代，企业以客户体验为中心，产品是客户体验的载体，产品成为一种生活方式和一种精神体验。企业专注于产品实现的计划过程，而产品形式则转向发现和满足客户深厚经验的解决方案，它集成了产品和服务、公共关系、口碑、流行文化、广告、个人经验、员工、氛围和其他元素。这样的整体解决方案附加值高且利润丰厚。客户购买服务时，购买的本质是服务创造的体验和感受。体验营销因其个性、互动性和主观性等特点，在企业健康可持续发展中发挥着重要作用。因此，企业不仅提供商品或服务，还提供终极体验，给消费者留下难忘的幸福回忆。消费者不再局限于购买真实的产品和购买产品后获得的良好体验，而是更多地关注在消费过程中获得的情感、身体、智力甚至精神上的"良好体验"。

因此，营销人员不要孤立地思考产品，而应该基于经验设计、生产和销售产品，并通过各种手段和方式产生综合效果，以增加消费体验。

2.2.5   体验价值的概念与内涵

1. 体验价值的概念

国内外学者从不同的角度研究体验价值。Csikszentmihalyi[12]从心理学角度研究体验价值，强调其具有主观性和差异性：在体验行为发生之前，消费者内心已经产生了"享乐"的心理预期，消费者通过亲自参与消费过程，接受企业提供的消费环境刺激，产生主观情绪感受。Schmitt[10]等从神经生物学角度研究体验价值，强调其具有情境性和整体性：体验价值是由外界消费情景刺激产生的，顾客对企业提供的营销努力所做出的一种被动反应。体验价值不同于顾客价值，它是顾客价值的更高层次，只有那些能够真正刺激顾客的感觉，并与顾客产生共鸣，甚至融入其生活方式中的体验才能产生高于顾客价值层次的体验价值。伴随着新的消费升级，顾客主动参与到企业的产品和服务设计、创造和消费的过程中，产生了一系列复杂、多样化的价值感觉或直觉状态，从而形成体验价值。

因此，体验价值区别于顾客价值，是消费者与服务提供者之间互动产生刺激，由刺激使消费者产生的愉快、乐趣、回报感等心理感受。

2. 体验价值维度的划分

对体验价值维度进行划分具有很重要的现实意义，只有了解了体验价值维度的构成，明白各个维度之间的关系，理解消费者行为，企业才能利用有限的资源制定优化的营销策略。

Holbrook 等[13]以内在价值与外在价值作为横轴的两端，主动价值与被动价值作为纵轴的两端将体验价值划分为四个象限。

有学者依据人需求的不同层次对体验价值进行划分。Sheth 等[14]从功能、社会、情感、认知和情景五个方面描述任何一种产品或服务提供的价值。在以芬兰百货商店购物为背景的研究下，Rintamaki 等[15]认为购物价值包括经济性(功能性)体验价值、享乐性体验价值和社会性体验价值。功能性体验价值即与产品的基本属性相关的体验价值；享乐性体验价值即消费者在体验过程中产生感情和情感；社会性体验价值指消费者借助产品和服务表达的自我形象和地位。Varshneya[16]对时尚零售业体验价值维度进行划分，首次将道德价值加入到体验价值维度中。

2.2.6   体验营销的形式

体验营销的形式包括以下五种。

(1) 知觉体验。知觉体验即感官体验，将视觉、听觉、触觉、味觉与嗅觉等知觉器官应用在体验营销上，可区分为公司与产品(识别)、引发消费者购买动机和增加产品的附加价值等。

(2) 思维体验。思维体验即以创意的方式引起消费者的惊奇、兴趣、对问题进行集中或分散的思考，为消费者创造认知和解决问题的体验。

(3) 行为体验。行为体验指通过增加消费者的身体体验，指出他们做事的替代方法、替代的生活形态与互动，丰富消费者的生活，从而使消费者被激发或自发地改变生活形态。

(4) 情感体验。情感体验即体现消费者内在的感情与情绪，使消费者在消费中感受到各种情感，如亲情、友情和爱情等。

(5) 相关体验。相关体验即以通过实践自我改进的个人情感，使别人对自己产生好感。它使消费者和一个较广泛的社会系统产生关联，从而建立对某种品牌的偏好。

2.2.7 体验营销的策略步骤

体验营销的策略主要包括以下步骤。

(1) 识别顾客。识别顾客就是要针对目标顾客提供购前体验，明确顾客范围，降低成本。同时还要对目标顾客进行细分，为不同类型的顾客提供不同方式、不同水平的体验。在运作方法上要注意信息由内向外传递的拓展性。

(2) 认识顾客。认识顾客就要深入了解目标顾客的特点、需求，知道他们的担心、顾虑。企业必须通过市场调查获取有关信息，并对信息进行筛选、分析，真正了解顾客的需求与顾虑，以便有针对性地提供相应的体验手段，来满足他们的需求，打消他们的顾虑。

(3) 理解顾客。要清楚顾客的利益点和顾虑点，根据其利益点和顾虑点决定在体验式销售过程中重点展示哪些部分。

(4) 确定体验。要确定产品的卖点，顾客从中体验并进行评价。例如理发，可以把后面的头发修得是否整齐、发型与脸型是否相符等作为体验的参数，这样在顾客体验后，就容易从这几个方面对产品(或服务)的好坏形成一个判断。

(5) 对标体验。在这个阶段，企业应该预先准备好让顾客体验的产品或设计好让顾客体验的服务，并确定好便于达到目标对象的渠道，以便目标对象进行体验活动。

(6) 评价控制。企业在实行体验式营销后，还要对前期的运作进行评估。评估要从以下几方面入手：效果如何；顾客是否满意；是否让顾客的风险得到了提前释放；风险释放后是否转移到了企业自身，转移了多少；企业能否承受。通过这些方面的审查和判断，企业可以了解前期的执行情况，并可重新修正运作的方式与流程，以便进入下一轮的运作。

2.2.8　体验营销的发展

在我国，体验营销已得到了一定的发展，在某些领域、某些行业取得了一定的成功。国内很多优秀企业已经可以开展体验营销，但仍有一些企业停留在滞后的营销理念中。

1. 营销观念的滞后

我国的大多数企业在实施体验营销的过程中仍然存在很多问题，其中最根本的原因是企业营销观念的滞后。中国消费者消费观念的改变、购买力的提高已使他们不再只满足于物质本身，而更多地倾向于心理和精神的需求，显然以突出产品特色和功效的传统营销观念已明显滞后于广大消费者的需求，不再适应中国经济的发展。

2. 体验营销在中国存在认识误区

对于大多数中国企业来说，体验营销只是一个概念上的术语。在具体实施中，多数企业仍感到无所适从，仍把它作为传统营销中的一种战术性手段运用，主要表现在：

一方面，企业为了在短期内提高产品销量或品牌知名度，而把体验营销作为暂时的一种策略手段，却没有将其作为企业未来发展的一项战略来进行；另一方面，大多数企业由于局限于组织的传统心智模式，而仅仅把体验营销的实施停留在营销过程的某一环节，却没有从系统动态的视角去审视这一新生事物。

3. 顾客参与度仍然相对较低

麦当劳一直骄傲地认为，自己为消费者提供的并不是产品，而是一种参与机会和经历。我国企业虽然也已开始注重让消费者参与到体验的制造过程及消费过程中，但顾客的参与度仍处于一个相对较低的层次上。真正能让消费者参与到产品的设计、制造和销售过程的企业少之又少。

4. 产品品质差强人意

产品品质是传统营销的核心，体验营销下的产品大多只是作为体验的载体而存在。尽管在体验营销的高级阶段，体验可以脱离产品而独立存在，但我国目前仍处于体验营销初级阶段，部分企业轻视甚至忽视产品品质而想加速发展的做法无异于拔苗助长，其结果可想而知。

2.3　场 景 营 销

移动互联网时代，标志着新购物时代的来临，便捷的购买场景、高效的购物环节、碎片化的购物时间……随时随地购物消费成为人们高频的消费行为特点。其主要特征是：越来越多的购物场景正在影响和改变消费者的消费决策过程。

场景可以是一个产品，可以是一种服务，也可以是无处不在、无时不在的身临其境的体验。伴随新"场景"创造，新的链接、新的体验、新的时尚、新的流行……层出不穷。认知水平的提升，给人们带来新的生活方式，即新场景的流行时代。例如，一个人穿着"可穿戴智能终端设备"，当他需要购买衣服时，传感器就会根据其喜欢的颜色、质地、款式、价位等信息，结合平时网络记录的用户行为轨迹、消费偏好及消费习惯，将其所需最合适的服装快速呈现在屏幕上，任由挑选。人工智能营造出来的场景正快速覆盖消费者生活中的方方面面。场景时代已然来临。

场景时代是现代科技的复合体，也是社会发展进步的重要标志之一。在移动互联网时代，场景是建立在移动智能设备、社交媒体、大数据、传感器、定位系统之上的整合式体验。它重构了人与人、人与市场、人与世间万物的联系方式。以移动互联网等为基础的智能设备与电子商务、文化娱乐、金融保险、信息通信等传统行业的连接和融合，已经悄悄地改变了人们的生活方式，将人们的生活植入一个特定的场景之中。

2.3.1　场景营销的含义

场景营销，也称为场景式营销，就是借助消费者所处的场景及特定的时间和空间，营造特定的场景，与消费者形成互动体验、完成消费行为的过程。

场景营销是基于网民的上网行为始终处在输入场景、搜索场景和浏览场景这三种场景之一的一种新营销理念。浏览器和搜索引擎广泛服务于资料搜集、信息获取和网络娱乐、网购等大部分网民的网络行为。

针对这三种场景，以充分尊重用户网络体验为先，围绕网民输入信息、搜索信息、获得信息的行为路径和上网场景，构建了以"兴趣引导+海量曝光+入口营销"为线索的网络营销新模式。用户在"感兴趣、需要和寻找"时，企业的营销推广信息才会出现，场景营销充分结合了用户的需求和目的，是一种充分满足推广企业"海量+精准"需求的营销方式。

2.3.2　场景营销的核心要素

场景营销的核心要素是场景体验、场景链接、大数据和社群场景[17]。

1. 场景体验：注重细节，提升用户体验

当用户打开一个消费型的 APP 时，如果发现首页显示的内容不仅满足了他原本的想法，甚至超出了其预期，那么他就会继续看下去。如果 APP 的版面设计、风格定位、使用舒适程度都满足了用户的喜好，再加上企业的首位用户满减活动等其他折扣优惠，那么这款 APP 就很有可能在该用户的心中迅速占据一席之地。由此可见，用户体验对产品的推广有重要作用。

2. 场景链接：注重场景融合

随着互联网的发展，多场景融合成为一个必然的趋势。在营销领域，设计出多元化的购物场景也成为营销的重点。产品的场景营销越是具有多场景切换的特点，就越能深入用户生活，引导用户完成购买的过程就越自然顺畅。

3. 大数据：融合线上线下数据，描绘用户画像

作为新兴的营销模式，场景营销和数字营销的结合也越来越紧密。随着互联网技术的升级和大数据技术的日渐成熟，场景营销中大数据技术的应用也越来越多。通过融合线上线下的数据，大数据技术能够帮助企业描绘出用户画像，使场景营销更加精准。大数据技术可以收集用户的性别、年龄、消费水平和偏好等数据，完成用户画像。在用户画像的基础上，用户场景的选取就会更加准确，场景营销带来的用户体验也会更好。

4. 社群场景：构建社群，优化场景运营

传统行业中的"社群"具体表现为各种品牌专柜、商场超市的"会员"。当用户成为该品牌的会员后，后续消费时会得到比普通消费者更大的优惠，从而将企业和用户的关系变得更加牢固。随着技术的发展，移动互联网颠覆了传统的营销渠道，商业开始转战各种社交平台、互动软件，构建社群的活动也从线下变成线上。利用更加垂直的品牌定位、更加精准的活动造势，企业可以引来更加"情投意合"的用户，打造一个完整的社群营销生态圈。

如今社群营销愈演愈热，微信、微博、快手、抖音等自媒体平台成为营销人员的必争之地。在这些自媒体平台中，接近零成本的投入便可构建一个消费倾向极为精准的社群圈子。企业只需通过满足、引导等营销手段，便能在社群中如鱼得水。营销的目的是为产品找到目标用户，而社群连接的人具有明显的标签化特征，为营销目的的达成提供了捷径。因此，构建社群是优化场景运营的重要手段。

2.3.3　场景营销的特点[18]

1. 注重细节

生活本身就是由无数细节组成的，场景营销也是如此，一般而言，营销场景也包含无数细节。在构建营销场景中，如实地挖掘现实生活场景，找到真正能触发消费者购买欲望的要素以后把产品植入场景并转化为场景语言或画面，让营销场景变得鲜活起来，获得消费者青睐，其中每一个细节都将发挥至关重要的作用。

2. 线上线下融合

从消费者体验入手，线上与线下联动，与消费者建立真正的沟通，将产品或服务信息精准传达给消费者。场景营销基于移动智能终端普及的优势，通过跨界多场景技术布局，实现与用户网上全场景无缝覆盖，用一个个贴近用户的实际生活场景让消费者置身于营销场景中，深化产品或服务体验。

3. 融入产品巧妙

将产品品牌融入场景，"让广告不像广告，让营销趋于无形"，能够"润物细无声"传播品牌信息，诱发消费者产生消费行为。生活服务场景因消费者所处的环境、服务的类型不同，展示的服务场景也应该有所不同。例如，消费者在餐馆等餐，不排队就是用户的即时需求；用餐时，不知道吃什么，美食推荐就是这一场景的用户需求，而这些需求也正是产品或服务营销的最佳契机。

4. 立体化

场景式营销中的立体化场景不是单一的场景，而是不同场景的多维组合，是基于不同元素组合而成的立体架构。移动互联网赋予场景式营销三个决定性因素：消费者时间、消费者空间和消费者需求。消费者时间决定了消费者是基于连续性流量，还是碎片化流量进行生活消费；消费者空间决定了消费者在什么场合、场所、位置进行生活消费；消费者需求则决定了消费者为什么要进行消费。

2.4　大数据营销

大数据营销随着大数据概念的提出已成为近几年内业界热议的焦点，但其在企业中的实际应用可追溯到 20 世纪末的美国。目前，随着媒体形式的丰富和信息技术的完善，大数据营销也随之变革。

在其发展过程中，企业营销的基本价值观共体现出了两种转变。

(1) 从媒体导向到用户导向。21 世纪初是基于眼球经济的大众媒体营销时代，企业作为品牌推广的实施者和受益者，为了使其宣传活动接触到更多的消费者就需要在受关注程度较高的网站、电视台或纸媒上投放广告，以达到提高营销效率的目的。然而，这种基于大众媒体的营销推广方式虽然到达率高、辐射面广，却无法切实掌握受众的动向并控制对其后续的影响。因此，企业从媒体导向到用户导向的营销模式转型迫在眉睫。基于客户端的定制化跟进式营销方式逐渐代替了传统的统一化一次性媒体投放模式，成为大数据营销的基础和前身。

(2) 从用户主观信息数据库到用户客观行为数据库。传统的数据营销是一种基于市场调研中的人工统计数据和其他用户主观信息(包括生活方式、价值取向等)来推测消费者的需求、购买的可能性和相应的购买力，从而帮助企业细分消费者、确立目标市场并进一步定位产品的营销模式。然而由于消费者主观判断的局限性和随意性，据此得出的企业各项调研指标和信息数据可能会误导相关营销人员作出偏离甚至错误的决策。因此，用户的主观信息数据已不再能满足企业营销的需要。相反，通过企业实际观测，能够全方位、多角度、精准、真实地反映用户需求，保存消费数据的用户客观行为数据库随着信息挖掘技术的日趋完善已成为企业营销的一项重要调研依据。

2.4.1　大数据营销的含义

大数据营销是指基于多平台的大量数据，依托大数据技术，应用于互联网广告行业的营销方式。大数据营销衍生于互联网行业，又作用于互联网行业。依托多平台的大数据采集，以及大数据技术的分析与预测能力，广告投放将更加精准有效，给品牌企业带来更高的投资回报率。

大数据营销的核心在于让网络广告在合适的时间，通过合适的载体，以合适的方式，投给合适的人。随着数字生活空间的普及，全球的信息总量正呈现爆炸式增长。基于这个趋势之上的，是大数据、云计算等新概念和新范式的广泛兴起，它们无疑正引领着新一轮的互联网风潮。

2.4.2　大数据营销的特点

1. 多平台化数据采集

大数据的数据来源通常是多样化的，多平台化数据采集能使对网民行为的刻画更加全面而准确。多平台化数据采集可包含互联网、移动互联网、广电网、智能电视等数据，未来还有户外智能屏等数据。

2. 时效性强

在网络时代，网民的消费行为和购买方式极易在短时间内发生变化。在网民需求点最高时及时进行营销非常重要。全球领先的大数据营销企业 AdTime 对此提出了时间营销策略，它可通过技术手段充分了解网民的需求，并及时响应每一个网民当前的需求，让他在决定购买的"黄金时间"内及时接收到商品广告。

3. 关联性强

大数据营销的一个重要特点在于网民关注的广告与广告之间的关联性。通过大数据分析能够快速得知目标受众关注的内容，并知晓网民身在何处，这些有价值的信息可以让广告的投放过程产生前所未有的关联性，也就是网民看到的上一条广告可与下一条广告进行深度互动。

4. 个性化营销

在网络时代，广告主的营销理念已从"媒体导向"向"受众导向"转变。以往的营销活动须以媒体为导向，选择知名度高、浏览量大的媒体进行投放。如今，广告主完全以受众为导向进行广告营销，因为大数据技术能够让他们知晓目标受众身处何方，关注着什么位置的什么屏幕。大数据技术可以做到当不同用户关注同一媒体的相同界面时，广告内容有所不同，大数据营销实现了对网民的个性化营销。

5. 性价比高

和传统广告"一半的广告费被浪费掉"相比，大数据营销在最大限度上让广告主的投放做到有的放矢，并可根据实时性的效果反馈，及时对投放策略进行调整。

2.4.3 大数据营销的主要用途

1. 基于用户的需求定制改善产品

消费者在有意或无意中留下的信息数据作为其潜在需求的体现，是企业定制改善产品的一项有力根据[19]。例如，ZARA 公司内部的全球资讯网络会定期把从各分店收集到的顾客意见和建议汇总一并传递给总部的设计人员，由总部作出决策后再立刻将新的设计传送到生产线，直到最终实现"数据造衣"的全过程。利用这一点，ZARA 作为一个标准化与本土化战略并行的公司，还分析出了各地的区域流行色，并在保持其服饰整体欧美风格不变的大前提下做出了最靠近客户需求的市场区隔。同样，在 ZARA 的网络商店内，消费者意见也作为一项市场调研大数据参与企业产品的研发和生产，由此映射出的前沿观点和时尚潮流还让"快速时尚"成为 ZARA 的品牌代名词。

2. 开展精准的推广活动

基于数据的精准推广活动可大致分为三类。

(1) 企业作为其产品的经营者可以通过大数据的分析定位到有特定潜在需求的受众人群，并针对这一群体进行有效的定向推广以达到刺激消费的目的[20]。例如，红米手机在 QQ 空间上的首发就是一项成功的"大数据找人"精准营销案例。通过对海量用户的行为(包括点赞、关注相关主页等)和他们的身份信息(包括年龄、受教育程度、社交圈等)进行筛选后，公司从 6 亿 QQ 空间用户中选出了 5000万可能对红米手机感兴趣的用户，作为此次定向投放广告和推送红米活动的目标群体，并最终预售成功。

(2) 针对既有的消费者，企业可以通过用户的行为数据分析他们各自的购物习惯并按照其特定的购物偏好、独特的购买倾向，一对一地进行定制化商品推送。例如，沃尔玛的建议购买清单、亚马逊的产品推荐页等，都是个性化产品推荐为企业带来可预测销售额的体现。

(3) 企业可以依据既有消费者各自不同的人物特征将受众按照"标签"细分(如"网购达人")，再用不同的侧重方式和定制化的活动向这些类群进行定向的精准营销。对于价格敏感者，企业需要适当地推送性价比相对较高的产品并加送一些电子优惠券以刺激其消费；而针对喜欢干脆购物的人，商家则要少些干扰并帮助其尽快地完成购物。

3. 维系客户关系

召回购物放弃者和挽留流失的老客户也是一种大数据在商业中的应用[19]。例如，中国移动通过客服电话向流失到联通的移动老客户介绍最新的优惠资讯；餐厅通过会员留下的通信信息向其推送打折优惠券来提醒久不光顾的老客户来店里消费；Youtube 根据用户以往的收视习惯确定近期的互动名单，并据此给可能濒临流失的用户发送相关邮件，以提醒并鼓励他们重新回来观看；等等。大数据帮助企业识别各类用户，而针对忠诚度各异的消费者实行"差别对待"和"量体裁衣"，是企业客户管理中一项重要的理念基础。

2.4.4　大数据营销的机会点

1. 用户行为与特征分析

只有积累足够的用户数据，才能分析出用户的喜好与购买习惯，甚至做到"比用户更了解用户自己"。这一点，才是许多大数据营销的前提与出发点。

2. 精准营销信息推送支撑

精准营销总被提及，但是真正做到的少之又少，反而是垃圾信息泛滥。究其原因，主要就是过去名义上的精准营销并不怎么精准，因为其缺少用户特征数据支撑及详细准确的分析。

3. 引导产品生产投用户之所好

如果能在产品生产之前了解潜在用户的主要特征，以及他们对产品的期待，那么产品生产即可投其所好。

4. 竞争对手监测与品牌传播

竞争对手在干什么是许多企业想了解的，可以通过大数据监测分析得知。品牌传播的有效性也可通过大数据分析找准方向。例如，可以进行传播趋势分析、内容特征分析、互动用户分析、正负情绪分类、口碑品类分析、产品属性分布等，可以通过监测掌握竞争对手传播态势，并可以参考行业标杆用户策划，根据用户反馈策划内容，甚至可以评估微博矩阵运营效果[19]。

5. 品牌危机监测及管理支持

新媒体时代，品牌危机使许多企业谈虎色变，然而大数据可以让企业提前对危机有所洞悉。在危机爆发过程中，最需要的是跟踪危机传播趋势，识别重要参与人员，方便快速应对。大数据可以采集负面定义内容，及时启动危机跟踪和报警，按照人群社会属性分析，聚类事件过程中的观点，识别关键人物及传播路径，进而可以保护企业、产品的声誉，抓住源头和关键节点，快速有效地处理危机[20]。

6. 企业重点客户筛选

许多企业家纠结的是：在企业的用户、好友与粉丝中，哪些是最有价值的用户？有了大数据，或许这一切都可以更加有事实支撑。从用户访问的各种网站可判断其最近关心的东西是否与企业相关；从用户在社会化媒体上发布的各类内容及与他人互动的内容中，可以找出千丝万缕的信息，利用某种规则关联及综合起来，就可以帮助企业筛选重点的目标用户。

7. 改善用户体验

要改善用户体验，关键在于真正了解用户及他们使用产品的状况，做最适时的提醒。例如，在大数据时代，只要通过遍布全车的传感器收集车辆运行信息，在汽车关键部件发生问题之前，提前向用户或 4S 店预警，这不仅是节省金钱，而且对保护生命大有裨益。事实上，美国的 UPS 快递公司早在 2000 年就利用这种基于大数据的预测性分析系统检测全美 60000 辆车辆的实时车况，以便及时地进行防御性修理。

8. 社会化客户关系中的客户分级管理支持

面对日新月异的新媒体，许多企业通过对粉丝的公开内容和互动记录分析，将粉丝转化为潜在用户，激活社会化资产价值，并对潜在用户进行多个维度的画像。大数据可以分析活跃粉丝的互动内容，设定消费者画像的各种规则，关联潜在用户与会员数据以及客服数据，筛选目标群体做精准营销，进而可以使传统客户关系管理结合社会化数据，丰富用户不同维度的标签，并可动态更新消费者生命周期数据，保持信息的新鲜有效。

9. 发现新市场与新趋势

基于大数据的分析与预测，对帮助企业家提供新市场洞察与把握经济走向来说都是极大的支持。

10. 市场预测与决策分析支持

对于数据对市场预测及决策分析的支持，早在数据分析与数据挖掘盛行的年代就提出过。例如，沃尔玛著名的"啤酒与尿布"案例即是那时的杰作。只是由于大数据时代数据的规模庞大以及类型多样，对数据分析与数据挖掘提出了新要求。更全面、更及时的大数据，必然可对市场预测及决策分析提供更好的支撑，而似是而非或错误的、过时的数据对决策者则是灾难。

2.5　新媒体营销

在 Web 2.0 带来巨大革新的时代，营销方式也发生变革，互联网已经进入新媒体传播时代。新媒体是主要借助电子通信技术进行信息传播的一种新的媒介方式，如网络杂志、微博、微信、小红书、抖音、社群等，某种程度上也称为社交媒体。沟通性(communication)、差异性(variation)、创造性(creativity)、关联性(relation)、体验性(experience)成为新媒体的必要条件。新媒体的出现依赖于互联网，同时又从某种意义上推动了互联网技术的飞跃发展。

2.5.1　新媒体营销的概念

新媒体营销就是用当下最流行的新媒体途径(如微信、微博等线上社交平台，电子刊物，网站或软件，网络视频等)作为载体，运用现代营销理论和互联网的整体环境进行的营销方式。

互联网时代的新媒体营销，为商业经济的发展带来新的机遇，同时开拓出一片新的发展领域，从另一个角度来说，也使人们的日常生活变得更加丰富、多元和便捷。

新媒体营销并不是单一地通过上述渠道中的一种进行营销，而是需要多种渠道整合营销，甚至在营销资金充裕的情况下，可以与传统媒体营销相结合，形成全方位立体式营销。

2.5.2　新媒体营销的特点

就内容而言，新媒体既可以传播文字，又可以传播声音和图像；就传播过程而言，新媒体既可以通过流媒体的方式进行线性传播，又可以通过存储、读取的方式进行非线性传播。与传统媒体相比，新媒体主要具有以下特点[21]。

1. 交互性

交互性是新媒体与传统媒体最大的区别。传统媒体属于单向传播，无论是电视、杂志还是报纸，都是单向传播信息，交互性较差。在新媒体环境下，信息的传输是双向或多向的，传播者与接收者之间能够进行信息的相互传递。信息传播的双方可以随时对信息进行反馈、评论、补充和互动，这样能最大限度地调动接收者的参与性和主动性，实现双向的信息交流。

2. 开放性

传统媒体在发布信息时必须获得授权或取得相关资质。在新媒体环境下，用户可以随时随地通过互联网进行信息的发布与传播。用户可以作为信息的传播者自由发布自己的意见与观点，评论或转载他人的信息，也可以通过网络获取更多的信息。

3. 即时性

传统媒体在发布信息时往往需要诸多环节，这必然会造成信息的滞后。而新媒体不受诸多外在因素的制约，用户可以直接通过手机等智能终端进行"现场直播"，做到随拍随发，实现无时间、无空间限制的"超时空"传播。通过新媒体，用户可以随时了解世界各地发生的事，做到"足不出户，便知天下事"。

4. 丰富性

新媒体依托数字技术、信息技术和移动通信技术等形成了巨大的网络体系，其表现形式多样，可将文字、音频、视频融为一体，做到即时地、无限地扩展内容，从而使内容变得生动形象。

5. 数字化

传统媒体在发布信息时，其形式和内容通常都比较单一，而新媒体的数字化以信息技术和数字技术为主导，以大众传播理论为依据，融合文化与艺术，将数字信息传播技术应用到了文化、艺术、商业、教育和管理等众多领域中。

6. 个性化

一方面，新媒体可以基于用户的使用习惯、偏好和特点等，专门为其提供能满足各种个性化需求的服务，实现信息传播的个性化；另一方面，用户也可以通过新媒体选择信息、搜索信息甚至订制信息，其传播的信息内容与个人喜好密切相关，具有个性化的特点。

7. 传播综合性

新媒体传播是多种技术和途径的融合，具有综合性的特点。新媒体打破了传统媒体的单一分工模式和界限，催生了媒体之间的融合，使信息的传递更加全面翔实。例如，如今电视和广播节目均可在网络新媒体上被用户实时接收，重大公共事件在传统媒体平台上报道的同时，也会在微博或网站等新媒体平台上得到同步报道。

2.5.3　常用的新媒体营销策略

1. 口碑营销

口碑营销是指企业通过一定的口碑推广计划，为消费者提供真正符合他们需求的产品或服务，让消费者自动传播对于产品和服务的良好评价，让人们通过口碑了解产品，提高品牌影响度，最终达到销售产品和提供服务的目的。在现在这个信息爆炸、媒体泛滥、资讯快速更替的时代，消费者对广告、新闻等资讯都具有极强的免疫力。要想吸引大众的关注与讨论就需要创造新颖的口碑传播内容。随着营销手段的不断发展与完善、营销内容的五花八门，能够经营好口碑营销，成为很多企业营销的最终目的和价值标准。

2. 互动式营销

互动式营销是指企业在营销过程中充分吸取消费者的意见和建议，用于产品的营销和服务，通过不断与消费者互动，了解消费者需求，为企业的市场运作服务。新媒体相较于传统媒体，最大的特点就是互动。新媒体可以拉近企业和消费者之间的距离，产生强烈的互动。而想要有互动的产生，首先就需要抓住双方的利益共同点，找到其中巧妙的沟通时间和方法，将彼此紧密连接在一起。互动营销是一种双方共同采取的行为。互动营销最大的优点就是可以促进消费者重复购买，有效地支撑关联销售、了解消费者的真正痛点、建立长期的客户忠诚、实现顾客利益最大化[22]。在不远的未来，许多企业都会将互动营销作为营销战略的重要组成部分。

3. 会员营销

会员营销是指企业通过发展会员，提供差别化的服务和精准的营销，提高顾客忠诚度，从而提升顾客终身价值，提高企业长期利润。这种营销方式在传统媒体营销中也经常应用。在新媒体营销中，其价值更是被最大化地开发。利用新媒体背后的大数据，对于消费者、潜在客户的信息进行挖掘，来细分客户种类，并对相应的用户采取更为合适的促销手段。会员营销是一门精准的营销方法，它需要通过设计完整的商业环节，把每一项工作不断做到极致，达成更高的指标，实现企业效益和规模的不断扩大。

4. 情感营销

如今是一个情感消费的时代，消费者购买商品时看中的已不单单是商品质量、价格这些因素了，更多的时候是一种感情上的满足、一种心理上的认同。而情感营销就是把消费者个人的情感差异和需求纳入企业营销推广的战略设计考虑，通过情感包装、情感促销、情感广告、情感口碑、情感设计等策略实现企业的营销目标。其最终的目的就是引起消费者的共鸣，为企业品牌建立一种更加立体化的形象。

5. 事件营销

事件营销就是利用有新闻价值、社会影响以及名人效应的人物或事件，通过策划、组织等技巧来吸引媒体、消费者的兴趣和关注。其主要是为了提高企业产品/服务的认知度和美誉度，为品牌的建立树立良好的形象。

6. 饥饿营销

饥饿营销已经不是什么新鲜的词汇了。饥饿营销可以有效提升产品的销售量，为未来大量销售奠定客户基础，同时也可以在未来给品牌带来高附加价值，从而为品牌树立起高价值的形象。但是饥饿营销的使用也需要看情况，并不是每一个企业都可以。在市场竞争不充分、消费者心态不够成熟、产品综合竞争力和不可替代性较强的情况下，饥饿营销才能较好地发挥作用。

7. 病毒式营销

病毒式营销用一句话来概括就是，利用大众的积极性和人际网络，让营销信息像病毒一样进行传播和扩散。其特点就是快速复制、广泛传播并能留下深刻印象。病毒式营销可以说是新媒体营销最常用的手段，可用于产品、服务的推广。这种方法最主要的作用就是让人们对品牌产生印象。

8. 知识营销

知识营销就是通过有效的传播方法和合适的传播渠道，将企业拥有的对用户有价值的知识传递给潜在用户。知识营销有一个最基本的核心点就是：要让用户在消费的同时学到新的知识。用知识来推动营销，需要我们提高营销活动策划中知识的含量。重视和强调知识作为纽带的作用，帮助消费者获取某一方面的知识，甚至有些企业直接提供的就是认知服务。

9. 名人效应营销

名人效应是名人的出现达成的引人注意、强化事物、扩大影响的效应，或人们模仿名人的心理现象的统称。名人效应营销，就是利用名人效应进行企业产品和服务的宣传推广，将名人的影响力和企业的产品或品牌进行关联，从而提升企业品牌的知名度。所以，意见领袖关系的维护极其重要。网民在社交媒体上都有自己的"圈子"和"朋友"，每个"朋友"在口碑传播上都有着不可小视的推荐作用，特别是意见领袖，在社交媒体时代，他们的号召力越来越大。目前常见的达人直播营销就是典型的名人效应。

媒介融合已逐渐成为社交媒体营销策略中必不可少的一个环节。不论是微博还是微信，官方微博和公众平台都有着巨大的影响力，传统媒体通过新媒体建立的官方平台粉丝数众多，这种新型的营销方式将传统媒体与新媒体结合在一起，形成线上线下双向有效的互动机制，丰富了社交媒体的营销内容，为传统媒体营销注入了新的活力。

2.6　人工智能营销

目前，人工智能(artificial intelligence，AI)已经改变了我们的工作和生活。根据埃森哲(Accenture)的研究，到 2035 年，人工智能有可能将所有行业的经济增长率提高 1.7%，并将生产力提高 40%或更高。今天，人工智能已经不是一个新鲜概念，随着技术的日益复杂，人工智能正不断扩大在营销等商业领域的应用：各类算法能够在海量大数据中迅速查到所需信息，效率超过人工万倍；人脸识别、语音登录、广告和内容的精准投放等，都是人工智能技术为商业带来的进步。

　　人工智能营销(artificial intelligence marketing)，简单来说就是运用人工智能技术开展的市场营销活动。计算机视觉、语音识别、自然语言处理、机器学习等技术的广泛应用正在掀起一场新的营销革命[23]。

2.6.1　人工智能营销的价值[23,24]

　　人工智能正在深刻改变营销的方方面面，从消费者研究的视角来看，人工智能营销主要有以下几个重要价值[23]。

　　1. 全方位、立体式地洞察消费者

　　伴随着互联网技术文明的发展、信息的极大充裕，消费者的视野更加开阔，消费者呈现多样化。在这种情况下，以往划分的各消费者群体进一步细化，需要通过大量标签进行定义，通过传统方式洞察消费者形成的消费者画像较为粗犷且流于表面，而人工智能可以分析消费者的行为特征、真实状态和精神内核，从而完成对消费者的立体洞察。人工智能正在改变营销人员深度获取消费者信息的方式，帮助营销人员为消费者提供更多与之关联的内容；通过了解社交档案、活动、天气和行为之类的信息，帮助营销人员在更细微的层面了解消费者需求。

　　2. 信息精准、个性化地触达消费者

　　传统的营销是一种一维营销，在一定的时间内向所有人投放；后来兴起的社会化媒体营销和搜索引擎营销则是二维营销，即考虑了时间和空间两个维度，在一定时间内按一定的细分人群进行投放；移动媒体的发展使营销信息按照时间、位置和细分人群三个维度进行适当的推送成为可能；而人工智能实现的则是时间、空间、人群、情感场景四维的组合，它分析目标受众(target audiences，TA)的特征，进行情感沟通和场景适配，做到了"千人千面"，既精准又个性化。个性化体现在人工智能对海量数据的深度学习，可以跟踪并全面分析消费者行为，继而成为最了解消费者的营销助手，为营销人员提供最适合消费者的个性化营销建议。

　　3. 互动引发消费者新体验

　　人工智能营销本身的优势在于其技术力量，它能够对大数据进行深度学习，从而达到智能化目标[24]。例如，百度机器人"小度"可以进行语音识别、机器学习和自然语言处理，用户可以使用文字、图片或者语音与"小度"进行交流沟通。通过百度的智能交互以及搜索技术，"小度"可以理解用户的需求，从而把用户需要的信息反馈给他们。在营销传播方面，人工智能与虚拟现实(virtual reality，VR)技术相结合，通过互动感和沉浸感吸引消费者的眼球。

2.6.2　人工智能营销的应用

1. 消费者分析

人工智能现在可以推动客户细分、通知推送、点击跟踪、重新定位和内容创建[23]。营销人员正在利用人工智能获取产品和广告方面的建议，以及对用户的行为进行资料分析并改善客户服务。

2. 留住客户并提高其忠诚度

对于市场营销人员，人工智能带来了一个明确而巨大的机会，让他们可以创造价值，就是留住客户并提高客户忠诚度。对于零售商和制造商，如果他们拥有直接面向消费者的平台，并且有强大的客户关系管理程序，情况就更加如此。这些程序可以结合多个来源的数据，产生有意义的见解，从而帮助企业了解如何让客户回购。

3. 实时管理所有渠道的客户

对于市场营销和零售营销，人工智能带来的最令人兴奋的可能性之一就是它能够实时管理所有渠道上的客户互动。很多时候，品牌成败的关键在于企业是否能够在响应客户反馈的同时调整自己的策略。对于那些愿意倾听客户心声的企业，人工智能可以提供有意义的客户数据库。

4. 精准广告定位

2019 年，营销自动化已经成为企业的流行语，2020 年仍是如此。如今，在人工智能的帮助下，对大数据的利用变得更加有效：在越来越庞大而细致的数据基础上，人工智能把具备相同或相似行为习惯的消费者加以细分、组群，进而根据社群的共性，制作更加个性化的内容并更加精准地推送，结合先进的广告定位工具，可以有效地定位目标受众，极大提高了营销的投入产出比。

5. 内容推荐

内容推荐是当今市场营销和传播的常见方式之一。人工智能的加入，让这种模式如虎添翼。实际上，内容推荐功能的最大价值，是自动推送公司计划外，甚至根本"不知道"的有益内容。现在，新闻媒体、电商网站每天都会根据用户的浏览历史，自动推荐一些用户感兴趣的文章和商品，而这是在这些商品的制造商和作者并不知道的情况下进行的。可以预见，从提供品牌购买的意见，到广告文本的写作风格，再到网站界面的设计，人工智能的作用将一步步覆盖到当代市场营销的方方面面。

6. 优质内容写作

当前已经有越来越多的媒体开始引入人工智能进行一般新闻的撰写，这意味着人工智能将逐渐具备高效、快速编撰内容的能力——将原始数据转化为叙事文章并自动生成标题，这同样意味着人工智能有能力在文案写作方面引导企业的营销转型。目前，人工智能写作系统在许多企业得到应用。通过一种可将数据变为符合人类阅读习惯文本的"自然语言生成"技术，能够自动收集与主题相关的信息，然后从中筛选有价值的部分，最后形成可阅读的文案。尽管这些内容在文法上仍显干涩，但都包含所有阅读者需要的各类信息、数据，有些甚至有着连贯的上下文关系。这一技术还将提高营销人员的效率。借助人工智能，他们可以改进海报、直邮广告等写作质量，通过搜索引擎优化(search engine optimization，SEO)提高营销工作的效果，实现个性化内容传播。

7. 预测未来趋势

在营销领域，企业是可以对市场的未来趋势做出预测的，只是非常困难。人工智能的出现，让企业预测趋势的把握大大提高。当今是数据爆炸的时代，发达的信息技术让人们能够从不计其数的渠道获取各类数据。而经过精密分析后，这些都将成为企业做出决策的依据。借助特殊的智能算法，人工智能首先在数以百万计的数据中遴选出与企业、行业和消费者相关的有效信息。以此为基础，人工智能将构建一套能够以一定准确率对各种潜在结果进行预估的模型。这个模型当然不是万能和绝对正确的，但可以带来销售和用户数量的双增长。

第二篇　营销智能理论

第3章 营销智能概述

3.1 营销智能的定义

营销智能(marketing intelligence)旨在应用人工智能、大数据挖掘、客户关系管理、人工智能数据处理和信息识别等技术，从多源异构的海量数据信息开始，以企业高效营销为目标导向，将智能化的数据信息的采集、处理、分析、应用纳入企业生产营销环节中，实现企业全面的数字化、智能化、技术化的新营销模式，帮助企业更高效地增长。智能技术将成为营销的下一代支持技术，营销智能是一种智能的营销运作形式。

营销智能的特征主要包含以下两个方面。

(1) 智能科技贯穿营销全过程。随着人工智能、AR/VR(增强现实/虚拟现实)、物联网、大数据等技术的成熟，部分领先的营销企业已经开始应用这些数字科技，提升消费者的全过程体验，并降低运营成本。例如，在实体店内利用人工智能技术，结合摄像头、智能货架、移动支付等手段，对消费者的外貌特征、产品偏好、情绪变化、消费记录等信息进行汇总，实现线下流量的数据化。苏宁的无人快递车"卧龙一号"、百度的智能音箱"小度"等正是智能科技的产物。

(2) 营销智能助力品牌传播创新。人工智能经历了算法智能、感知智能、认知智能三个阶段的变化，"人工智能+媒体"将为品牌带来新一层面的智能传播与营销创新。富媒体时代解决了品牌信息全面覆盖的问题，基于技术与平台的整合品牌传播，能够精准地将品牌与用户的互动进行连接，为营销活动带来附加值。未来智能营销将走向智能传播，即基于大数据分析的智能化算法推荐与传播。其特点是精准匹配、动态预测用户需求，传播速度效率高，沉浸式场景体验，千人千面地推荐传播。

3.2 营销智能的支持技术

营销智能主要有以下支持技术。

1. 虚拟仿真技术

虚拟现实技术是虚拟实情，操作者进入虚拟环境后有身临其境的感觉，并可通过遥控改变环境。仿真技术包括物理仿真、数学仿真和实物仿真。这些都是营销智能支持技术的重要组成部分。利用虚拟仿真技术和生物智能技术研制出"营销大脑",可以解决营销中的具体问题。

2. 智能全媒体技术

智能全媒体主要包括两个方面的技术,即单一数据库和一致窗口接口。其软件系统包括正文编辑、图形编辑、数据库管理和三维阅览工具。在屏幕上的窗口是与数据库中的目标即信息节点相联系的,且这些目标之间相互连接。营销智能全媒体是智能营销人机接口的有力支持工具。

3. 营销智能专家系统

营销智能专家系统是利用营销专家专业知识和计算机技术手段实现人工智能的结果,可以为客户提供营销问题的解决办法。其一般由三部分组成:知识库、推理机和用户接口。知识库包含领域知识与知识规则,推理机用于知识推理及决策,用户接口是人机交互的通道。

4. 营销智能机器人

营销智能机器人是具有某些生物器官功能、用以完成特定操作或任务的应用程序控制的机械电子装置。它具有人类器官的各种功能,能自动识别周围环境并自动做出行动规划。营销智能机器人未来将在营销客服等领域广泛应用。

3.3 智能营销与营销智能的区别与联系

随着人工智能技术的发展,人工智能成为新一轮科技革命的核心驱动力,智能营销成为热点之一。营销早已不是单纯拍广告投广告,而是围绕消费者需求形成一个闭环,要"创造需求,激发需求,最终满足需求"。智能营销可以针对产品、营销、销售、售后这四个环节的各种不同场景提供全域服务,这四个环节组成了企业生产业务的完整链条。整个链条涵盖从分析产品的竞争优势和品牌定位,到选择最有价值的广告投放方式,到销量预测,再到售后的客户价值分析、流失预测等。这些信息都是企业调整自身产品营销方式和线下店铺布局的重要依据。例如,根据搜索的关键字快速识别用户查询意图,为买方用户提供所需产品及相应供应商;而在商品的查询、检索过程中,根据历史订单和企业能力匹配所需产品,提高信息查询及检索的响应准确率。

数据是开展智能营销的基础。智能营销不是简单地将现有人工智能技术应用到营销中,而是在现有技术的基础上,结合营销需求,对人工智能进行相应的再创造。在传统营销模式下，买方用户购买意图只能通过与营销员沟通获取，非常考验营销员的能力以及对业务的熟悉程度，再加上传统线下营销投入大、成本高、沟通困难等问题，使供需双方难以快速达成交易意向。针对传统模式下的企业营销痛点，利用人工智能技术打造的智能营销平台，通过聚合平台内的企业、产品、需求等数据，建立能力和画像模型，实现对供应商、营销员、买方用户的精准匹配，以及用户的需求洞察和意图识别等。

智能营销分成三个层次，底层是一个多维的数据，包括传统数据、另类数据及其应用，传统数据加上新科技的辅助，能做到一个更全面和更具前瞻性的数据跟踪；底层之上是在数据的支持下，基本面逻辑和知识的突破，包括人对事物认知的深度、价值观和标准，决定了基本面框架是否完善和具有前瞻性；最后，将底层和上层结合起来，再辅以机器学习，让机器学习辅助人的决策，做到决策的有效性和纪律性，防止人的喜怒哀乐影响投资决策等。

如前所述，智能营销主要通过大数据等技术，实现营销流程的智能化，包括快速识别用户查询意图，为用户匹配所需用品，推荐潜在需求的产品等。而营销智能则通过人工智能的精准匹配，重塑消费者需求和企业产品间的关系，为用户创造更大价值，达到提高"客户终生价值"的目标。随着业务范式的转变，用户和企业的关系范式也将发生转变，即从消费关系转成利益共生关系，客户不再只是"客人"，而变成与企业关系更紧密、利益更一致的"家人"。

在 5G 时代，营销智能将迎来更广阔的空间。更多的数据被获得，人工智能将得到更多的训练，而被人工智能赋能的营销也将变得更聪明，其最大的特点就是具有自我学习、自我迭代、自我成长的能力。也就是说，通过积累消费者数据以形成清晰的消费者画像，有了"先见之明"，找到为消费者创造更大价值、不断提升"客户终生价值"的路径。然后通过实时感知、全域追踪、智能涌现、敏捷响应等构建营销感知-响应反馈的闭环。在这些环节中，企业悉心挖掘、捕捉用户需求，并使出浑身解数以提供服务。在这个过程中耐心和细心尤为重要，更快、更及时的营销模式也必不可少。

3.4　营销智能的意义与价值

营销智能使得数据智能采集、品牌识别、多方安全数据可行性计算、语义识别、机器学习、内容生产与分发、智能硬件与软件等营销智能技术与全域数字化营销的实际需求深度融合，实现营销领域的人工智能应用，同时加快各地营销智能及人工智能领域关键技术的转化应用，促进技术集成与商业模式创新，推动营销领域智能产品创新，培育营销智能新兴业态，开发具有全域营销覆盖、快速分析、自动感知、智能决策的营销技术产品，实现消费者与企业品牌产品间情感交流和需求满足的良性循环，全面推动各行业的企业营销效率升级。

1. 推动营销智能技术的开放和共享

通过搭建营销智能开放创新平台，开放技术能力，共建智能技术工具，让众多企业和个人找到帮助自身发展的业界领先营销智能和人工智能技术，并进行高效交流、研讨营销智能及人工智能技术的应用模式，以达到快速搭建不同场景的人工智能应用的效果；同时根据平台用户的反馈，对平台进行迭代优化，依托群体智慧的力量，不断对营销智能及人工智能技术进行普及和应用，使企业营销效率不断优化提升，企业营销智能的结果也更精确，使营销智能开放创新平台能够在良性生态中自生长。

2. 加速营销智能技术的研发和创新

通过营销智能开放创新平台的建设，将营销行业和人工智能领域的顶尖人才聚集在一起，结合我国实际国情与特色，共同探讨和研究营销智能的构建和应用，以及深度学习算法、多方安全数据可行性计算、语音图像的智能识别、营销智能分析模型等技术，加速营销智能和人工智能技术的原理性创新突破。同时，开放创新平台在以人工智能助力相关产业发展过程中，会根据不同行业、不同地域、不同场景，更加有效、准确地掌握所研发的营销智能及人工智能技术和服务在真实应用场景下的效果和需求迫切程度，有助于营销智能开放创新平台核心技术研发团队及时、准确地设定研发方向，有针对性地推进开放平台核心技术的研发，大幅提升营销智能及人工智能技术的研发效率，突破营销智能前沿技术瓶颈，赶超国际先进水平。

3. 助力中国品牌全球化

通过营销智能开放创新平台，吸引众多对营销智能及人工智能技术应用有迫切需求或是有浓厚兴趣的优秀企业、团体和个人，以平台众多场景数据、应用框架、行业动态、专家经验为基础，辐射全国。一方面可以帮助其快速且有效地解决在各自服务的行业领域面临的营销问题，更好地服务行业客户、赋能行业发展；另一方面也可以帮助企业、团体或者个人在此基础上结合自身所处的行业特点、问题和诉求进行二次创新应用，在更多地区、更多行业、更多场景全面推动以营销智能为核心技术的人工智能场景应用落地，全面推动中国企业在营销效率上的发展。

此外，借助中国现阶段数字化发展优势和在数字化营销上的领先性探索经验，通过营销智能开放创新平台，帮助有实力、有愿景的中国品牌进行国际化发展，在全球化的营销渠道中，通过营销技术、营销智能在全球市场上建立中国品牌的高影响力，并在营销领域建立"中国营销技术，中国智能营销"领先性的影响力。

4. 推动营销效率的全面升级

在国家对产业发展规划的总体指导下，充分结合我国人口众多、经济发展迅速、市场范围大、行业场景丰富、需求量大等特点，通过企业、团体、个人在使用营销智能开放创新平台搭建不同行业应用过程中，结合不同地域的特色，不断收集各行业营销数据和需求，丰富平台的营销智能及人工智能应用模型，有效地将政、产、学、研、用相结合，共同加快各地人工智能领域关键技术的转化应用，促进技术集成与商业模式创新，推动重点领域智能产品创新，培育人工智能新兴业态，开发具有领先的营销数据信息(图像、视频、文字、内容等)的采集、识别、计算、学习、分析、智能运行等功能的智能营销技术产品，实现生产企业与消费者间沟通的良性循环，推动中国企业营销效率的智能升级。

3.5 营销智能的历史与发展

营销智能是伴随着人工智能、大数据、云计算技术发展而提出的概念。营销智能的发展可分为四个阶段。营销智能 1.0 时代处于卖方市场，产品较少，主要以产品销售为中心；营销智能 2.0 时代将营销从以产品为中心转移为以消费者为中心，产生的背景是市场权利从卖方转移向买方；营销智能 3.0 时代主要是情感营销时代，以媒体创新、内容创新、传播沟通方式创新去获取目标受众，该阶段营销较为普遍的理论为精准营销、网络营销、口碑营销等，讲究运用互联网技术进行传播；营销智能 4.0 时代主要是以消费者的个性化、碎片化需求为中心，满足消费者动态需求。

营销智能的发展趋势和方向有以下三方面。

1. 平台联动

当平台和品牌价值凸显都在自诩"更智能"的时候，在技术趋同、数据深耕的大军中，如何辨别真伪，如何做到优中取胜，除了有硬实力以外，包括技术的创新、数据的积累、场景的打通等，还要有软实力，这主要体现在对营销智能方法论的制定以及发展方向的引导和建构上。

随着数据的大爆发，以"智能"为核心关键词，数据之间的贯通(数据的广度)、基于营销和数据的场景融合(数据的深度)将是接下来的突破点。因此，平台之间产品的数据聚合尤为重要。让数据赋能投放，拿到有用的数据，并对数据进行锤炼和优化，需要有强大的平台技术支持。通过统一的标识打通数据孤岛，进而进行全景数据识别，在这样的基础上实现多场景的整合营销智能。

2. 全链追踪

打通全链路数据，对用户消费需求进行全维度精准追踪的发展是无止境的，智能营销使得消费者的消费需求可预测。消费需求是一环紧扣一环向前发展的，由此形成消费链路。决定消费链不断前行的有多种因子。正是这些因子推动着消费链的前行，并出现和形成许多人们原本模糊追求着却未意识到的消费形式和消费内容。当一个人在一个点上有需求时，如购物的需求，但下一秒可能转为看娱乐资讯的需求，说明这个人的需求是多面性的。营销的前提是对一个人有全维度且精准的追踪。

在智能技术的赋能下，以"数据+场景"的布局，为营销提供良好的沟通环境，从而对人具有了精准的识别与判断，形成用户洞察和营销投放的闭环。将消费者的需求由一个点激发成一个"链路"，为广告主创造全新的价值。

3. 情感互动

实现情感共振，升级营销体验。如果说好的内容是情绪的推动力，那么智能营销就是情绪的催化剂，通过智能技术能够让内容展现在更需要的用户眼前，也能激发用户创造更多内容。内容与用户需求越贴合，触达的人群范围越大；用户需求了解越多，内容触达的程度越深，带来的价值越大。在消费边界不断模糊、品牌无界化的当下，营销智能的内容生产力与互动创新力也在不断地提升，营销步入品牌与用户共创的全新阶段。通过将营销资源进行整合，融入用户行为习惯中，进一步实现品牌与用户的价值共创，使用户在品牌建设的前端，即具备认同感与参与感，以内容触动用户心智，让用户在创造内容的过程中充分感知品牌。

在互联网数字化时代，每个人都希望看到他感兴趣的内容。因此，广告对产品销售的影响时间越来越短，品牌、内容和平台的交互作用愈发重要。现在已经不是广告的时代，而是品牌、内容和平台的时代。智能营销，需要建立平台联动、全链追踪、情感互动的营销智能体系。

第4章　营销智能的主要内容

4.1　营销智能环境分析

4.1.1　营销智能竞争分析

1. 巩固营销智能公司现有竞争优势

利用营销智能的公司可以对现在顾客的要求和潜在需求有较深的了解，对公司潜在顾客的需求也有一定了解，制定的营销策略和营销计划具有一定的针对性和科学性，便于实施和控制，顺利完成营销目标。

2. 加强与顾客的沟通

营销智能以顾客为中心，其中数据库中存储了大量现在顾客和潜在顾客的相关数据资料。公司可以根据顾客需求提供特定的产品和服务，具有很强的针对性和时效性，可大大地满足顾客需求。

顾客的理性和知识性，要求对产品的设计和生产进行参与，从而最大限度地满足自己的需求。通过互联网和大型数据库，公司可以以低廉成本为顾客提供个性化服务。

3. 为入侵者设置障碍

设计和建立一个有效和完善的营销智能系统是一个长期的系统性工程，需要大量人力、物力和财力。

一旦某个公司已经实现有效的营销智能，竞争者就很难进入该公司的目标市场。因为竞争者要用相当多的成本建立一个类似的数据库，而且几乎是不可能的。营销智能系统是其他公司难以模仿的竞争能力和可以获取收益的无形资产。

4. 提高新产品开发和服务能力

公司开展营销智能，可以从与顾客的交互过程中了解顾客需求，甚至由顾客直接提出需求，因此很容易确定顾客需求的特征、功能、应用、特点和收益。

通过智能数据库营销更容易直接与顾客进行交互式沟通，更容易产生新的产品概念。对于现有产品，通过营销智能容易取得顾客对产品的评价和意见，从而准确决定产品需要的改进方面和换代产品的主要特征。

5. 稳定与供应商的关系

供应商是向公司及其竞争者提供产品和服务的公司和个人。公司在选择供应商时，一方面考虑生产的需要，另一方面考虑时间上的需要，即计划供应量要根据市场需求，将满足要求的供应品在恰当时机送到指定地点进行生产，以最大限度地节约成本和控制质量。

公司如果实行营销智能，就可以对市场销售进行预测，确定合理的计划供应量，保证满足公司的目标市场需求；另外，可以了解竞争者的供应量，制订合理的采购计划，在供应紧缺时能预先订购，确保竞争优势。

4.1.2　营销智能市场洞察

营销智能市场环境按照不同的角度，可以有多种划分。本书主要是从对企业营销活动影响因素的范围进行划分，主要包括宏观环境因素和微观环境因素。营销智能市场的宏观环境是由人口、自然、经济、科学技术、政治、法律、社会文化等在内的企业不能控制的，对企业营销活动产生间接影响的环境因素构成的。营销智能市场的微观环境是由企业自身、供应商、顾客、竞争者及社会公众等构成的。

1. 宏观环境分析

1）人口环境

市场是由具有购买欲望与购买能力的人组成的。营销智能市场活动的最终对象是产品的购买者。人口数量、人口的地理分布、人口结构、家庭结构等构成了营销智能市场活动的人口因素，它是影响市场规模及其结构，进而影响企业营销活动的重要因素。人口环境因素影响和制约着企业的目标市场选择与定位，企业应充分分析人口环境的发展和变化，适时调整营销策略。

（1）人口数量。

一个国家或地区的人口数量基本上可以反映出这个国家或地区消费市场的规模，我国一直被国际商业企业看成"兵家"必争之地，其中很重要的一个原因就是我国是人口大国，有巨大的消费潜力。虽然人口规模的大小与市场购买力水平的高低并无必然联系，但一个有着大量人口的发展中国家的市场潜在需求，相对于一个人口数量较少的发达国家的市场潜在需求要高得多。

（2）人口构成。

人口构成包括自然构成和社会构成，前者指性别、年龄等，后者包括收入、职业、教育等。由于不同地区人口构成存在着差异，必然产生不同的消费需求和消费方式。性别和年龄等差异对营销智能市场有着重要影响，目前我国中青年女性是营销智能市场的主要购买力量。

(3) 人口的地理分布。

由于人们所处的地理位置、气候条件、文化习俗等不同，消费需求和购买行为也不同，主要反映在吃、穿、住、行等方面的差异性。研究人口的地域差别和变化，对营销智能市场有着重要的意义。

(4) 家庭结构。

现代家庭是社会的基本组成单位，也是商品的主要采购单位。随着经济的发展和家庭观念的更新，家庭状况出现了新的变化，客观上有利于营销智能市场活动的开展。目前我国三口之家居多，可以针对三口之家开发设计具有特色的产品。

2) 经济环境

经济因素是影响企业经营最基本、最重要的因素。国家的经济发展水平，直接决定居民的购买力，因此对经济环境进行充分分析，有利于营销智能市场活动的成功开展。

(1) 国民经济发展状况。

一个国家或地区居民的购买力与他所处国家或地区的经济状况有着密切的关系。企业通过对国民经济发展所处阶段的研究，可以了解一个国家或地区的经济实力。我国经济正处于一个平稳、快速的发展阶段，国家通过各种政策刺激消费，拉动内需，越来越重视第二、第三产业的发展，这就为营销智能市场创造了良好的经济环境。

(2) 居民个人收入。

居民个人收入是一个与顾客消费水平密切相关的经济因素，决定着顾客的购买能力。企业通过对居民收入的研究分析，可以充分了解目标市场的规模、潜力、购买水平和消费支出的行为模式。在居民个人收入中，个人可支配收入与旅游消费关系更为密切，一个居民的个人可支配收入越多，可用于消费开支就越多。通过对个人可支配收入的调查研究，可以根据不同的收入层次为顾客研发、设计产品，以顾客可以接受的成本为出发点。

(3) 消费者的支出结构。

人们习惯把家庭中用于食物的支出占家庭消费支出总额的比例称为恩格尔系数。恩格尔系数是衡量一个国家或地区、城市的家庭生活水平高低的重要标准。恩格尔系数越大表明越贫穷，因为这说明人们的主要家庭收入用于食物支出了。对消费支出的分析，有利于企业了解目标市场的需求特点，把握市场进入机会，确定营销战略。

(4) 消费储蓄和信贷。

消费者的储蓄包括银行存款和购买债券,储蓄来源于收入,最终目的还是为了消费。当消费者收入一定时,储蓄量越大,现实购买力越弱,潜在的购买力就越强。消费者不仅可以用其货币收入购买所需商品,还可以利用信贷购买商品,即消费信贷。人们利用消费信贷进行消费已经越来越普遍了,随着我国经济的发展和市场经济体制的进一步完善,消费者的信贷规模将不断扩大。

3) 政治、法律环境

营销智能市场活动总要受到政治与法律环境的规范、强制和约束。从国内看,政治环境因素主要是指党和国家的方针政策,它规定了国民经济的发展方向和发展速度。国家的方针政策总是随着经济形势的变化而变化,它对营销智能市场活动有直接的影响。营销智能市场活动中,要寻求国家方针政策给企业带来的市场机会。营销智能市场活动受到政治体制、政府行为等多方面的影响。

随着互联网的不断发展,营销智能市场得到了快速发展,但是也存在诸多安全隐患问题,为了杜绝不正当的营销智能市场,降低安全隐患,我国电子商务法律体系正在不断完善,以此解决顾客的后顾之忧。2013 年 12 月 7 日,全国人大常委会正式启动了《电子商务法》的立法进程。

4) 自然环境

自然环境处于不断的发展变化之中,环境污染日益严重,生态环境遭到破坏,对营销智能市场也产生着重要的影响。与环境相关的产品越来越多地出现在互联网上,人们对环境的担忧,致使许多人通过互联网进行海外采购,对我国的国民经济造成了一定的影响。因此,应注意对自然环境的保护,保持生态环境平衡,增强顾客对我国产品的信心。

5) 科学技术环境

科学技术直接影响企业的产品开发、设计、销售和管理,决定了企业在国际市场上的竞争力。高科技成果,尤其是互联网技术给企业的经营带来了巨大影响。科学技术的发展为消费者创造了更多的娱乐消费工具,并使服务项目不断更新。随着各种新技术的广泛应用,市场营销的方式也发生了重大变化,营销智能市场越来越受到广大青年消费者的青睐,高技术企业得以拥有自己庞大的营销方式,这种营销方式不仅是产品的销售,还包括将企业的新观念传达给世界各地的用户。

6) 社会文化环境

社会文化环境是由一个国家和地区的民族特征、文化传统、价值观念、宗教信仰、风俗习惯等因素组成的。社会文化环境是企业面临的诸多环境因素中较为复杂、特殊的一种环境因素,它不像其他环境因素那样显而易见、易于理解,却又对企业的市场营销活动产生深远的影响。文化影响和支配着人们的生活方式、消费结构、主导需求以及消费方式,它可以分为文化和亚文化。

2. 微观环境分析

1) 企业自身

在营销智能市场管理中,应特别强调企业对环境具有能动性的作用,企业不仅有必要适应环境,还要对周围的环境进行积极创造和控制。企业的内部机制直接影响周围环境的作用效果,这也就是为什么在同样的外部环境条件下,有的企业获得了空前成功,而有的企业却惨遭失败。在营销智能市场快速发展的时代,哪些传统企业能够优先采取营销智能模式,就已经走在了时代的前沿,能够顺应时代的发展,全方位地满足顾客多样化、个性化的需求,因此企业的营销智能市场意识尤为关键。

2) 供应商

供应商就是为企业的生产提供资源的机构和个人。企业在经营过程中总是需要各种资源,包括原材料、能源、资金、信息和劳动力等。供应商提供的产品质量直接影响企业的产品及服务质量。如果企业没有选择良好的供应商,生产能力将会下降,就不可能为市场提供质量优良的产品和服务。企业必须寻找适合本企业产品特质的供应商,并与其保持良好的关系,保持供货的稳定性与及时性、质量的一致性,这样本企业产品的质量才可以得到保证,顾客满意度才会提高。同时企业应当注重培养和供应商的战略合作伙伴关系,只有这样双方的关系才能稳定而坚固。所以,在选择供应商时一定要注意甄选。

3) 顾客

顾客在营销智能市场中扮演着重要的角色,它就是目标市场,是产品的购买者、使用者和信息的传播者,是营销的中心。企业只有抓住顾客的心,生产出满足顾客需要的产品,才能在市场竞争中占有一席之地。顾客的数量和需求制约着企业营销决策的制定和服务能力的形成。在营销智能市场中,要更加关注顾客的需求,一切以顾客为中心,从顾客的利益出发,努力研发设计出能够满足顾客个性化需求的产品。

4) 竞争者

随着科学技术的不断发展和进步,同一产品、服务拥有一定数量的供应者,满足同一消费需求的企业不断增多,市场竞争日益激烈。在营销智能市场活动中,每个企业都充分利用资源开展各种营销活动。目前许多传统企业还没有充分开展营销智能市场活动,哪些企业能够走在前面,将在激烈的竞争中取得巨大的竞争优势。因此,企业应致力于营销智能市场渠道的开拓,不断改进营销模式,创新营销智能市场方法,才能够与竞争对手相抗衡。营销智能市场的竞争者主要包括愿望竞争者、一般竞争者、产品形式竞争者和品牌竞争者四种类型。愿望竞争者就是为购买者提供满足其不同愿望需求的竞争者,不同愿望的企业存在着竞争关系。一般竞争者也叫平行竞争者,即提供能够满足同一种需求的不同产品的竞争者。产品形式竞争者即拥有同一类旅游产品但形式不同的竞争者。品牌竞争者即能够满足购买者愿望的同类产品的各种品牌。通过对竞争者的了解可以看出,从愿望竞争者、一般竞争者、产品形式竞争者到品牌竞争者,竞争在不断加剧。

5) 社会公众

社会公众是指任何会对企业实现其经营目标产生一定影响或有一定利害关系的社会群体。企业必须与周围的有关公众建立良好的关系,为企业的营销活动创造一个良好的环境,并努力通过公众的传播效应达到提高企业社会形象的目的。作为微观环境因素的公众环境,主要表现为以下几个方面:金融公众、媒介公众、政府公众、公众团体、地方公众、一般公众、企业内部公众等。金融公众是指那些为企业融通资金的企业或个人,主要包括银行、投资公司、证券交易所或个人等,帮助企业进行投资及提供信贷支持等。媒介公众是指各种新闻出版机构,如报社、杂志社、电台、电视台、互联网等,它对企业的声誉有着广泛的影响。政府公众是指对企业的经营活动进行管理的部门,如税务部门、工商行政管理机关等,它们对企业的活动行使着监督权。公众团体是指由共同利益产生共同行动的群众组织,包括保护消费者利益的组织、环境保护组织和少数民族组织等。地方公众是指企业附近的居民群众和地方官员等。一般公众指不一定成为企业顾客的人或单位,但其舆论对企业营销智能市场有着潜在的影响。企业内部公众是指企业的全体员工,上至董事长,下至普通员工,企业内部公众对企业营销智能市场活动的影响最为直接。

4.1.3　营销智能市场选择与定位

1. 评估细分市场

企业选择营销智能目标市场之前的评估,一般考虑以下三个因素。

1) 细分市场的规模和增长速度

企业在评估细分市场时,首先要分析市场规模是否恰当,不仅要考虑单个消费者的购买力,还要考虑顾客数量,同时还要分析该市场的增长速度,以预测其未来的发展潜力。大企业一般选择销售量较大的市场,小企业从资源因素、避开与大企业正面交锋的因素考虑通常避免选择大市场。

2) 细分市场的结构吸引力

从盈利性的观点来看,即使规模和增长恰到好处,细分市场也不一定具有吸引力。根据波特五力分析模型,企业面临着五个方面的竞争力量,即行业内竞争者现在的竞争能力、潜在竞争者进入的能力、替代品的替代能力、购买者的讨价还价能力加强的威胁、供应商的讨价还价能力加强的威胁,这几个力量都将影响细分市场的结构吸引力,因此需要对其进行分析。

3) 企业的目标和资源

企业还要考虑自身的目标和资源是否适应目标市场。对于那些虽然具有较大的吸引力,但不符合企业长期经营目标的细分市场应该果断放弃。另外,还必须看企业的资源状况是否与该市场匹配。一般来说,大企业掌握较多资源,有市场机会的优先选择权。但由于大企业的组织成本较高,一些市场规模不够大或长期效益不够好的机会就要放弃。

2. 营销智能目标市场的覆盖模式

企业为了更好地完成营销智能目标市场的选择,在评估完不同的细分市场之后,就需要决定选择哪些和选择多少细分市场。互联网虽然覆盖全球,但企业还是要将自己的目标市场定在合理的、可及的、可控的范围内。一般来说,可采用的营销智能目标市场模式有五种。

1) 单一市场集中化

企业选择一个细分市场开展营销,这是一种典型的集中化模式。企业只生产一种产品,供应一个顾客群体。通过生产、销售和促销的专业化分工,可以获得许多经济效益。如果细分市场划分得当,企业的投资便可获得高报酬。但这种选择一般情况下风险更大,因为一旦这个市场出现问题,企业无法弥补损失;另外,由于市场过于狭小,长此以往,企业很难获得大规模的发展。

2) 产品专门化

产品专门化即企业集中生产一种产品,并向各类顾客销售这种产品。选择这种模式,企业的市场面扩大,有利于摆脱对个别市场的依赖,降低风险,同时有助于企业生产、销售以及促销的专业化。采用这种模式,企业比较容易在某一产品领域树立起很高的声誉,有很大的发展余地,但也面临一定的风险,一旦这种产品在需求上出现问题,企业将面临很大的困难。

3) 市场专门化

市场专门化是指专门为某个顾客群体提供各种产品与服务。例如,某公司为某研究所提供一系列的产品,包括显微镜、示波器、化学烧瓶等。选择这种模式,企业容易赢得特定顾客群体的好评,但也存在一定的风险,如果特定的顾客群体购买力突然下降,就会产生危机。

4) 选择性专门化

选择性专门化是指选择若干个细分市场,其中每个细分市场在客观上都有吸引力,并且符合企业的目标和资源。但各细分市场之间很少有或者根本没有任何联系。由于每个细分市场都有可能盈利,这种多细分市场选择模式可以分

散企业的风险。但采用这种模式应当谨慎，因为这是一种要求有相当规模资源
投入的方式。

5) 完全覆盖市场

完全覆盖市场是指企业想用各种产品满足各种顾客群体的需求。在传统市场
环境下，只有大企业才能采用完全市场覆盖模式。在当前的市场环境下，完全覆
盖相对容易一些，当然仍需企业有一定的实力。

在实际经营中，企业并非一直采用一种模式，一般先是进入最有利可图而且
力所能及的细分市场，在条件成熟的时候再逐步扩大目标市场范围，进入其他的
细分市场。

3. 营销智能目标市场的选择策略

营销智能目标市场的选择策略主要包括以下三种。

1) 无差异性营销策略

企业面对的市场是同质市场，或者企业把整个市场看成一个无差异的整体，
认为消费者对某种产品或服务的需求基本上是一样的，于是就把整个市场作为一
个大目标，忽略了消费者之间存在的差异，针对消费者的共同需要，制定一套营
销组合策略满足所有消费者的需求，以实现开拓市场、扩大销售额的目的。

采取无差异性营销策略的优点是，大批量的生产和销售能够降低单位产品
的成本；同时广泛而可靠的分销渠道以及统一的广告宣传促销活动也可以节省
大量的营销成本和费用。这种目标市场营销策略对大多数产品是不适用的，特
别是现在客户需求趋于个性化，因此，市场中几乎没有采用无差异性营销策略
的企业。

2) 差异性营销策略

差异性营销策略是指企业在市场细分的基础上，设计不同产品和实行不同的
营销组合方案，以满足各个不同细分市场上消费者的需求。

差异性营销策略的优点主要表现在：有利于满足不同消费者的需求；有利于
公司开拓市场，扩大销售，提高市场占有率和经济效益；有利于提高市场应变能
力。差异性营销在创造较高销售额的同时，也增大了营销成本、生产成本、管
理成本和库存成本、产品改良成本及促销成本，使产品价格升高，失去竞争优
势。因此，企业在采用此策略时，要权衡利弊，即权衡销售额扩大带来的利益
与增加的营销成本之间的关系，进行科学决策。这种策略一般适用于小批量、
多品种生产的公司。日用消费品中绝大部分商品均可采用这种策略选择营销智
能目标市场。在消费需求变化迅速、竞争激烈的当代，大多数企业都积极推行
这种策略。

3) 集中性营销策略

集中性营销策略也称密集营销策略，是企业集中力量于某一个或几个细分市场，实行专业化生产和经营，以获取较高的市场占有率的一种策略。

实施这种策略的企业要考虑的是：与其在整个市场中拥有较低的市场占有率，不如在部分细分市场上拥有很高的市场占有率。这种策略主要适用于资源有限的小公司。因为小企业无力顾及整体市场，而大企业又经常容易忽视某些小市场，所以易于取得营销成功。这种策略的优点是：企业可深入了解特定细分市场的需求，提供较佳服务，有利于提高企业的地位和信誉。实行专业化经营，有利于降低成本。

但是，集中性营销策略也存在不足之处，即企业将所有力量集中于某一细分市场，当市场消费者需求发生变化或者面临较强竞争对手时，其应变能力有限，经营风险很大，可能陷入经营困境，甚至倒闭。因此，使用这种策略时，选择营销智能目标市场要特别注意竞争对手的变化，建立完善的客户服务体系，防止客户的流失。

4.1.4　营销智能目标市场定位

1. 营销智能目标市场定位概念

市场定位就是企业为自身及进入目标市场上的产品确定在消费者心目中所处的位置，为企业和产品在市场中创立鲜明的特色或个性，形成独特的市场形象，并把这种形象传递给顾客所采取的各种营销活动。定位就是勾画企业形象和所提供价值的行为，是展示企业能力的积极行动。企业需要在每个细分市场内制定产品定位策略，要向顾客说明本企业与现有的竞争者和潜在的竞争者有什么区别，使该细分市场的目标顾客理解和正确认识本企业有别于其他竞争者的特征，建立对本细分市场内大量顾客有吸引力的竞争优势。

营销智能目标市场定位是双向的。一方面，营销人员必须了解网上消费者的各种情况；另一方面，营销人员又必须明确自己的产品是否适于营销，从而提高企业市场竞争力。

2. 营销智能目标市场定位程序

营销智能目标市场定位的关键是企业要设法找出自己产品比竞争者更具有竞争优势的特性。竞争优势一般有两种基本类型：一是价格竞争优势，就是在同样的条件下比竞争者定出更低的价格，这就要求企业采取一切努力降低单位成本；二是偏好竞争优势，即能提供鲜明的特色满足顾客的特定偏好，这就要求企业采取一切努力塑造产品特色。

营销智能目标市场定位的程序如下。

1) 分析营销智能目标市场的现状

这是定位过程的第一个步骤，其中心任务是要回答以下三个问题：一是竞争对手的产品定位如何？二是目标市场上的顾客需求满足程度如何？三是市场中针对竞争者的市场定位和潜在顾客真正需要的利益要求，企业应该且能够做什么?要回答这三个问题，企业市场营销人员必须开展市场调研，系统地搜索、分析并报告上述有关问题的资料和研究结果。通过回答上述三个问题，企业就可以对现有的营销智能目标市场现状有一个大致的了解。

2) 准确识别竞争优势

竞争优势是企业在为消费者提供价值方面比其他的企业更有优势。可以从以下几个方面考察自己的竞争优势。

(1) 技术优势。

在经济时代，技术的先进永远是相对的，但也是最重要的竞争优势。企业利用技术优势可以准确地了解消费者的消费心理及决策过程，了解消费者对公司产品的满意程度、消费偏好以及对新产品的反应等，并对此作出快速的反应。对于传统企业，变革不仅需要自身加大对技术的投入，而且要充分发挥和利用信息技术产业发展的最新成果，积极通过外包或战略联盟共同开发满足市场需求的新产品，加强与互联网技术(internet technology, IT)企业及其他行业的联盟合作，最大限度地利用一切可利用的资源。

(2) 配送优势。

物流配送一直是困扰和限制营销发展的重要因素。对于有传统物流优势的企业，凭借物流优势实施营销则是水到渠成的选择。

(3) 服务优势。

顾客服务的最大优势在于其能够与顾客建立起持久的"一对一"服务关系，而这种关系的得来应归功于即时互动性的特征。企业通过与消费者的互动，可以及时向他们传达公司新产品信息、升级服务等信息；还有利于及时发现不满意的客户，了解他们不满意的原因并及时处理，从而保持与顾客的长期友好关系。

(4) 形象优势。

形象优势的建立对于企业的市场定位是最为经济有效的。即使竞争产品看起来很相似，消费者也会根据企业或品牌形象的不同进行区别，企业形象应该能够传达产品与众不同的利益和定位，因此企业形象的建立是需要精心的设计和维护的。

3) 准确选择竞争优势

基于以上分析，企业的竞争优势是指能够胜过竞争对手的能力，假如企业已经很幸运地发现了若干个潜在的竞争优势，那么必须选择其中一个或几个竞争优势，据此建立企业市场定位。一个企业不可能也没有必要在当前或通过努力后在所有的方面都优于竞争对手，它只能选择若干最有力的要素加以组合培养，使之成为自己的竞争优势。一般来说，选择竞争优势应遵循以下原则：①优势不宜过多，过多的优势既易导致可信度下降，又不容易引起顾客的注意，更不用说让顾客记住；②短期定位可以选择客观、具体的要素，以强调不同的使用价值为目标，但要不断推陈出新，应避免过于笼统而且没有特色的定位；③长期定位可以选择文化等主观的、抽象的要素，给顾客比较广阔的想象空间，以形成顾客的品牌偏好为目标；④短期定位应服务于长期定位，保持两者的协调一致。

4) 显示独特的竞争优势

企业要通过一系列的宣传促销活动，将独特的竞争优势准确地传播给潜在顾客，并在顾客心目中留下深刻印象。首先，企业应使目标顾客了解、知道、熟悉、认同、喜欢和偏爱本企业的市场定位，在顾客心目中建立与该定位相一致的形象。其次，企业通过各种努力强化在目标顾客心中的企业形象，保持目标顾客对企业的了解，稳定目标顾客的态度和加深目标顾客的感情来巩固与市场相一致的形象。最后，也应注意目标顾客对其市场定位理解出现的偏差或由企业市场定位宣传的失误而造成的目标模糊、混乱和误会，及时纠正与市场定位不一致的形象。

4.1.5　营销智能目标市场定位策略

各个企业经营的产品不同，面对的顾客不同，所处的竞争环境不同，定位策略也就不同。总体来说，常用的营销智能目标市场定位策略有以下几种。

1. 产品或服务特性定位

构成产品或服务内在特色的许多因素都可以作为市场定位的依据。互联网上出现了许多经营实体商品的公司，虚拟书店当当网就是一个成功的典范。图书是一种非常适合营销的产品，当当网图书品种齐全、价格低廉、服务周到，能够准确把握产品或服务特性定位，取得了不错的成绩。在当当网，消费者无论是购物还是查询，都不受任何时间和地域的限制，让消费者享受"鼠标轻轻一点，好书近在眼前"。

2. 技术定位

根据企业网站采用技术的不同，可将其分为宣传型网站和交易型网站。

宣传型网站不具备交易功能，若网站定位于宣传型网站，就主要以介绍企业的经营项目、产品信息、价格信息为主。例如，罗蒙公司的网站就很好地宣传了企业形象和产品信息。

交易型网站不仅介绍企业的服务项目、产品信息和价格信息等，同时也提供交易平台。买卖双方可以相互传递信息，实现网上订货。若网站定位于交易型网站，则要突出交易平台的特色。现在国内已有大量的交易型网站，如淘宝网就是一个成功的交易型网站，淘宝网现在是亚洲第一大网络零售商圈，其目标是致力于创造全球首选零售商圈。通过社区、江湖、帮派等来增加网购人群的黏性，让网购人群乐而忘返。

3. 利益定位

企业的产品或服务能提供给消费者的利益，是消费者最能切实体验到的。这里的利益包括顾客购买企业产品时追求的利益和能获得的附加利益。网上消费者的不同需求形成了企业网站潜在的目标市场。网上消费者可以在网上反复比较，选择合适的商品，在毫无干涉的情况下最后作出购买决定。所以企业需要充分考虑到消费者希望得到的利益，再进行市场定位。黑人牙膏根据消费者对牙膏功能的不同需求，将其牙膏产品分为几类，如清新系列、美白系列、抗敏感系列等，满足了消费者对不同利益的追求。其在网站上针对不同系列产品进行宣传，也起到了不错的效果。

4. 用户类别定位

根据用户类别定位，可以使企业有多种选择。好的用户分类让企业知道需要追求哪些人，满足哪些人，影响哪些人。例如，根据用户性别不同，可以分为男性消费品市场和女性消费品市场。在男性消费品市场中，必须抓住男性消费者的购买欲望，电子产品和汽车等都是男性关注的对象；或者能够吸引男性为女性购买，经营礼品如鲜花的商店也可以在男性消费者市场上找到自己的一席之地。现在，新浪、网易等门户网站也都分别开设了女性或男性频道，充分利用用户类别定位。

5. 竞争对手定位

竞争对手定位是常用的一种定位方法。企业进入目标市场时，往往竞争对手的产品已在市场露面或已经形成了一定的市场格局。这时，企业就应认真研究在目标市场上竞争对手所处的位置，从而确定自身的有利位置。为此企业需要关注竞争对手，与竞争对手进行比较，找出自己的优势与劣势，进而选择避强定位或迎头定位。

6. 重新定位

重新定位是指对销路不畅的产品进行的二次定位。例如，盛大游戏公司早期代理韩国游戏，后来重新定位开发自主游戏产品。任何企业如果在前一次定位后遇到了较大的市场困难，都可以考虑进行二次定位，即重新定位。

4.2 营销智能客户管理

4.2.1 营销智能客户画像

由于互联网商务的出现，消费观念、消费方式和消费者的地位正在发生重大的变化，使当代消费者心理与以往相比呈现出新的特点和趋势。

1. 消费需求的个性化与差异性

目前，营销智能用户多以年轻、高学历用户为主，他们拥有不同于他人的思想和喜好，有自己独立的见解和想法，对自己的判断能力也比较自信。他们对产品和服务的具体要求越来越独特，而且变化多端，个性越来越明显。他们特别喜欢消费新颖的产品，或者是时尚类产品，以展现自己的个性和与众不同的品位。

不仅仅是用户的个性化消费使消费需求呈现出差异性，不同的营销智能客户因其所处的时代、环境不同也会产生不同的需求，所以即使在同一需求层次上的需求也会有所不同。

2. 消费需求的便利性与乐趣性

消费者选择通过网络购买商品，这是因为网上购物可以免去他们去商场购物的往返路途时间、寻找商品和挑选商品时间、排队交款结账时间，同时免除他们去商场购物产生的体能消耗。总之，简化了购物环节，节省了时间和精力，减少了购物过程中的麻烦。此外，在网上购物，除了能够完成实际的购物需求以外，消费者在购买商品的同时还能得到许多信息，并享受到各种在传统商店购物没有的乐趣。

3. 消费的层次性与比价性

网络消费本身是一种高级的消费形式，但就其消费内容来说，仍然可以分为由低级到高级的不同层次。在消费的开始阶段，消费者侧重于精神产品的消费，到了消费的成熟阶段，消费者在完全掌握消费的规律和操作并对购物有了一定的信任感后，才会从侧重于精神消费品的购买转向日用消费品的购买。

同时，价格仍然是影响消费心理的重要因素。正常情况下网上销售的低成本将使经营者有能力降低商品销售的价格，并开展各种促销活动，给消费者带来实惠，消费者在购买前往往会进行价格方面的比较研究。

4. 消费需求的超前性和可诱导性

互联网商务构造了一个全球化的虚拟大市场，其中最先进的产品和最时尚的商品会以最快的速度与消费者见面。以年轻人为主体的营销智能客户能够迅速获得这些商品信息。追求时尚、渴望展现个性与自我的需求特点，必然使这些营销智能客户接受这些新商品，从而带动其周围消费层次的客户引起一轮新消费热潮。

营销智能客户的需求特点与影响营销智能客户需求的因素是相辅相成的。根据 CNNIC 的统计，在网上购物的消费者以经济收入较高的中、青年为主，这部分消费者比较喜欢超前和新奇的商品，他们也比较容易被新的消费动向和商品介绍吸引。

4.2.2 消费者结构分析

影响消费者网上购买的因素有很多种，大致可以分为以下几种。

1. 消费者个人因素

消费者个人因素除了包括消费者的年龄、生活方式、职业、家庭经济水平等因素之外，还包括消费者的个人消费习惯、个人风险倾向、个人技术储备等因素。

2. 营销刺激因素

消费者的购买行为是在特定的情境下完成的。在互联网上，购物网站难以达到销售现场的刺激效果，也没有推销员的推销，购买商品的压力也没有了，消费者不必考虑销售人员的感受及情绪，购买行为更趋理性。消费者习惯在网站与网站之间频繁地转换、浏览，比较和选择的空间增大了，导致其轻易放弃或轻易转向其他商家进行购买。

3. 技术因素

技术改变了信息的沟通方式，消费者可以随时随地随意地主动阅读广告、访问企业站点等，广告内容直观、生动、丰富、更新快；消费者还可以通过友情链接或搜索引擎访问竞争者的网站，将其产品的相关信息、产品网页进行对比分析，以比较系统全面地了解商品；消费者之间可以通过网上的虚拟社区，彼此之间交流思想，传递信息。消费者对商品从无知过渡到有知，从知之甚少到耳熟能详。消费者的购买行为从"非专家型购买"向"专家型购买"转变。

4. 社会环境因素

社会环境因素包括社会文化环境、经济环境、法律环境等。社会文化环境的价值观会影响这一社会群体的价值理念以及消费者的生活方式。经济环境会影响网上购物发展的普及。例如，经济发达地区的网上购物比经济欠发达地区更为流行和普及。法律环境也会影响网上贸易的发展，如相关电子商务法律条例的健全程度会影响网上消费者的利益保障。

4.2.3　营销智能客户忠诚度管理

营销智能的虚拟化，使得智能客户的忠诚度培养有别于传统营销。企业要建立网上客户的忠诚度，必须了解驱动在线客户变忠诚的因素，满足甚至超出他们的期望，让他们获得实实在在的利益。企业在制定营销策略时，应该从客户的角度出发，建立对客户友好的营销智能环境，具体如下。

1. 明确认知客户的满意度和忠诚度

客户群体的忠诚是一个相对稳定的动态平衡，从来没有永远的忠诚，商家无法买到客户的忠诚，只能增加客户的忠诚。在让客户满意的条件下，必须做好让客户十分满意才能得到客户的忠诚信赖。客户满意度只是忠诚度的基础，并不是充分条件。满意度能代表客户对已消费商品的肯定，但不能保证客户不会选择其他网站的产品，有让客户达到"完全满意"的态度，才能让客户表现出忠诚。

2. 找准目标受众体、识别忠诚客户

企业在进行营销智能时必须仔细挑选其服务的特定客户群，提供给他们所需的特定产品或服务，并尽力减少客户量流失，否则只会损害企业的利益。传统市场的市场细分原则仍然适用于智能市场。要清楚地评估网上不同种类的客户，识别出目标客户群之后，就比较容易与他们建立长期稳定的合作关系。

3. 实施主流化营销

营销智能当中，企业可以大量应用主流化营销这种高效的电子商务战略。实施这一战略的企业通常以赠送的形式让大量客户使用同一种工具性的产品，而客户逐渐习惯使用这种产品的过程也就是被商家锁住的过程，商家通过对产品升级收费、售卖相关联产品的形式获得利润，而客户因为使用的转换成本比较大，就不得不接受这种产品由免费变成收费的事实。例如，免费电子邮箱到收费电子邮箱。主流化营销的战略是在传统营销模式下不能想象的形式，电子商务的出现使其成为可能，并牢牢地抓住了市场。

4. 注重企业产品品质

注重企业产品品质是企业信誉的一个重要方面，客户得到的产品和服务将直接影响客户的忠诚度，企业不但要注重企业形象的宣传，更要注重产品和服务质量的提高，如果客户对消费体验不满意，恐怕该客户以后就很难再与这个企业进行交易了。

5. 满足客户个性化要求

为每个客户提供不同的产品或服务，对于传统营销简直是天方夜谭。但互联网最强大的功能是交互性，除了将产品的性能、特点、品质以及服务内容充分加以显示外，更重要的是能以人性化、客户导向的方式，针对个别需求做出一对一的营销服务。所以企业应充分利用智能的一对一和交互式功能加强与客户的沟通，进一步了解客户需求及其变化，提供附加值高的信息，引导客户在网上参与产品设计，共同创造和满足个性化的需求。这样自然就提升了客户的满意度。例如，著名的 LEVIS 公司就利用网络销售定做牛仔裤，得到了良好的回报。

6. 正确处理客户问题

要与客户建立长期的信任关系，就必须准确及时处理客户的异议。当客户遇到问题时，企业应当能够及时解决，并让客户满意，同时可以从客户那里了解服务还有需要哪些改进的地方，怎样的解决方式才能让其更满意，本着"客户就是上帝"的原则，解决和客户之间的所有问题和矛盾。

具体应包括以下四个方面：①履行诺言，应该考虑无偿地做一些补救工作，务求达到客户期望的结果；②采取措施，确保不重蹈覆辙；③承担所有责任，而不是把责任推卸给客户；④询问客户的改进意见，要让客户知道企业会尽一切努力改正失误，重新获得他们的好感。

7. 简化客户购买程序

客户在购物时，通常希望程序越简单越好。营销智能能够让客户从购物到支付的过程，变得简单化、轻松化，成就一个让客户能够感受到愉快的购物过程。

4.3　营销智能产品分析

4.3.1　营销智能产品特征

企业赖以生存和发展的核心是产品。近年来，随着市场格局由卖方市场向买方市场转变，企业的营销理念也在不断更新，体现在将消费者体验放在第一位，在逐渐进入人工智能引航的营销新时代的现在，谁更懂消费者的心，谁就能拔得头筹。

营销智能已遍布金融、保险、食品、医疗健康、电商、汽车、旅游、零售等各行各业，给我们生活带来了巨大的变化。过去遥不可及的人工智能在现实的营销生活中得到应用也早已不是什么新鲜事。随着营销智能产品的不断涌现，人们可以清楚地看到它们不同于传统产品的一些特点。营销智能的核心产品普遍具备以下特征。

1. 操作简单化

操作简便是营销智能的方法和目的。它需要老少皆宜、化繁为简。消费者不都是知识丰富的学者和专业技术人员，更多的是那些对科技没有太多了解的人，因此只有降低使用门槛，尽可能简化用户操作步骤，才能真正做到服务大众。同时，在生活节奏越来越快的今天，高效便捷是产品升级的必然趋势。因此，营销智能产品首先要做到操作简单化。例如，阿里巴巴的智能音箱就给宅在家中的人带来了不少便利。用户无需多余操作，只需喊一声"天猫精灵"，即可唤醒音箱，通过语音来操作。无论是播放音乐、听广播、读故事，还是订外卖、购物、控制家居，用户只张嘴说一声，智能音箱就会帮其完成任务。再如，打开视觉搜索应用程序 CamFind 拍一张照片，用户就可以立刻得到与照片中事物相关的资讯。如果照片里的主体是风景，则可以得到相关的旅游资讯；如果照片里的主体是书籍，则可以得到相关的比价信息与评价；如果照片里的主体是图画，则可以得到相关的作者信息和介绍。

2. 功能整合化

营销智能产品的另一个显著特点是功能丰富，可以满足消费者的多种需求，同时也可以挖掘消费者的潜在需求。例如，百度研发的语音交互式蓝牙音箱"小度"有非常多的实用功能，主要包括：播放海量有声资源(音乐、广播等)、百科查询、生活工具(天气查询、股市查询等)、休闲娱乐(陪聊、讲笑话等)、儿童模式以及语音控制家电。因此，小度这一产品有别于以往的蓝牙音箱，使消费者在享受音乐之余，还能体验到全方位的便利性与智能化，实现在一个场景中多种功能的融合。

3. 体验个性化

从前划分消费者群体的方法比较宏观粗略，很难顾及小众群体的需求，更不用说成本高昂的私人定制。如今，企业要做的不只是生产出优质的产品，还要为具有不同背景、不同习惯、不同爱好的消费者提供个人专属服务，让产品真正贴近、读懂每位消费者。在大数据的基础上，加上人工智能的深度学习技术和计算能力，可以使产品记住消费者每一次的选择和使用情况，并分析和学习他们的偏好和习惯，从而给消费者带来个性化的体验，并不断升级优化，随消费者喜好的变化进行调整。这就是为什么人们在淘宝首页的"猜你喜欢"或者音乐播放器的"每日推荐"中常常能发现自己心仪的商品和音乐。

4.3.2　营销智能产品创新

企业在制定营销战略时，首先要明确自己能够提供什么样的产品和服务以满足消费者的需求。在万物互联时代，人工智能为企业提供了自我赋能、提高核心竞争力的契机。因此，企业如何在人工智能技术的支持下进行产品创新是需要特别关注和深入研究的问题。

作为产品整个生命周期中最重要的一环，产品设计理应占据极为重要的地位。传统营销依靠经验与调查来判断市场的发展趋势，进而进行产品的设计与改进。而如今，随着技术变革步伐的加快，人工智能技术成为各大企业产品研发与设计的着力点。

产品开发的最终目的是满足消费者的需求。营销智能可以通过长期观测市场走向，挖掘和预测市场的潜在需求，完成产品的创新设计。大数据基础加上人工智能的强大算法可以使企业更加清晰地了解和掌握市场情况，并对此做出精准预估，减少产品设计的成本。同时，企业能根据市场数据的监测结果灵活地调整产品策略。

1. 售前精准营销分析及策划

现阶段多数企业营销是没有经过事前分析的，导致整体营销分析缺乏精准性。而在人工智能时代，可以结合移动互联网，对目标消费群体行为习惯、受教育程度、消费习惯、年龄、性别、社会交往特征等进行详细分析；并以数据的形式汇总陈列，为精准且具有个性化的市场营销推广作业开展奠定基础。在利用人工智能技术对前期目标消费群体数据进行分析汇总之后，可以对前期营销顾客数据信息进行进一步梳理。随后借鉴以往成功营销经验，有针对性地制订市场营销策划方案。基于此，在锁定老顾客群体的基础上吸引新的顾客群体，保证市场营销效益。

2. 消息推送及推送排名

一方面，在售前精准营销分析及策划的基础上，可以利用移动智能设备上安装的软件或网站，进行精选信息推送。例如，手机 APP"手机淘宝"会根据目标顾客群体的地理位置、搜索信息确定目标顾客群体的偏好。随后在"有好货""聚划算"及搜索栏下方有针对性地推送顾客感兴趣的信息,从而刺激潜在消费群体对货物的购买欲望。同时手机淘宝与 WPS、百度浏览器等软件终端进行了合作,在这些软件的首页登录时会根据顾客日常的搜索信息,有针对性地为其推送所需的商品信息及店铺信息。这样不仅增加了网络店铺曝光度,而且可以增加目标消费群体购买可能性。

另一方面,由于每一个潜在目标的文化层次、需求、地区可能有较大差异,其在搜索信息时采用的搜索引擎、搜索关键词差距也较大。采用以往热门词推广的方式,虽然可以设置恰当的关键词,但是无法保证设计的关键词能够覆盖全部潜在的顾客群体。基于此,可以利用人工智能技术支持的搜索引擎营销(search engine marketing,SEM)方式。根据前期人工智能数据分析内容,协助企业提升广告信息的针对性,通过智能化动态调整,提升广告关键词投放的精准程度。同时为了进一步提高搜索引擎营销的精准度,可以以对目标群体进行分析为基础,利用人工智能技术协助企业进行广告定位,充分发掘广告营销自动化的效果。例如,在搜索引擎的"点击付费广告"中,利用人工智能技术中 SEM 竞价排名功能,可以帮助品牌营销人员对实时出价流程进行优化,实现在线定价、个性化广告推送;同时市场营销人员可以根据前期定位的变化,对"点击付费广告"进行适当调整优化,从而更加精准地定位部分人口特征,并创建有助于自动化规则的基于 feed 流(内容聚合订阅源)的体验,为特定目标群体提供个性化的广告内容。

3. 在线客服及营销售后

一方面,在线客服广泛应用于现阶段网络购物平台,在淘宝网、京东商城等购物平台中,智能聊天机器人可以在及时回答服务对象提出问题的同时,预测服务对象的行为偏好,为其提供个性化的货物推荐信息。通过智能聊天系统的应用,不仅可以降低市场营销人员的工作压力,而且可以促使营销人员与服务对象构建起更加紧密的联系,从而提升顾客体验。同时市场营销人员可以定期汇总顾客与智能聊天机器人交流的信息,以客户关系管理为核心,构建与公司具有一定联系的每一个目标顾客的信息库。随后利用这个服务对象的信息库,实时预测提出新报价后顾客的反映、顾客的重视度、老顾客的流失率等消费者信息,为企业市场营销计划的优化提供依据。例如,在国内外应用广泛的顾客支持自动化方案,就可以根据现有的客户关系管理情况,提取优质信息,并将其直接提交给上层领导部门,保证常见营销问题的自动化智能解决;而许多企业已经研发出了在线语音助手,可以模拟人类声音与顾客交流,为顾客提供更加优质的服务。

另一方面,售后服务是市场营销中重要的模块,在市场经济日渐成熟的背景下,优质的售后服务已成为品牌经济发展及营销效益提升的核心影响要素。以往的小中型企业由于自身资源不足，无法保证售后服务质量；而现阶段利用人工智能技术，可以挖掘顾客数据，洞察新顾客、潜在顾客，预测顾客未来的行为，可以创建具有更大影响力的营销方案。同时通过人工智能终端，企业可以自动上传以往处理过的售后信息。若再次出现类似问题，企业就可以通过人工智能平台自动调出以往数据，及时寻找问题切入点。随后安排具有一定经验的人员解决，以最快速度处理售后问题，提高顾客满意度。

4. 营销专家系统

20 世纪 80 年代，知识营销成为市场营销的主题，其强调将现代信息技术、创新知识应用到市场营销模块。知识营销模式的出现，为营销专家系统的构建奠定了基础。营销专家系统主要是利用人工智能理论知识及实践技术，将整体的营销知识储存在一个专家系统中。通过大量的知识库储备，可以自动解决相似情景问题，缩短企业在市场营销中的反应时间。

首先，在营销专家系统的应用过程中，可以根据人工智能生成的内容，结合特定的行业内容，进行营销方案的组装，为不同的小型企业创建营销方案，如干洗店营销方案、艺术用品店营销方案等。同时可以通过会话解决顾客的问题，也就是以提供聊天机器人解决方案的方式，驱动计算机自动提取"语料库""数据体"，促使聊天机器人自动学习一些营销中经常遇到的情况及经验教训。在最大限度降低聊天机器人与顾客交流中错误率的同时，也可以为顾客、潜在顾客提供更好的服务，最终实现具有较高价值的持续迭代和使用。

其次，在以往人工建模的基础上，营销专家系统可以在内部自动构建一个用来预测顾客(或潜在顾客)行为的统计记分卡，准确地预测或理解顾客(或潜在顾客)需要的服务，并在屏幕中为其提供相应的服务。同时自动寻找更加精确、可行的"相似推荐"，即寻找潜在顾客，之后通过提取知识信息库内的数据，选择恰当的营销方式，将产品销售给相似推荐得到的受众群。考虑到营销专家系统及数据设备的特色，其在后续发展过程中可以积累更多的知识数据，为企业市场营销人员提供更有价值的信息。例如，在某一品牌对自身的受众群体进行产品推广时，可以通过营销专家系统，在机器学习、人工智能两个模块的帮助下，克服以往的目标受众狭窄问题，拓展更多的顾客群体，寻找恰当的产品报价信息，同时可以保证顾客心理价位与营销价位相一致。

最后，在自动化市场研究和业绩洞察的基础上，营销专家系统可以对企业顾客(或潜在顾客)、营销效能的绩效有一个稳定、实时动态的了解。随后根据自动化仪表板中绩效数据的可视化，自动寻找以往无法识别的营销模式，为市场营销人员提供良好的帮助。

此外，人工智能在一定程度上重塑了市场营销方式及市场营销业务模式，为了尽快适应不断变化的市场营销环境，营销人员应将营销专家系统纳入当前的日常工作中，主动适应人为驱动的市场营销环境。

4.4　品牌与营销策略智能分析

4.4.1　智能品牌分析

1. 构建目标客户群与智能品牌识别体系

(1) 作为互联网企业，首先要明确自己的目标客户，然后才能根据客户的需求有针对性地开展营销事务。随着目标客户的需求门类日益增加，要对目标客户的需求进行细分，制定相应的营销策略，这样才能使互联网企业具有强大的竞争力。

(2) 互联网企业要坚持走独特定位路线，深度开发市场。作为互联网企业，只有根据自身能力，构建属于自己独有的智能品牌，才能更好地吸引广大消费者的眼球，很好地实现营销。随着市场营销的不断发展，作为营销人员，要不断挖掘广大消费者的需求，不断开发自身的品牌智能，提高市场份额。

(3) 根据时代的发展不断拓展目标客户群，创新拓宽自身的营销思维。在市场营销大方针不变的情况下，不断拓宽目标客户的外延，是目前市场营销更有效的途径。在市场营销过程中，要善于抓住目标客户的使用习惯，不断挖掘其可能感兴趣的方面进行拓展创新，以获得目标客户的青睐；同时要不断丰富自身的营销手段，提高自身的营销能力。

(4) 要以目标客户为对象，确立完善的智能品牌识别体系。对移动互联网企业来说，可以通过智能品牌人格化来帮助消费者识别并记住其智能品牌。

2. 营销组合策略与智能品牌服务形象

好的服务能够有效提高自身的智能品牌形象，因此在获得广大目标用户的智能品牌识别后，要着重塑造自身的服务形象，可以从以下几个方面进行。

(1) 注重智能品牌创新，不断完善自身的产品链。产品的创新能力和产品链的可靠性是衡量智能品牌竞争力的一个重要指标。如果一个企业的产品创新能力较弱，产品更新周期较长，就容易降低广大目标客户的智能品牌识别度，导致自身的目标客户逐渐减少。好的产品链能够给目标客户提供好的智能品牌享受，能够增加产品对目标客户的吸引力。

(2) 通过实施差异化定价模式，满足消费者多样化的消费需求。随着互联网产品的日益丰富，不同消费者对产品的需求不尽相同，不同的消费者所追求的目标产品也不一样。因此，产品要具有多样性的特点，能够满足不同消费者的消费需求，以提高自身的智能品牌营销能力。同时，考虑到不同消费者的经济情况不同，要制定不同的价格以满足其需求，应采用梯级产品的模式，提高产品的总销售额，从而提高产品效益。

(3) 要不断丰富智能品牌的渠道选择，扩大智能品牌的影响力。在通过构建梯级产品的方式满足消费者需求的同时，也要丰富购买产品的渠道选择，以扩大智能品牌影响力。

(4) 要不断加强智能品牌促销，展现智能品牌的营销张力。随着广大消费者对智能品牌意识的不断增强，市场竞争日益加剧，这就要求广大互联网企业要着眼于广告、公共关系、互联网营销等方式的综合应用。在综合应用互联网营销策略的过程中，需要对企业能力进行相应的整合，其整合大致分成认知的整合、形象的整合、功能的整合、基于消费者的整合和基于风险共担的整合共五个方面。

3. 全方位体系与智能品牌推广力度

智能品牌推广是互联网营销的一个重要环节，主要是为了树立良好的智能品牌形象，将产品推销出去。互联网企业智能品牌营销策略主要包括以下几个方面。

(1) 要灵活应用广告策略，不断强化智能品牌形象。智能品牌战略能否取得成功的很大一部分原因在于广告传播是否成功，要通过更好的广告战略实现智能品牌营销，其主要战略包括集中战略、渗透战略、进攻战略、多元化智能品牌战略。

(2) 要不断优化智能品牌传播途径，不断丰富传播方式。主要通过以下方式实现：智能品牌差异化、智能品牌跟随、智能品牌体验、智能品牌公共关系维持、智能品牌的联合推广。

(3) 不断创新智能品牌联合策略，从而构造智能品牌产业链的优势。智能品牌联合是智能品牌发展的一个重要阶段，通过智能品牌链的构建可以达到以下目的：满足互联网企业对规模经济的追求；提高互联网企业的智能品牌影响力，从而提高其资产价值；有效降低智能品牌的营销费用。同时在智能品牌联合方面，可以优先考虑以下几个方式：外部智能品牌联合、内部智能品牌联合、利用行业整体效应进行联合营销。

4. 智能品牌结构与资源配置

要不断调整智能品牌结构，优化配置自身资源。主要策略包括：构建独立的企业智能品牌，吸引消费者眼球；通过构建同一智能品牌不同产品系列的方式满足不同用户需求；采用母子式的智能品牌结构，即采用智能品牌延伸的方式。

5. 智能品牌忠诚度与智能品牌形象意识

通过提高自身的智能品牌价值，可以提升广大消费者的智能品牌忠诚度，从而树立自身的智能品牌形象意识。在智能品牌忠诚度培育方面，可以通过重新规划营销成本、提高吸引力和提高竞争弹性的方式实现。智能品牌忠诚度培育策略，一要加速产品更新，缩短单一产品的市场存续时间，以新品吸引消费者；二要通过提高企业的智能品牌文化吸引力，不断提升产品对客户的吸引力。

6. 智能品牌文化

智能品牌文化的构建有利于提高智能品牌的营销能力，可以从以下几个方面构建智能品牌文化：①准确定位智能品牌的地位，塑造独有的智能品牌文化；②在智能品牌营销过程中注入智能品牌的核心价值观念；③不断开发新的文化产品，不断拓展智能品牌文化营销的载体；④不断提高智能品牌文化的应变能力，不断健全智能品牌文化的营销基础。

随着互联网的快速发展，互联网企业得到快速发展，需要制定相应的互联网市场营销策略以适应企业发展需求。互联网智能品牌营销策略主要从定位目标客户、实施组合目标策略以提升智能品牌服务形象、健全智能品牌营销体系以加大推广力度、创新智能品牌的联合营销、培养智能品牌的忠诚度和培养智能品牌文化的方式，来提高互联网企业的智能品牌营销能力。

4.4.2 个性化广告

"个性化广告"，最简单的理解就是量体裁衣。它是企业面向消费者，直接服务于顾客，并按照顾客的特殊要求制作个性化产品的新型营销方式。它避开了中间环节，注重产品的设计与创新、服务管理以及企业资源的整合经营效率，从而实现了市场的形成和裂变发展，是如今企业制胜的新型武器之一。现代社会已然进入了个性化时代，人人都渴望着彰显个性。作为消费者，在购买任何一种产品的时候，通常都会希望与产品之间产生某种特殊的关联，使之成为区别于其他同类物品而专属于自己的东西。这种消费者心理是随着信息技术的发展而愈演愈烈的，商家要如何把握住这个营销方向就显得尤为重要，而"个性化广告"的重要性就慢慢凸显出来了。

智能营销下，要做好"个性化广告"，需要考虑很多细节要素，但把握住以下六个关键点，相信在策划"个性化广告"的时候能够手到擒来。

1. 目标客户

在做智能营销之前，每一个品牌都会先定位目标客户。什么是目标客户呢？

目标客户是企业或商家提供产品、服务的特定对象。目标客户是智能营销工作的前端，只有确立了消费群体中的某类目标客户，才能展开有效的具有针对性的智能营销事务，这属于智能营销的基础环节。通常，智能营销人员在这一时期更倾向采用一种营销渠道，向客户传递一致的宣传内容，最常见的是邮件营销。在这个阶段，最高级别的核心关键点在于，智能营销者更期望将宣传内容在合适时间传递给合适受众。例如，如果企业知道用户有哪些行为，并且用户很乐意接受广告，那么企业将就此对这个用户提供一些针对性的服务，这就实现了"一对一"，也就是"个性化广告"。目前，最为流行的定向广告是精准锁定目标受众的最佳选择。

2. 卖点独特

确定了智能营销目标客户，我们再回到智能营销本身，策划一场"个性化广告"，作为智能营销者需要考虑产品的卖点问题。一个独特的卖点肯定能吸引客户的目光。若要在众多同质化的产品中脱颖而出，那么宣传定位上独特的卖点和主张是不可或缺的。产品的承诺利益点能否正中客户下怀，这事关一个产品在市场中到底能走多久，能走多远。产品能否给目标客户留下有效记忆，而有效记忆的存活率有多高、有多久，又是一个需要智能营销者大费周章去考虑的问题。例如，大家耳熟能详的脑白金，除了产品独特的复合包装外，广告中大胆把"送礼"作为主导宣传口号，从而与其他产品形成利益区隔，形成了产品独特的附属功能，让消费者把它作为送礼的首选。这就是这个产品区别于其他产品的独特卖点。

3. 创新促销

好的促销主题可以给消费者一个强有力的购买理由，这样做或许可以有效规避价格战带来的品牌损害，所以主题一定要与促销需求相吻合，这也是"个性化广告"的一个关键要素。促销活动以简洁、大气、亲和力强的语言表达，在不偏离品牌形象的基础上做到易传播、易识别、时代感强、冲击力强，而不是司空见惯的"买一送一、跳楼甩卖、特价酬宾"字样。这样在消费者心中会形成特有的购买欲望，从而促成交易。

促销活动的主要支撑点在于促销内容设计，着重于能不能引导消费者产生兴趣、促销影响力能不能盖住竞争对手、能不能有效传递产品与品牌信息。独特的内容形式，比较容易满足消费者求新、求异、求实惠的"三求"心理，如果做得好，就会和消费者产生情感共鸣，一般可以从促销工具和促销手段上寻找创意空间，将买赠、套餐、抽奖等形式进行优化组合，推陈出新。

在有了好的主题、好的方案的基础上，更要通过创意物料让终端在消费者眼前亮起来，让产品借助物料在竞争对手中脱颖而出，率先冲击消费者的眼球，以营造良好氛围影响消费者购买，再形成更多的从众购买，一个立体化的终端形象十分有助于提升促销的效果。

总而言之，促销是一个完整的系统，在追求促销环节中创新的同时，更要注意促销执行这一个关键环节，以保证促销的有效性与良好效果，只追求表面创新但实际执行不到位的促销只是绣花枕头，中看不中用，促销必须要在创新的基础上为盈利服务。

4. 参与互动

这里的参与互动是创新促销的衍生，是指目标客户的参与互动。"参与"在"个性化广告"中至关重要，它意味着消费需求发生了一次关键的跃迁，消费需求第一次超出了产品本身，不再受限于产品的物化属性，更多延伸向了社会属性。也就是说，买东西的目标不再是简单地满足于东西本身能干什么，而是我用它能做什么，能让我参与到什么样的新体验进程中去。

"互动"的概念十分广泛，客户与企业双方的任何接触，都可以视为互动，产品和服务的交换、信息的交流和业务流程的了解等都包含于其中。例如，1998年万科创立"万客会"，通过积分奖励、购房优惠等措施，为购房者提供系统性的细致服务。客户已经不只是房子的买主，客户与万科的关系也不再是"一锤子买卖"，而是转变为更高层次的共同分享，是朋友般的相互关照。

5. 差异诉求

在饮料行业，曾经有过两部经典的广告：一部是乐百氏的"27 层净化"，另一部则是娃哈哈的"爱你就等于爱自己"，前者评为理性诉求，后者评为感性诉求，基于这两则广告的卓越表现，纷纷被业内人士尊为差异化营销的经典之作而大加颂扬。

其实，这两部广告的差异诉求，并不能代表乐百氏和娃哈哈的差异化营销，严格讲只能说是差异化营销的一部分。"个性化广告"中，差异诉求是一种综合性的发展过程中的细节部分，真正的"个性化广告"涵盖了市场定位、品牌体系、产品体系、渠道体系、价格体系、促销体系、管理体系、组织结构以及人力资源结构等多个方面。

而差异诉求考量的是一个产品是否具有营销优势，要让自身与众不同的宣传手段对消费者产生强大的冲击力与杀伤力，除了在竞品包抄中寻求宣传突围、另辟蹊径外，关键在于差异化是否能通过宣传的拦截来凸显自身品牌辐射带来的功能延展性。

6. 数据智能分析

在市场营销初级阶段，采用的技术工具相对较少，营销智能主要依赖电子邮件与客户进行沟通。即使企业有客户关系管理系统，也仍然是和电子邮件营销处于脱节的状态，并没有及时整合。但是在最高的营销级别，多个系统集成整合起来，用来精准触达目标客户。最终，也可以通过数据分析评估出技术投入对客户的影响及对整体收入的贡献，营销者会更加明晰技术营销的投资回报率。"个性化广告"里的数据智能分析则是主要针对营销细节里的个性化表达对最终商品成交率的影响，这在"个性化广告"中是非常重要的一环。清晰的数据分析能更好地把握"个性化广告"的方向和下一步投放计划。

"个性化广告"关键点不是基于营销基本概念上的泛泛而谈，而是如何将"个性化广告"方案实打实地落地实施，这需要依靠营销者在执行力上的突出表现。"个性化广告"之所以在现代社会的众多营销方式中占有一席之地，依赖于日益成熟的消费者个性化需求，营销者注重产品的个性表达，在某种程度上是可以达到消费增长的初始期望的。

4.4.3　定价智能策略定制

在进行智能营销时，企业应在传统营销定价模式的基础上，利用智能的特点，特别重视价格策略的运用，以巩固企业在市场中的地位，增强企业的竞争能力。

1. 定价智能策略种类

企业在进行智能营销决策时，必须对各种因素进行综合考虑，从而采用相应的定价策略。很多传统营销的定价策略在智能营销中得到应用，并进行了创新。根据营销价格影响因素的不同，定价智能策略可分为如下几种[25]。

1) 个性化定价策略

消费者往往对产品外观、颜色、样式等方面有具体的内在个性化需求。个性化定价策略就是利用智能互动性和消费者的需求特征来确定商品价格的一种策略。智能的互动性可以即时获得消费者的需求，使个性化营销成为可能，也将使个性化定价策略成为智能营销的一个重要策略。这种个性化服务是在智能分析成功应用后对于营销方式的一种创新。

2) 自动调价、议价策略

自动调价、议价策略是根据季节变动、市场供求状况、竞争状况及其他因素，在计算收益的基础上，设立自动调价系统，自动进行价格调整；同时，建立与消费者直接接触的支持智能价格协商的集体议价系统，使价格具有灵活性和多样性，从而形成创新的价格。这种集体议价策略已在现有的一些中外网站中采用。

3) 竞争定价策略

竞争定价策略是指动态关注竞争对手的价格而制定一个更具竞争力的价格策略。通过顾客跟踪(customer tracking)，系统经常关注顾客的需求，时刻注意潜在顾客的需求变化，才能保持向顾客需要的方向发展。大多数购物网站常将网站的服务体系和价格等信息公开声明，这就为了解竞争对手的价格策略提供了方便。随时掌握竞争者的价格变动，可以同步调整自己的竞争策略，以时刻保持同类产品的相对价格优势。

4) 竞价策略

竞价策略是通过规定底价，再由消费者竞价的方式确定产品价格的策略。智能营销使日用品也普遍能采用拍卖的方式进行销售。厂家可以只规定一个底价，然后让消费者竞价。其中厂家需要的花费极低，甚至是免费的。这种方式除了销售单件商品以外，也可以销售多件商品。目前，市场上支持此类服务的智能拍卖站点有易趣等。

5) 集体砍价策略

集体砍价策略指根据供应者以及消费者的竞争状况及其他因素，设立自动调价系统，自动进行价格调整的策略。这是智能营销出现后的一种新业务，当触达的消费者达到不同数量时，厂家制定不同的价格，扩散范围越大，价格越低。例如，拼多多的"砍价免费拿"就提供集体砍价服务。

6) 特有产品特殊定价策略

特有产品特殊定价策略是根据产品的需求确定产品的价格。当某种产品有它很特殊的需求时，不用更多地考虑其他竞争者，只要去制定自己最满意的价格就可以。这种策略往往适用于两种类型的产品：一种是创意独特的新产品，可以高效地利用智能沟通的广泛性、便利性，从而满足那些品位独特、需求特殊的顾客的"先睹为快"的心理；另一种是有特殊收藏价值的商品，如古董、纪念物或是其他有收藏价值的商品，在智能营销系统中，世界各地的人都能有幸一睹其"芳容"，这无形中增加了许多商机。

7) 折扣定价策略

在实际营销过程中，智能商品可采用传统的折扣定价策略，主要有如下几种形式。

(1) 数量折扣定价策略。企业在确定商品价格时，可根据消费者购买商品达到的数量标准，给予不同的折扣。购买量越多，折扣越多。在实际应用中，可采取累积和非累积数量折扣定价策略。

(2) 现金折扣定价策略。在 B2B 方式的电子商务中，为了鼓励买主用现金购买或提前付款，常常在定价时给予一定的现金折扣。

此外，还有同业折扣、季节折扣等，例如，为了鼓励中间商淡季进货或激励消费者淡季购买，可采取季节折扣定价策略。

8) 捆绑销售策略

捆绑销售策略指将两种或两种以上的商品进行捆绑，制定一个价格进行销售的策略。捆绑销售这一概念在很早以前就已经出现，但是引起人们关注的原因是20世纪80年代捆绑销售在美国快餐业的广泛应用。例如，麦当劳通过这种销售形式推出许多套餐组合，促进了食品的购买量。而现在这种传统策略已经被许多精明的智能营销企业应用。智能购物完全可以巧妙运用捆绑手段，使顾客对购买产品的价格感觉更满意。采用这种方式，企业会突破产品的最低价格限制，利用合理、有效的手段，去降低顾客对价格的敏感程度。

9) 声誉定价策略

声誉定价策略是卖方运用买方对本品牌的青睐心理而制定高于同类商品价格的策略。企业的形象、声誉成为智能营销发展初期影响价格的重要因素。消费者往往对通过智能营销网络购物和订货存在许多疑虑，如所订购的商品，质量能否得到保证，货物能否及时送到等。如果采用智能营销的商店品牌在消费者心中享有声望，则它出售的商品价格可比一般商店高些；反之，价格则低一些。

10) 产品循环周期定价策略

产品循环周期定价策略沿袭了传统的营销理论。产品在某一市场上通常会经历介绍、成长、成熟和衰退四个阶段，产品的价格在各个阶段通常要有相应的反应。采用智能营销进行销售的产品也可以参照经济学关于产品价格的基本规律，并且由于可以对产品价格做统一管理，就能够对产品的循环周期进行及时的反应，可以更好地随循环周期进行变动，根据阶段的不同，寻求投资回收、利润、市场占有的平衡。

11) 品牌定价策略

产品的品牌也是影响价格的主要因素，它能够对顾客产生很大的影响。如果产品具有良好的品牌形象，那么产品的价格将会产生很大的品牌增值效应。名牌商品采用"优质高价"策略，既增加了盈利，又让消费者在心理上感到满足。对于具有很大品牌效应的产品，由于得到人们的认可，在网站产品的定价中，完全可以对品牌效应进行扩展和延伸，利用智能宣传与传统销售的结合，产生整合效应。

12) 撇脂定价和渗透定价

在产品刚介入市场时，采用高价位策略，以便在短期内尽快收回投资，这种方法称为撇脂定价。相反，价格定于较低水平，以求迅速开拓市场，抑制竞争者的渗入，称为渗透定价。在智能营销中，为了宣传网站、占领市场，往往采用低价销售策略。另外，不同类别的产品应采取不同的定价策略。例如，对于日常生活用品，因为其购买率高、周转快，适合采用薄利多销、宣传网站、占领市场的定价策略；而对于周转慢、销售与储运成本较高的特殊商品、耐用品，智能定价时价格可定高些，以保证盈利。

2. 免费策略

1) 免费价格内涵

免费策略是市场营销中常用的营销策略，它主要用于促销和推广产品，这种策略一般是短期和临时性的。在智能营销中，免费价格不仅是一种促销策略，还是一种非常有效的产品和服务定价策略。

具体地说，免费策略就是将企业的产品和服务以零价格形式提供给顾客使用，满足顾客的需求。免费价格的具体形式有四类：第一类是产品和服务完全免费，即产品(服务)从购买、使用到售后服务所有环节都实行免费服务；第二类是对产品和服务实行限制免费，即产品(服务)可以有限次使用，超过一定期限或者次数后，取消这种免费服务；第三类是对产品和服务实行部分免费，如一些著名研究公司的网站公布部分研究成果，如果要获取全部成果则必须付款作为公司客户；第四类是对产品和服务实行捆绑式免费，即购买某产品或者服务时赠送其他产品和服务。

免费策略之所以在智能营销系统中流行，是有其深刻背景的。一方面，营销智能的发展得益于免费策略实施；另一方面，营销智能作为 20 世纪末最伟大的发明，它的发展速度和增长潜力令人生畏，任何有眼光的人都不会放弃发展成长的机会，而免费策略是最有效的市场占领手段。目前，企业在智能营销中采用免费策略，一个目的是让用户从免费使用中形成习惯后，再开始收费，如金山公司允许消费者下载限次使用的 WPS 软件，其目的是想让消费者形成使用习惯后，去购买正式版本的软件。这种免费策略主要是一种促销策略，与传统营销策略类似。另一个目的是想发掘后续商业价值，它是从战略发展的需要来制定定价策略的，主要目的是先占领市场，然后再在市场上获取收益。例如，雅虎公司通过为企业提供免费的门户站点搭建服务，经过 4 年亏损经营后通过广告收入等间接收益扭亏为盈，但在前 4 年的亏损经营中，公司却得到飞速增长，主要得益于股票市场对公司的认可和支持，因为股票市场看好其未来的增长潜力，而雅虎公司的免费策略恰好是占领了未来市场，具有很大的市场竞争优势和巨大的市场盈利潜力。

2) 免费产品的特性

智能营销中产品实行免费策略是要受到一定环境制约的，并不是所有的产品都适合免费策略。营销智能作为全球性开放智能，它可以快速实现全球信息交换，只有那些适合智能这一特性的产品才适合采用免费策略。一般说来，免费产品具有下列特性。

(1) 数字化：营销智能是信息交换的平台，它的基础是数字传输。对于易于数字化的产品，都可以通过营销智能实现零成本的配送。企业只需要将这些免费产品放置到企业的网站上，用户可以自由下载使用，企业通过较小成本就实现了产品推广，可以节省大量的产品推广费用。

(2) 无形化：通常采用免费策略的大多是一些无形产品，它们只有通过一定的载体才能表现出一定的形态，如软件、信息服务(如报纸、杂志、电台、电视台等媒体)、音乐制品、图书等。这些无形产品可以通过数字化技术实现智能传输。

(3) 零制造成本：主要是指产品开发成功后，只需要通过简单复制就可以实现无限制的生产，这点是免费的基础。对这些产品实行免费策略，企业只需要投入研制费用即可，至于产品的生产、推广和销售则完全可以通过营销智能实现零成本运作。

(4) 成长性：采用免费策略的产品一般都是通过利用产品成长性推动和占领市场，为未来市场发展打下坚实基础。

(5) 冲击性：采用免费策略的产品的主要目的是推动市场成长，开辟出新的市场领地，同时对原有市场产生巨大的冲击。例如，3721 网站为推广其中文网址域名标准，采用免费下载和免费在品牌计算机预装策略，在短短的半年时间内迅速占领市场，成为市场标准。

(6) 收益间接化：采用免费价格的产品(服务)，可以帮助企业通过其他渠道间接获取收益。间接收益方式也是目前大多数网络内容服务商(internet content provider，ICP)的主要商业运作模式。

4.4.4　渠道智能策略定制

分销渠道是指产品由生产领域向消费领域转移过程中经过的所有环节和中介机构。合理的分销渠道，一方面可以最有效地把产品及时提供给消费者，满足用户的需要；另一方面也有利于扩大销售，加快物资和资金的流转速度，降低营销费用。

相对于传统的营销渠道，智能营销渠道也可分为直接分销渠道和间接分销渠道，但其结构要简单得多。

1. 直接分销渠道

在智能营销的直接分销渠道中，生产商直接和消费者进行交易，不存在任何中间环节，这里的消费者可以是个人，也可以是进行生产性消费或者集团性消费的企业和商家。生产厂家通过营销智能的直接分销渠道直接销售产品，没有任何形式的中间商介入其中的销售方式为智能直销。智能直销有许多优点，例如，企业可以直接从市场上收集到真实的第一手资料，合理地安排生产；企业能够以较低的价格销售自己的产品，消费者也能够买到大大低于现货市场价格的产品；营销人员可以利用智能工具，如电子邮件、公告牌等，随时根据用户的愿望和需要开展各种形式的促销活动，迅速扩大产品的市场占有率；企业能够通过智能产品及时了解到用户对产品的意见和建议，并针对这些意见和建议提供技术服务，解决疑难问题，提高产品质量，改善经营管理。

但是，智能直销也存在其自身的缺点：过多过滥的企业网站，使得用户处于无所适从的尴尬境地。面对大量分散的企业域名，访问者很难有耐心一个个地去访问企业主页，特别是对于一些不知名的中小企业，大部分智能漫游者不愿意在此浪费时间。据了解，在我国目前建立的企业网站中，除个别行业和部分特殊企业外，大部分网站访问者寥寥，营销收效不大。

智能直销对生产性企业的要求很高，如下所示。

(1) 要求企业的实力比较雄厚。因为智能直销需要有一个功能完善的电子商务站点来支撑，而建设一个功能完善的电子商务站点的费用高达 100 多万美元，而且维护费用也非常高，这是一般的小型企业难以承担的，所以智能直销模式适合大型的生产性企业。

(2) 需要改变企业的业务流程，以实现顾客导向的柔性化生产。企业提供的智能直销服务，一般可以分为三个发展阶段：第一阶段是企业将已经设计生产出来的产品在营销智能网络中进行展示，允许顾客随时随地进行订购，这只要求企业生产系统的生产能力比较充足即可；第二阶段是企业不但展示已经设计生产出来的产品，还允许顾客对产品的某些配置和功能进行调整，以满足顾客对产品的个性化需求，这就要求企业的生产系统必须是标准化的和柔性化的；第三阶段就是允许顾客在企业设计系统的引导下，自己设计出满足自己需求的产品，这要求企业的生产系统必须高度柔性化和智能化。

(3) 需要改变企业的组织结构，实现扁平化的组织管理。企业采取智能直销模式，意味着企业对市场的反应必须是极度灵敏的，它要求信息能以最快的速度在企业的各个管理层和各个部门间传递和交流，以保证企业内部各项业务工作流程的有机集成和整合。为此，企业必须改变传统的金字塔形的组织管理结构，采用以团队协作为主要特征的扁平化的组织管理模式。

2. 有中介商介入的间接分销渠道

为了克服智能直销的缺点，智能中介商应运而生。这类机构的基本功能是连接营销智能网络上推销商品或服务的卖方和在其中寻找商品和服务的买方，成为连接买卖双方的枢纽，使得智能间接销售具有可能性。

根据中介商的不同，智能营销的间接分销渠道分为两种：一种是以商品或服务经销商为中介的智能营销间接渠道，中介商起着将产品由生产领域向消费领域转移的作用；另一种是以智能信息中介商为中介的智能营销间接渠道，中介商本身不经营任何商品和服务，仅仅凭借其掌握的大量相关信息来促成买方和卖方之间的沟通和交易，而最终交易的完成和商品的实体流转还是供应方和需求方之间的事。

智能中介商的存在简化了市场交易过程。利用智能中介商，企业能够更加有效地推动商品广泛地进入目标市场。从整个社会的角度来看，智能中介商凭借自己的各种联系、经验、专业知识、活动规模以及掌握的大量信息，在把商品由生产者推向消费者方面将比生产企业自己做推销的关系更简化，也更加经济。

利用营销智能间接分销渠道销售商品和服务，必须谨慎地选择智能中介商，这是事关智能营销效果的关键一环。在互联网飞速发展的今天，营销智能网络中每天都在诞生新的中介商，这些中介商的功能作用、服务特色、服务质量差别非常大，在筛选智能中介商时，要考虑功能、成本、信用、覆盖、特色和连续性六大因素。

1) 功能

智能中介商能够提供的功能服务，是选择智能中介商时要考虑的最重要因素。智能中介商必须具备如下功能：①信息收集功能，要有收集和传播智能营销环境中有关潜在与现行顾客、竞争对手和其他参与者的营销信息的能力；②智能促销功能，要具有强有力的关于智能促销方式的开发能力，同时还具有迅速传播促销信息的能力；③智能谈判功能，能够在智能网络上谈判促成买卖，使买卖双方就价格、数量等条件达成协议并顺利实现商品劳务所有权的转移；④智能订货功能，能够根据智能消费者的需求反向向商品和劳务的供应商提出订货要求；⑤智能融资功能，要有融资能力，以负担从事智能分销工作所需费用；⑥智能付款功能，能够完成在智能网络上向买方收款、向卖方付款，当然，在这中间离不开银行或其他金融机构的支持。

2) 成本

成本是指使用智能中介商时的支出。这种支出分为两类：一类是在中介商智能服务站建立主页的费用；另一类是维持正常运行的成本。在两类成本中，维持成本是主要的、经常的，成本的大小与选择的智能中介商有关，因为不同的中介商对成本的支出有较大的差别。

3) 信用

信用是指智能中介商具有的信用度的大小。目前我国还没有权威性的认证机构对智能中介商进行认证，因此在选择中介商时应注意他们的信用度。

4) 覆盖

覆盖是指智能营销能够波及的地区和人数，即智能站点能够影响的市场区域。对于企业来讲，站点覆盖面并非越广越好，还要看市场覆盖面是否合理、有效，以及最终是否能够给企业带来经济效益。

5) 特色

每一个智能站点都受到中介商总体规模、财力、文化素质的影响，在设计、更新过程中表现出各自不同的特色，因而具有不同的访问群(即顾客群)。企业应当研究这些访问群的特点、购买习惯和购买频率，进而选择不同的智能中介商。

6) 连续性

智能发展的实践证明，智能站点的寿命有长有短。一个企业要想使智能营销持续稳定地进行，就必须选择具有连续性的智能站点，在用户或消费者中建立品牌信誉、服务信誉。为此，企业应采取措施提升与中介商的关系，防止中介商将别的公司的产品放在经营的主要位置。

3. 直接分销渠道与间接分销渠道相结合

企业在进行智能分销决策时，既可以使用智能直接分销渠道，也可以使用智能间接分销渠道，还可以同时使用智能直接分销渠道和智能间接分销渠道。

企业在互联网上建立网站，一方面为自己打开了一个对外开放的窗口，另一方面也建立了自己的智能直销分销渠道。只要企业能够坚持不懈地对网站进行必要的投入，把网站建设维护好，随着时间的推移，企业的老客户会逐渐认识并利用它，新客户也会不断加入。而且，一旦企业的网页与信息服务商链接，其宣传作用便不可估量，这种优势是任何传统的广告宣传都不能比拟的。

4.4.5　智能促销策略定制

根据促销对象的不同，智能促销策略可分为消费者促销、中间商促销和零售商促销等。下面介绍针对消费者的智能促销策略。

1. 折价促销

折价也称打折、折扣，是目前智能促销最常用的一种促销方式。因为目前网民对智能购物的热情远低于商场超市等传统购物场所，所以智能商品的价格一般都比传统方式销售时要低，以吸引人们购买。智能销售商品不能给人全面、直观的印象，也不可试用、触摸等，再加上配送成本和付款方式的复杂性，造成智能购物和订货的积极性下降。但是，幅度比较大的折扣可以促使消费者进行智能购物的尝试并做出购买决定。

折价券是直接价格打折的一种变化形式，有些商品因在智能网络直接销售有一定的困难，便结合传统营销方式，可从智能网络下载、打印折价券或直接填写优惠表单，到指定地点购买商品时享受一定优惠。

2. 变相折价促销

变相折价促销是指在不提高或稍微提高价格的前提下，提高产品或服务的品质，较大幅度地增加产品或服务的附加值，让消费者感到物有所值。由于直接价格折扣会使消费者怀疑产品品质，利用增加商品附加值的促销方法会更容易获得消费者的信任。

3. 赠品促销

赠品促销目前在智能营销中的应用不算太多，一般情况下，在新产品推出试用、产品更新、对抗竞争品牌、开辟新市场等情况下利用赠品促销可以达到比较好的促销效果。

赠品促销的优点：①可以提升品牌和网站的知名度；②鼓励人们经常访问网站以获得更多的优惠信息；③能根据消费者索取赠品的热情程度总结分析营销效果和产品本身的受欢迎情况等。

赠品促销应注意赠品的选择：①不要选择次品、劣质品作为赠品，这样做只会起到适得其反的作用；②明确促销目的，选择适当的能够吸引消费者的产品或服务；③注意时间和时机，注意赠品的时间性，如冬季不能赠送只在夏季才能用的物品，另外在危急公关等情况下可考虑不计成本的赠品活动以挽回信誉；④注意预算和市场需求，赠品要在能接受的预算内，不可过度赠送赠品而造成营销困境。

4. 抽奖促销

抽奖促销是智能营销中应用较广泛的促销形式之一，是大部分网站乐意采用的促销方式。抽奖促销是以一个人或多个人获得超出参加活动成本的奖品为手段进行的商品或服务的促销。智能抽奖活动主要附加于调查、产品销售、扩大用户群、庆典、推广某项活动等，消费者或访问者通过填写问卷、注册、购买产品或参加智能营销活动等方式获得抽奖机会。

智能抽奖促销活动应注意的几点：①奖品要有诱惑力，可考虑大额超值的产品吸引人们参加；②活动参加方式要简单化，由于网络速度不够快、浏览者兴趣不同等，智能抽奖活动要策划得有趣味性和容易参加，太过复杂和难度太大的活动较难吸引匆匆的访客；③抽奖过程要公正公平，由于智能网络的虚拟性和参加者的广泛地域性，对抽奖结果的真实性需要有一定的保证，应该及时请公证人员进行全程公证，并通过 E-mail、公告等形式向参加者通告活动进度和结果。

5. 积分促销

积分促销在智能营销上的应用比起传统营销方式要简单和易操作。智能积分促销活动很容易通过编程和数据库等实现，并且结果可信度很高，操作起来相对较为简便。积分促销一般设置有价值较高的奖品，消费者通过多次购买或多次参加某项活动增加积分以获得奖品。

积分促销可以增加上网者访问网站和参加某项活动的次数，也可以增加上网者对网站的忠诚度，同时可以提升活动的知名度等。

6. 联合促销

由不同商家联合进行的促销活动称为联合促销，联合促销的产品或服务可以产生一定的优势互补效应、互相提升自身价值等。如果应用得当，联合促销可以起到相当好的促销效果。

第三篇　营销智能平台

第 5 章　营销智能平台概述

人工智能关键技术的突破以及在多元复杂场景中的落地，促进了由人、机及具体行业应用相互协同的新型智能系统的发展，加速了人机协同智能化的社会进程。

近年来，国内外众多制造、服务、IT 等行业的企业纷纷开始运用营销智能及人工智能技术来提升企业的营销效率，提高核心竞争力，以人工智能优势抢占市场份额，同时占领营销国际化、品牌全球化的技术制高点。例如全球知识的云服务公司 Salesforce，其营销云业务使得企业能够规划一对一的客户孵化过程，包括从电子邮件、移动营销、社交网络等地方发掘销售线索，到对潜在客户进行细分和定位，从而精准推动大规模的数字营销活动。

目前，中国企业对营销智能的实践性探索主要体现在以下三个方向。

(1) 采集分析消费者与品牌的沟通信息：从被动接触品牌营销信息，主动获取寻找品牌信息，比较研究品牌产品和服务、消费产品和服务，到对消费体验进行评价反馈等全环节的数据。

(2) 采集分析消费者自身数据：在符合数据安全法的相关规定，且保证消费者权利、获取消费者授权、保障数据安全的前提下，针对用户属性、喜好、媒介习惯、生活状态等数据信息，进行数字化智能化的收集、识别、分析、存储，并应用于营销市场活动中。

(3) 通过营销方式智能化提升营销效率：如智能技术在程序化投放中的应用、在用户运营中的应用等尝试不但建立了品牌与消费者的关系，也提升了企业与消费者的沟通效率，同时为企业节省了营销成本，运用营销智能及人工智能技术切实帮助企业和消费者解决了各自面临的问题。

国内企业在对营销智能技术的探索过程中，由于环境、竞争、数据安全等，企业与企业、部门与部门、行业与行业之间的数据屏障依然存在，数据孤岛、碎片化现象严重。如何更好地运用营销智能以及人工智能技术，打通数据与数据之间、数据与人之间、数据与业务之间、数据与行业发展之间的关联关系，打破数据之间的屏障，消除数据孤岛，科学有效地将各营销行业数据进行清洗、梳理和关联，最终实现具有营销分析和营销决策能力的高阶人工智能应用，打造人机协同的美好世界，已成为人工智能领域亟待解决的重大问题。

本章首先探讨人机协同营销智能平台的功能和总体架构，然后介绍明略智能营销平台生态体系。

5.1　人机协同营销智能平台功能

从人工智能的角度来看，人机协同营销智能系统主要有三大核心能力，即基于人类状态模型的机器认知能力、基于知识图谱的人机知识共享能力、基于智能推理的多人多机全局规划能力。人机协同营销智能平台就是在营销的典型场景中，满足多项任务、多人多机的实际需求，实现人、机、组织主动认知，相互协同。

人机协同营销智能平台具体的功能主要包括如下几种。

1. 人机互通

营销是基于人的市场广告活动。为了保证营销活动的有效性，需要对人的行为特征和所处场景进行明确标识。

通过分析用户在不同设备上的行为轨迹和行为模式，基于互联网协议(internet protocol，IP)地址、物品 ID(identity document，身份标识号)、时间间隔等特征，结合用户行为轨迹算法，使用频繁模式挖掘、强化学习等技术，可以将家庭智能电视、手机、个人计算机等不同终端的设备标识与人进行连接互通。通过跨设备打通，用户在不同场景和触点的行为可以连接在一起，使得用户的行为和特征更加丰满，能更好地满足行业和客户对跨平台、跨终端、跨场景的营销需求，提高营销的效率。

2. 图像内容识别和自动情感分析

图像内容识别和自动情感分析可以为营销人员提供多维洞察依据，有助于后续创意效果分析和优化，提高效率。

内容识别和理解使用了文本识别、语音识别、图像识别等技术，可以对文本、图像、视频类别的广告内容智能地进行结构化和标签化。输出信息包括内容分类、物品、场景标签、情感标签等。结合营销领域大量的客户和知识积累，可以做到针对不同行业、不同类型的内容做单独训练，以确保结构化后的内容更符合不同的分析场景和目的。

3. 营销内容自动生成

营销内容的自动生成，可以实现根据需求、场景自动生成营销标题、文案等文本类描述信息，以支持精准投放营销路径的实现。

在对消费者对象进行智能判断识别后，根据消费者的特征、状态、场景等，针对其具体需求，结合海量的营销相关的社媒内容、创意内容等，利用自然语言处理(natural language processing，NLP)技术进行内容抽取，同时智能撰写生成、自动输出最具适用性的文字和图形类营销内容素材，大幅提升营销物料生产的效率，并支持动态化投放的使用场景。

4. 智能内容推荐

借助于机器学习，智能内容推荐将场景配置、内容上传、内容管理、内容分发、推荐干预等功能进行集成，帮助客户通过可视化操作，从无到有搭建推荐系统，显著提升用户活跃、留存、观看时长等重要业务指标。推荐后台也提供了丰富的推荐配置和数据统计功能，支持客户随时了解推荐状态，精确控制自己的推荐服务。

5. 广告程序化投放

平台支持广告主在中国绝大多数的主流网络视频媒体上进行"定量优选"的程序化投放，从而实现目标受众的最大化触达。依靠与主流的大数据管理平台及广告主第一方数据管理平台的同源机房对接，利用核心的智能优选算法，平台能够帮助广告主解决程序化投放需要面对的"投放量"与"精准度"的矛盾，并将其引入主流的广告交易模式中。平台基于对媒体推送资源的大量历史投放记录的积累，通过智能大数据算法模型分析，能够在一定程度上实现对高频用户行为的未卜先知，并且在投放时对其优先曝光，有效提升高频用户占比。

6. 营销数据开放接口

通过接口的方式，开放全域营销中的真实用户识别数据，全域营销广告监测的用户数量数据，全域营销分行业、分区域的投资量数据，分行业消费者网络舆情数据，营销触点数据，数字媒体发展指数等，供企业和开发者通过简单地调用、组合，来掌握当前行业营销形势。同时，与智能营销软件平台、智能营销硬件平台中的应用相结合，可快速搭建适合企业发展的营销系统。

5.2　人机协同营销智能平台架构

人机协同营销智能平台通过融合计算机语音及图像识别、自然语言处理、深度学习、知识图谱及智能搜索、决策建模等核心技术，打造从多维感知数据汇聚、治理管控、共享服务、推理与知识服务到营销行业应用的智能生态平台，形成从信息收集、推理判断到行动执行的人工智能闭环，实现人类智能(human intelligence，HI)、人工智能与组织智能(organizational intelligence，OI)有机结合的 HAO 智能，从而打通感知、认知、分析和决策，构建人机协同营销智能系统。

人机协同营销智能平台包括感知系统、认知系统和行动系统三大部分，结合计算存储模块，其平台架构如图 5-1 所示。

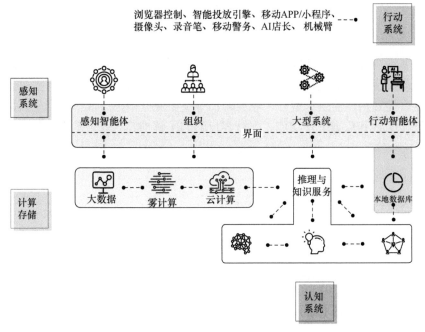

图 5-1 人机协同营销智能平台

感知系统是基础，本质上是为认知系统提供数据基础服务。作为"人工智能驱动的数据治理"平台，感知系统将多维感知数据汇聚、治理、共享集为一体，可以实现各类结构化数据、非结构化数据、图像、文本等多维数据的处理过程，处理的结果就是"符号"。将"符号"作为连接感知计算与认知计算的纽带，源于作为人工智能三大流派中经典的"符号主义"流派，其核心是用基于数理逻辑的数理符号来表达和模拟人类的智能。

认知系统在接收到感知系统传输过来的经过符号化的知识和情报后，先将其存储加工，再利用认知系统的大脑，即行业知识图谱进行推理分析，形成综合情报研判结果，最终输出"认知"，即可用于行动的洞察。

行动系统则借助浏览器控制、智能投放引擎、移动 APP/小程序、摄像头、录音表、移动警务、AI 店长、机器臂等软硬件设备最终实现营销全领域的智能化。

人机协同营销智能平台技术实现架构按照数据和知识的处理流程，具体分为数据采集层、数据处理层、知识处理层和业务应用层。本篇其他章节将重点阐述人机协同营销智能平台实现中使用的核心技术。

5.3 明略营销智能平台生态体系

为充分发挥人工智能行业领军企业、研究机构的引领示范作用,科技部印发了《国家新一代人工智能开放创新平台建设工作指引》的通知,并于 2019 年 8 月 29 日在上海举行的 2019 世界人工智能大会上正式宣布依托明略科技集团建设营销智能国家新一代人工智能开放创新平台。

营销智能国家新一代人工智能开放创新平台将聚焦以消费者动态变化的个性化、碎片化需求为中心的营销智能技术,以开放、创新、共享为基本原则,全面打造完整的平台生态体系,保障营销智能开放创新平台的稳步发展。

应用人工智能、大数据、客户关系管理等技术,明略营销智能平台生态体系从多源异构的海量信息开始,帮助企业在数据中发现业务规律,为企业提供智能化的用户洞察、品牌分析、消费者画像、供应链分析、个性化广告、营销库存管理等经营决策支持,实现智能决策。通过智能推理技术实现从企业采购到生产制造,最终到销售服务的全生命周期中各环节的供给和需求匹配,赋能组织的高效运转和加速创新。本节介绍明略营销智能平台生态体系中的各个平台及其功能。

5.3.1 数据管理平台

数据管理平台(data management platform,DMP)是支持多方数据的整合、存储和标签化,通过分析优化和智能输出,提升营销效率的一站式企业营销数据智能管理平台。它可以智能实现企业内外部营销数据的采集、连接和统一管理,以及人群管理、画像分析、分消费者转化阶段的个性化营销触达等服务。

DMP 是国内领先和创新的实现跨设备、跨渠道的数据收集以及安全管理的数据枢纽平台。一站式智能连接恩亿科(nEqual)旗下多个应用产品,实现数据无缝闭环应用和效果提升,依靠多年积累的强大标签体系,及业内多家顶级合作伙伴资源,实现丰富的人群标签体系和 360° 人群画像分析。在标准上,DMP 采用与 BAT(Baidu, Alibaba, Tencent)同步的数据安全管理及应用合规标准,并通过国家高级别的等保评估安全标准,确保数据安全管理和应用无漏洞。通过强大的异常和虚假数据过滤、数据质量监控机制能够高效确保数据的质量和应用效果,目前已经为汽车、快消、金融、3C 等多行业近 70%的头部品牌提供消费者数据管理和智能应用服务。

DMP 升级营销场景,用大数据串联起复杂的用户行为,实现大数据技术驱动的智能营销,构建全链路营销闭环(见图 5-2),实现数据反哺、持续优化,持续有效地提升优化营销能力。

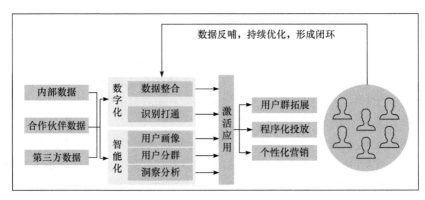

图 5-2　全链路营销闭环[26]

DMP 实现了高标准化模块耦合,利用数据技术赋能每一环节的场景应用。

(1) 数据整合模块将多渠道海量、复杂和分散的数据纳入了统一的管理平台,通过平台的数据接入和处理能力,串联起完整有效的消费者行为链路,为企业积累沉淀丰富的数据资产。

(2) 识别打通模块实现了跨渠道跨设备识别到人,可以将不同行为 ID 映射关联至同一用户。

(3) 用户画像模块基于全网大而全的标签体系,可以解析输出 360° 全方位的消费者画像,如图 5-3 所示。

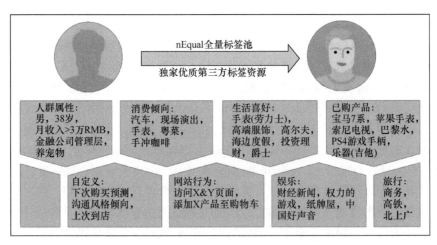

图 5-3　用户画像[26]

(4) 用户分群模块根据内置模型算法生成定义标签,基于场景规则灵活细分群组,以迎合不同业务需求和营销目的,如图 5-4 所示。

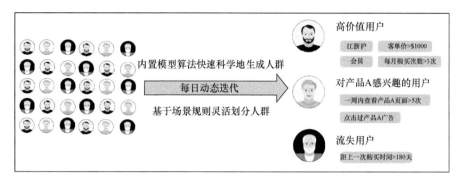

图 5-4　用户分群[26]

(5) 洞察分析模块通过线上电视台(online TV，OTV)、垂直媒体、社交媒体全路径的消费者数据监测体系，有效识别链路中各触点对消费者转化产生的贡献。通过对不同项目的交叉分析，实时洞察多项目间的共性与差异性，提升媒介的规划能力。

在应用方面，通过用户群扩展模型来挖掘品牌核心用户数据，基于全量标签池进行相似人群扩展，精准找到更多潜在用户，提升业务转化率。基于 DMP 的人群输出和验证，指导跨渠道跨设备的定向投放，精准营销最大化提升投放效率，以触达更多目标受众增加营销投资回报率(return on investment，ROI)。另外通过 DMP 智能化细分人群，可以针对不同群组定向投放个性化内容，如图 5-5 所示，增强消费者的品牌营销体验，以促进用户增长，提高用户转化率。

图 5-5　个性化推荐[26]

AD：account director，客户总监

5.3.2　顾客数据平台

伴随着多触点下的用户识别和实时互动的需求，以顾客数据平台(customer data platform，CDP)为代表的数据融合生态应运而生，如图 5-6 所示。

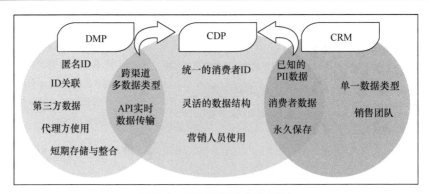

图 5-6　CDP 数据融合生态[27]

API：应用程序接口；PII：个人验证信息

CDP 是以消费者服务体验为核心的企业用户数据管理平台，可以统一来自营销、销售和服务渠道的用户数据。在本质上，CDP 是以客户数据为中心，由营销人管理的消费者数据库。CDP 的三大特征是以营销为导向，专为营销人员管理及运用；以数据为手段，可以统一消费者数据记录，并持续更新；以客户为目标，驱动营销活动管理及客户体验。

CDP 自身构建强大的数据接入、数据治理、数据建模和数据服务化的管理体系，通过超级账户(Super ID)对企业用户实现跨设备和跨平台的识别和连接，帮助企业一站式提升营销、销售和服务的客户体验，实现企业用户高效管理和统一运营。

CDP 系统功能架构如图 5-7 所示，以消费者为核心，通过整合、打通、定义、分析等高业务化的模块设计，构造超级用户数据大脑，激活应用，建立数字化营销体系，驱动智能营销。

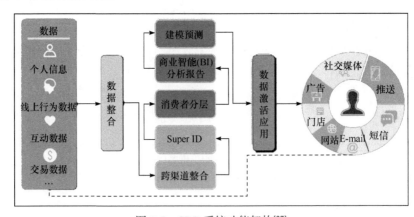

图 5-7　CDP 系统功能架构[27]

(1) 整合是指多类型消费者数据会统一存储管理，其渠道来源包括企业自身和拥有的一方数据，由合作伙伴拥有、但与品牌方共享的二方数据，由其他数据供应商产生或拥有的三方数据。

(2) 打通是指将原来独立存在于客户关系管理、电子商务、Web/APP、社交网络上的数据孤岛，通过数据融合，构建统一的消费者 Super ID，进而串联起完整的消费者信息链。

(3) 定义包括两方面：一方面借助强大的包括统一资源定位符 (uniform resource locator，URL)图谱、APP 图谱、互动行为图谱、产品分类图谱等的知识图谱，将原始的基于消费者行为的数字数据、传统的客户关系管理数据等转换成营销业务语言，以满足不断变化的数据应用需求；另一方面借助内外数据源，由浅入深地构建包括原始数据、事实标签、模型标签和预测标签等的完整的消费者标签体系，如图 5-8 所示，满足从基础到高阶的消费者分析及营销定向触达需求。

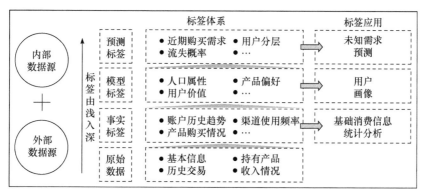

图 5-8　消费者标签体系[27]

(4) 分析是通过全方位的消费者洞察、消费者关键决策节点的识别实现更精准的消费者定位；通过对现有数据的消费者行为预测，更好地感知与认知消费者；通过各类成熟的智能模型，更智能地进行营销预测；通过商业智能(business intelligence，BI)分析报告实现数据资产可视化和消费者状态分析，以实现更便捷的商业决策。

在激活应用方面，通过跨渠道营销活动管理，实现连贯的营销沟通，提升消费者体验；通过企业官网、移动设备、社交媒体平台、E-mail 等多渠道实现个性化营销触达，提升消费者参与度和转化率；通过精细化消费者旅程中的每一个节点，传递理想的客户体验，实现消费者生命周期管理；通过消费者行为识别与判断，可以触发实时营销，即实时的消费者需求感知、实时响应消费者，实现与消费者实时交互。

5.3.3 顾客互动管理平台

顾客互动管理(customer experience management，CEM)平台是人工智能驱动

的企业全渠道消费者智能管理和运营平台。CEM 平台依托人工智能技术实现企业官网、官微、小程序、APP、微博等企业自有平台全渠道用户行为数据挖掘、归因分析、营销优化及消费者沟通和服务等一站式消费者运营管理服务。

目前在真实营销业务场景中消费者触点多元分散，营销各自为政，各类数据相互割裂，消费者画像模糊，难以清晰定位识别；在进行营销推广时，或者依靠纯粹的经验，消费者看什么，就推什么广告，简单直接，缺乏精准度，或者纯粹采用数据驱动预判需求，精准有余，但消费者感觉受到监视，缺乏体验感。CEM 则可以通过全面的消费者画像，进行触点轨迹全景展现和沟通机会点识别，为消费者提供个性化沟通，打造有价值、有温度的消费者精准营销。

CEM 作为智能连接品牌和消费者的一站式平台，建立了以消费者为中心的营销服务体系，为每一个消费者提供全周期个性化的服务体验，让品牌和消费者成为朋友，进而实现业务增长，发现高价值消费者，提高与消费者的沟通效率，从而提升消费者满意度和忠诚度。

CEM 平台贯穿"获客—转化—留存—复购"的全用户流程，如图 5-9 所示，关注每一个流程中的消费者体验，赋能营销增长。

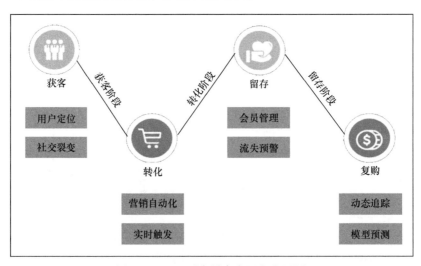

图 5-9　CEM 平台贯穿全用户流程[28]

(1) 在获客阶段，CEM 平台告别全量营销，通过用户定位和社交裂变精准定位不同用户群，找到更多高价值潜在用户，对用户进行个性化营销引导。进行用户定位时，可以对触点数据进行交叉分析、洞察核心用户的特点，勾勒用户精准画像；锁定共性用户全体，灵活地进行分组定向触达；根据属性和交互行为可以评估用户价值，筛选出高价值的潜在用户。进行社交裂变时，可以基于公众号用户画像，进行精准的社群裂变；利用红包/优惠券裂变实现活动宣传；通过识别关键意见消费者(key opinion consumer，KOC)，获取有价值的潜在用户。

(2) 在转化阶段，CEM 深度挖掘用户行为，分析优化核心流程，实时实现多触点触发，促进转化率。

CEM 平台实现了营销自动化，具体包括通过漏斗分析核心转化过程，优化活动机制；对用户行为路径进行分析，合理分发资源，调优页面布局和交互，提升用户体验；对多个公众号推文实现统一管理，激活粉丝用户；自动化引擎，可以基于群组/阶段推送信息，提升点击率(click through rate，CTR)。

CEM 平台实现了多触点实时触发，具体包括采用灵活的触发方式，可以定时重复、实时触发，满足复杂的营销场景，优化每一个旅程触点；根据消费者客户关系管理等级信息和历史交易记录进行判断，推荐基于算法的商品信息；基于 ID 打通消费者信息，判别消费者的渠道覆盖，选择最适合的渠道进行触达。

(3) 在留存和复购阶段，CEM 平台覆盖会员管理、流失预警、动态追踪、模型预测，对用户实行全方位实时的追踪关怀管理，提升用户黏性和忠诚度，增加复购的概率。在会员管理中，可以实现全渠道会员招募、精细化会员运营与自动化会员关怀体系，结合会员等级、积分、任务、内容设计等提高会员价值贡献；在流失预警中，通过人群分类分析流失原因以对症下药，并通过构建流失预测模型对易流失用户进行预警，实施针对用户习惯的挽回策略；在动态追踪中，基于用户三方标签，持续调整个性化内容策略，挖掘客户关系管理及线上实时行为数据，洞察识别生命周期阶段，智能匹配产品和内容；在模型预测时，采用时间间隔(gap time，GT)模型优选高价值用户进行再触达。

在应用上，CEM 平台能够完整还原单一用户的全触点互动轨迹；可以创建管理内容营销实践，丰富活动场景，让每一次用户交互生动且更具有感染力；也可以对可视化报表进行定制，清晰呈现出动态数据，及时掌握营销状态。

5.3.4 内容管理平台

内容管理平台(content management platform，CMP)专门解决在营销自动化流程体系中的营销内容管理和推荐问题。在传统营销场景中，前端受众用户的特点、触点场景、兴趣喜好等各种营销核心要素和"内容管理和推荐"之间是相互割裂中断的，这会导致流程和内容管理过于复杂、人工耗时高、营销效果降低等问题。CMP 能达到营销理念中"针对对的人，在对的时间、对的场景，说最适合 TA 的话"，把最后一步"适合 TA 的内容"智能管理、智能匹配、智能推荐给 TA。

CMP 以内容智能管理为核心，与营销智能生态体系中的其他平台实现无缝对接，向上为自动化品牌广告投放提供支撑，包括从 CEM 平台获取数据，输送针对 TA(目标受众)所需的广告素材，实现素材供给、智能生成、标签管理等统一的内容管理和内容分发，如图 5-10 所示。向下无缝承接 DMP、CDP 的消费者洞察和识人功能，并根据内容标签和触达效果反哺 DMP、CDP，让"营销内容"可以实现数据化统一管理。

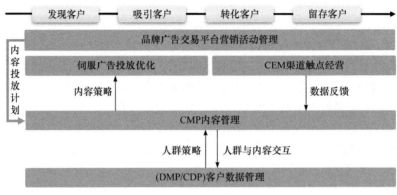

图 5-10　营销推广生态[29]

5.3.5　伺服系统

伺服(serving)系统是依托消费者属性及媒介行为触点等海量大数据，利用人工智能技术实现目标受众精准沟通、媒介策略组合优化、降本提效的独立第三方程序化广告投放系统。

利用伺服系统广告主可以自主采买媒介资源，利用算法和技术自动实现目标受众的精准定向，全流程交易透明化，广告主拥有掌控权，实现人和流量效率双提升的智能营销。

伺服系统解决媒介营销中"开源"和"节流"两大核心业务需求。在伺服系统中"开源"可以通过提高人群触达和互动转化功能来提升营销效果，"节流"则通过提高流量使用效率和人工智能模型驱动优化功能来提升营销效率。

(1) 提升人群触达。伺服系统可以实现在线视频(online TV，OTV)和横幅(banner)之间的跨媒体控频，游刃有余地实现媒介份额最大的 OTV 管理；可以对投放项目或监测项目的历史人群设定投放规则，以圈定人群包；可以动态调整人群包的优先级，最大化人群触达；实现实时查询(real time query，RTQ)及实时联动，在毫秒级内进行人群查询验证，高效筛选出目标受众，RTQ 及实时联动流程如图 5-11 所示。

(2) 提升互动转化功能。伺服系统采用 PDB(programmatic direct buying，程序化直接购买交易模式)+PD(preferred deals，优先交易购买模式)策略组合，实现从认知到转化的递进式沟通，提升人群触达；基于人群、频次、独立访客(unique visitor，UV)权重的动态创意，采取千人千面的投放体验提升转化率。

(3) 提升流量使用效率功能。伺服系统采用实时的前置反作弊能力，可以过

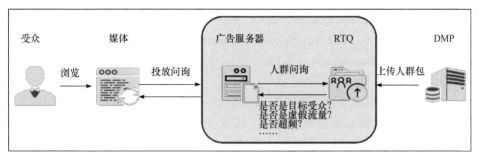

图 5-11　RTQ 及实时联动流程[30]

滤掉异常、无效的流量，减少流量浪费；定制化流量交换，实现广告主的多品牌间 TA 流量优选。

(4) 人工智能模型驱动优化功能。伺服系统内置了人工智能驱动的 CTR 预估模型和频次预估模型，可以辅助人群策略的优化。

5.3.6　数字化媒介策划和运营

品牌广告交易平台(brand trading desk，BTD)是一个一站式的数字化品牌广告投放的媒介策划和运营工具。它依托人工智能大数据模型，基于海量的历史流量情况、广告表现、媒介策略、受众特点等数据，实现一站式科学、无缝、高效的媒介策划—投放—评估—优化等智能精准营销活动。

传统的媒介策划管理流程非常烦琐，耗时耗力，例如，在媒介决策时根据经验的媒介组合和预算分配大量依赖人工的线下操作，这些策略通常难以沉淀累积实现反哺优化。在进行投放时，由于跨平台操作的低效率和高成本，投放流程高度不透明，暗箱作业的概率很高。

BTD 作为一个智能自动化媒介管理平台，涉及媒介预算分配、排期管理、策略执行和效果评估营销全周期，其功能如图 5-12 所示，可以解决跨渠道营销的透明、效率和效果优化的难题。

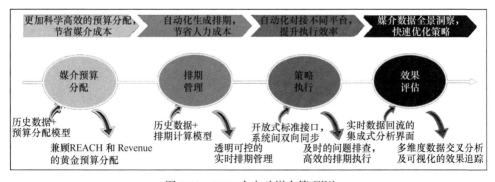

图 5-12　BTD 全自动媒介管理[31]

(1) 媒介预算分配时根据媒介目标，集中整合历史数据，在预算分配模型的作用下，可以兼顾 REACH(revenue enhancements and customer hospitality，收入增加和客户招待)和 Revenue(收入)的黄金预算分配，根据实际自动更新迭代，以便于节约媒介预算，提升人群触达效率。

(2) 排期管理依靠训练模型的优化计算，一键生成媒体排期，包括硬广策划管理、社媒策划管理和电商策划管理，如图 5-13 所示，排期制作时间周期可以缩短 50%～70%，全过程透明可控，节省人力成本。

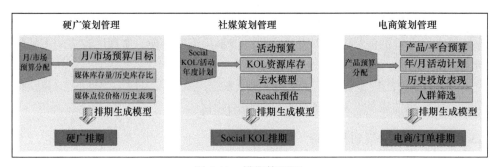

图 5-13　排期管理[31]
KOL：关键意见领袖(key opinion leader)；Social KOL：社群关键意见领袖

(3) 策略执行功能可以通过开放式标准接口，自动下发策略，实现多平台对接合作。

(4) 效果评估功能可以通过媒介投放数据的全景洞察，可以实现 $T+1$ 监测数据实时回流，广告效果优化周期大大缩短。

第6章 多维感知数据采集

数字时代的营销是跨平台、多媒体、多形式的全域营销，范围包括线上的网站、APP、智能电视设备，线下的电视、电台、户外等媒体。在确保数据信息安全、保障数据主体的数据主权的前提下，全面、准确地采集全域营销数据和信息，并且正确识别这些数据信息，是营销智能的基础核心能力。

本章首先介绍全域营销数据的多样性、多维感知数据的类型，然后介绍目前营销领域主流的数据采集方法和常见开源的数据采集平台，最后介绍明略大数据汇聚平台。

6.1 全域营销数据的多样性

在数据量呈爆炸增长的今天，全域营销数据丰富多样，既有来自企业内部的自营数据，也有来自企业外部的他营数据；既有结构化数据，又有半结构化、非结构化数据；既有数据、文本这种传统的媒介形式，又有音频、视频、位置信息等富媒体形式。总体来说，全域营销数据的多样性包括数据来源的多样性和数据类型的多样性两个方面。

全域营销数据有多种来源，首先，企业信息化程度的不断提高，在企业内部的 IT 系统时刻产生大量的内部数据，如综合办公、系统日志、企业供销存等经营管理活动产生大量数据，同时企业也与外围客户、合作伙伴通过文本信息、社交网络、移动应用 APP 等形式进行互动，产生大量的数据。其次，随着互联网的高速发展以及移动互联网的迅速普及，互联网成为使用最广泛及认可度最高的数据来源，如电子商务网站中用户的浏览商品记录、购物清单信息、支付信息，搜索引擎中用户搜索的词目信息，新闻门户网站上发布的新闻动态、社交网站上发布的博文信息、用户间的互动信息等。另外，随着物联网技术的迅猛发展，各种智能设备上的传感器也能定时采集各种丰富的数据资源，因此物联网也是目前全域营销数据的重要来源。表 6-1 呈现了营销全域数据来源。

表 6-1 营销全域数据来源

数据来源	数据描述
信息系统	企业内部或外部信息系统产生的数据，如企业资源计划系统、客户关系管理系统、在线交易平台等

数据来源	数据描述
互联网或移动互联网	由不同数据主体产生的数据,因开放、共享,用户可以通过浏览网页或 APP 访问
物联网	利用物联网中传感器设备收集的消费者或商业数据,这些数据可以来自安全系统、智能电器、智能电视和可穿戴健康装置、交通监控设备和天气跟踪系统等

全域营销的数据类型也是复杂多样的,通常分为三类,即结构化数据、半结构化数据和非结构化数据。结构化数据一般泛指关系数据库中的二维表,表的每个属性不能进一步分解,具有明确含义。半结构化数据是带有自描述的,数据的结构和内容混在一起,没有明显区分的数据,如 HTML、XML 文档就是典型的半结构化数据。不方便用二维表或自描述语言表现的数据统称为非结构化数据。本质上非结构化数据是异构和可变的,可同时具有多种格式,包括文档、网页、微博、电子邮件、网络日志、全球定位系统(global positioning system,GPS)数据、图像、音频和视频等。

6.2 多维感知数据

6.2.1 信息系统数据

通常,现代化的企业会利用具有计划、组织、领导和控制及其他辅助功能的信息系统来组织、经营和管理企业,在相关业务流程中,信息系统或平台产生了大量的数据并存储于数据中心或数据集市中。这些数据虽然都是由同一企业内部业务产生的,但一般由不同的系统产生并以不同的数据结构存储在不同数据库中。例如,企业资源计划(enterprise resource planning,ERP)系统产生的数据存储在 ERP 数据库中,在线交易平台产生的数据存储在交易数据库中。在企业内部的信息化系统中,也会产生一定的半结构化数据,如交易日志、用户浏览日志以及各种监控设备产生的视频、音频等非结构化数据。

另外,在企业运行过程中可能涉及其他合作企业的数据,这些数据可能由合作企业通过数据推送的方式提供,也有可能通过数据接口访问的方式提供,或者由合作企业直接提供数据库访问权限的方式提供。

从企业数据的组成可以看出,信息系统数据的来源较多、组织形式多样。

6.2.2 互联网数据

互联网数据是指在网络空间交互过程中产生和沉淀的大量数据。因为互联网的开放和共享,普通人都可以通过浏览网站和使用 APP 形式等访问并产生数据。

互联网数据是数据富集的一个重要来源，其具体数据分布和数据特点如下。

(1) 媒体门户网站发布的新闻、评论、报道等，如新浪财经、搜狐新闻等，这些数据往往具有较强的实时性和专业性。

(2) 政府部门在互联网上公开的数据，如法院公告、工商缺陷产品召回信息、政府招标信息等，这些数据往往具有很高的权威度和可信度。

(3) 普通用户在社交网站发表自媒体信息，用户在享受社交服务的同时，也产生了言论、轨迹等数据。这些数据往往具有一定的实时性和针对性。

(4) 电商网站允许用户自由采购产品并查询、发布产品评论及销售量信息，这些数据往往具有一定的真实性和实时性。

(5) 论坛是网民发表意见舆情的开放渠道和平台，用户在发表个人意见的同时，自己的价值倾向、事件评估等信息也被网站记录下来。这些数据往往具有一定的实时性和针对性。

当然，还有大量的其他类型的互联网数据，此处不一一罗列。互联网数据中沉淀着大量反映用户特征、偏好倾向、事件趋势等的信息。对互联网进行数据采集需要考虑采集量、采集速度、采集范围和采集类型，信息数据采集范围涉及新闻网、电商网站、分类网站、微博、论坛、博客等，采集类型则包括文本、数据、URL、图片、视频、音频等。

6.2.3　物联网数据

物联网是计算机互联网的应用扩展。物联网是通过各种信息传感设备，如射频识别(radio frequency identification，RFID)设备、传感器、全球定位系统、红外感应器、激光扫描器等与互联网结合起来而形成的巨大网络。物联网是世界上万事万物的网络，即"Internet of Things"。其目的是实现物与物、物与人、所有的物品与网络的连接，方便识别、管理和控制。物联网可以交换有关计算机和移动设备以外的任何东西的信息，如智能电视、智能手表、谷歌自动驾驶汽车、办公AI 锁等。物联网的应用使我们的世界变得更加美好。

据统计，2020 年全球共有 117 亿台物联网设备，根据全球物联网知名研究机构 IoT Analytics 预测，到 2025 年，全球物联网设备连接数将超过 300 亿。物联网上产生的大量数据给商业世界带来了重大的变化，为识别、分类和进一步了解潜在目标提供了前所未有的数字信息资源。物联网数据是除了人和服务器之外，在射频识别装置、音频采集器、视频采集器、传感器、全球定位设备、办公设备、智能家居设备、生产设备等产生的大量数据。物联网数据具有以下特点。

(1) 数据量更大。物联网的最主要特征之一是节点的海量性，其数据规模远大于互联网；物联网节点的数据生成频率远高于互联网，如传感器节点多数处于全时工作状态，数据流是持续的。

(2) 数据传输率更高。物联网与真实物理世界直接关联,很多情况下需要实时访问、控制相应的节点和设备,因此需要高数据传输速度的支持。

(3) 数据真实性要求高。物联网是真实物理世界和虚拟信息世界的结合,其对数据的处理将直接影响物理世界,物联网中数据的真实性尤为重要。

(4) 数据更加多样化。物联网涉及的应用领域和范围广泛,包括智慧物流、商务溯源、智能家居、智能汽车驾驶等。在不同的应用场景中,需要面对不同类型、不同格式的应用数据。因此,物联网中数据的多样性更为突出。

6.3　数据采集方法

多维感知数据采集指利用多个数据库或存储系统接收来自全域网络不同数据源的数据。数据采集过程的主要特点和挑战是并发数高,因为同时可能会有成千上万的用户在进行访问和操作。例如,火车票售票网站和淘宝的并发访问量在峰值时可达到上百万,因此采集端需要部署大量数据库进行支撑,并且数据库之间需要进行负载均衡和分片设计。

数据源不同,数据采集方法也不相同。但是为了能够满足大数据采集的需要,数据采集时都使用了大数据的处理模式,即 MapReduce 分布式并行处理模式或基于内存的流式处理模式。下面介绍不同数据源的数据采集方法。

6.3.1　信息系统数据的采集

在传统企业里,通常会使用传统的关系型数据库 MySQL 和 Oracle 等来存储信息系统中产生的数据。随着大数据时代的到来,Redis、MongoDB 和 HBase 等NoSQL 数据库也常用于数据的存储。企业业务后台每时每刻都会产生大量的业务数据记录写入数据库中。对内部业务数据进行采集,常用的技术手段是利用 ETL(extraction transform loading,抽取、转换、装载)工具在数据库层进行数据抽取交换[32]。

面对企业中分散、零乱、标准不统一的数据,ETL 通过数据抽取、转换、装载可以将各种形式、来源的数据进行采集并格式化。

多数场景下,数据会存放在数据库里,数据抽取也就变成了从数据库中抽取数据的过程。从数据库中抽取数据一般分为两种方式:全量抽取和增量抽取。

1. 全量抽取

全量抽取就是对信息系统后台整个数据库的所有数据进行抽取。它将数据源库中的所有数据原封不动地从数据库中抽取出来,然后转换成自己的 ETL 工具可以识别的格式。全量抽取是对整个数据库的所有数据进行抽取,不需要进行其他的复杂处理,因此抽取过程比较直接。在实际运用中,很少会用到全量抽取,主要是因为数据是实时增加的,全量抽取在每次抽取的时候将会重复抽取上次已经抽取的历史数据,这样会产生大量冗余数据,同时也降低了抽取的效率。于是,增量抽取策略被广泛关注并得到广泛应用。

2. 增量抽取

增量抽取只抽取自上次抽取以来数据库中新增或修改的数据。如何捕获变化的数据是增量抽取的关键。优秀的捕获方法应该做到能够将数据库中的变化数据以较高的准确率获得的同时,不对业务系统造成太大的压力而影响现有业务。在增量数据抽取过程中,常用的捕获变化数据的方法有触发器、时间戳、日志比对、全表比对等。

(1) 触发器:在要抽取的表上建立需要的触发器,一般要建立插入、修改、删除三个触发器。每当源表中的数据发生变化,就被相应的触发器将变化的数据写入一个临时表,抽取线程从临时表中抽取数据,临时表中抽取过的数据被标记或删除。触发器方式的优点是数据抽取的性能较高,缺点是要求业务表建立触发器,对业务系统有一定的影响。

(2) 时间戳:通过增加一个时间戳字段,在更新修改表数据的时候,同时修改时间戳字段的值。当进行数据抽取时,通过比较系统时间与时间戳字段的值来决定抽取哪些数据。对于支持时间戳自动更新的数据库,在数据库表其他字段的数据发生改变时,系统自动更新时间戳字段的值。有的数据库不支持时间戳的自动更新,这就要求业务系统在更新业务数据时,手工更新时间戳字段。时间戳方式的性能比较好,数据抽取相对清楚简单,但对业务系统也有很大的侵入性(加入额外的时间戳字段)。

(3) 日志比对:通过分析数据库自身的日志来判断变化的数据。以常用的 Oracle 数据库为例,Oracle 数据库具有改变数据捕获(changed data capture,CDC)的特性,能够帮助用户识别从上次抽取之后发生变化的数据。利用 CDC 在对源表进行插入、更新或删除等操作的同时就可以提取数据,并且变化的数据被保存在数据库的变化表中。这样就可以捕获发生变化的数据,然后利用数据库视图,以一种可控的方式提供给目标系统。

(4) 全表比对:全表比对一般采用 MD5 校验码。ETL 工具事先为要抽取的表建立一个结构类似的 MD5 临时表,该临时表记录源表主键以及根据所有字段的数据计算出来的 MD5 校验码。每次进行数据抽取时,对源表和 MD5 临时表进行 MD5 校验码的比对,从而决定源表中的数据是新增、修改还是删除,同时更新 MD5 校验码。MD5 方式的优点是仅需要建立一个 MD5 临时表,对源系统的侵入性较小，缺点是 MD5 方式是被动地进行全表数据的比对，性能较差，而且当表中没有主键或唯一列且含有重复记录时，MD5 方式的准确性较差。

ETL 处理的数据源除了关系数据库外，还可能是文件，如 TXT 文件、Excel 文件、XML 文件等。对文件数据的抽取一般是进行全量抽取，一次抽取前可保存文件的时间戳或计算文件的 MD5 校验码，下次抽取时进行比对，如果相同则可忽略本次抽取。

针对信息系统的大数据采集目前主要采用 Hive 数据仓库技术。Hive 是 Facebook 团队开发的一个可以支持拍字节(PB)级别的可伸缩性的数据仓库。这是一个建立在 Hadoop 之上的开源数据仓库解决方案。Hive 支持使用类似结构化查询语言(structured query language，SQL)的声明性语言(HiveQL)表示的查询，这些语言被编译为使用 Hadoop 执行的 MapReduce 作业。另外，HiveQL 使用者可以将自定义的 MapReduce 脚本插入查询中。该语言支持基本数据类型，类似 Array 数组和 Map 键值对的集合以及嵌套组合。HiveQL 语句被提交执行。首先，驱动器将查询传递给编译器，通过典型的解析、类型检查和语义分析阶段，使用存储在元存储 Metastore 中的元数据。其次，编译器生成一个逻辑任务，通过一个简单的基于规则的优化器进行优化。再次，生成一组 MapReduce 计算任务和 Hadoop 分布式文件系统(hadoop distributed file system，HDFS)经过有向无环图(directed acyclic graph，DAG)优化后的任务。最后，执行引擎使用 Hadoop 按照它们的依赖性顺序执行这些任务。Hive 提供了一系列简单的 HiveQL 语句，对数据仓库中的数据进行简要分析计算，降低了使用者的学习门槛。

在大数据采集过程中，将批量数据从信息系统的数据库加载到 HDFS 中或者从 HDFS 将数据转换为信息系统数据库中，是一项复杂的任务。用户必须考虑确保数据一致性、信息系统资源消耗等细节问题。单纯使用 HiveQL 脚本进行数据传输效率相对低下，此时可以借助 Apache 公司的 Sqoop 解决这个问题。Sqoop 可以很方便地对信息系统中的结构化数据进行导入和导出，它将来自外部系统的数据配置到 HDFS 上，并将表填入 Hive 和 HBase 中。运行 Sqoop 时，被传输的数据集被分割到不同的分区中。并且 Sqoop 使用数据库中元数据来推断数据类型，保证每个数据记录都以类型安全的方式进行处理。

6.3.2 系统日志采集

系统日志采集主要是收集公司业务平台日常产生的大量日志数据，供离线和在线的大数据分析系统使用[33]。

高可用性、高可靠性、可扩展性是日志收集系统具有的基本特征。系统日志采集工具均采用分布式架构，能够满足每秒数百兆字节的日志数据采集和传输需求。

许多公司的业务平台每天都会产生大量的日志数据。对于这些日志信息，我们可以得出很多有价值的数据。通过对这些日志信息进行日志采集、收集，并进行数据分析，挖掘公司业务平台日志数据中的潜在价值，为公司决策和公司后台服务器平台性能评估提供可靠的数据保证。系统日志采集系统的任务就是收集日志数据，提供离线和在线的实时分析使用。目前常用的开源日志收集系统有Flume、Scribe 等。Flume 是 Apache 公司开发的一个分布式、可靠、可用的服务，用于高效地收集、聚合和移动大量的日志数据，它具有基于流式数据的简单灵活的架构。可靠性机制和许多故障转移与恢复机制使 Flume 具有强大的容错能力。Scribe 是 Facebook 开源的日志采集系统。Scribe 实际上是一个分布式共享队列，可以从各种数据源上收集日志数据，然后放到它上面的共享队列中。Scribe 可以接受 Thrift Client 发送过来的数据，将其放入它上面的消息队列中；然后通过消息队列将数据推送到分布式存储系统中，并且由分布式存储系统提供可靠的容错性能。Scribe 中的消息队列具有容错能力，如果分布式存储系统崩溃，会将日志数据写到本地磁盘中。Scribe 支持持久化的消息队列，来提供日志收集系统的容错能力。

6.3.3　互联网络数据采集

对互联网数据的采集，通常是通过网络爬虫或网站公开应用程序接口(application program interface，API)等方式从 Web 网站上获取数据信息。网络爬虫是一种自动化浏览网页的程序。具体来说，网络爬虫会从指定的链接入口，按照某种策略，从互联网中自动收集获取有用信息。

1. 网络爬虫基本结构及工作流程

网络爬虫开始于一张称为种子的统一资源地址列表，即 URL 队列，将其作为抓取的链接入口。当网络爬虫访问这些网页时，解析抽取出页面上所有的 URL 链接，并将它们加入到待抓取队列中，然后从待抓取队列中取出网页链接按照对应的抓取策略循环访问，直到待爬取队列为空时，爬虫停止运行。

一个通用的爬虫框架包括种子 URL 队列、待抓取 URL 队列、已抓取 URL 队列、下载网页库几部分。其中，种子 URL 队列存放爬虫抓取的入口 URL，待抓取 URL 队列存放下一步需要抓取的 URL，已抓取 URL 队列存放已经成功抓取的网页 URL，下载网页库则存放成功抓取的网页信息。网络爬虫的基本工作流程如下：

(1) 选取种子 URL。

(2) 将种子 URL 放入待抓取 URL 队列中。

(3) 从待抓取 URL 队列中先取出下一步需要抓取的 URL，通过域名系统 (domain name system，DNS)解析，将 URL 对应的网页下载下来，存储到已下载的网页库中，并将这些 URL 放进已抓取 URL 队列。

(4) 从网页中抽取需要抓取的新 URL 并加入待抓取 URL 队列中。

(5) 重复上述步骤(1)和(2)，直到待抓取 URL 队列为空。

根据应用不同，爬虫在许多方面存在差异，按照网络爬虫的功能可以将其分为批量型爬虫、增量型爬虫和垂直型爬虫，这三类爬虫的区别和联系如表 6-2 所示。在实际应用中，通常会综合运用这几种爬虫。

表 6-2　不同类型的爬虫

爬虫类型	功能描述	用户需要配置的内容
批量型爬虫	根据特定目标，有限制地对网络数据进行抓取，限制抓取的属性主要包括范围、时间、数据量等	(1) URL 列表 (2) 爬虫累计工作时间 (3) 爬虫累计获取的数据量 (4) 其他
增量型爬虫	对网络数据持续不断地抓取，同时定期更新抓取的网页信息	(1) URL 列表 (2) 单个 URL 数据爬取频度 (3) 数据更新策略 (4) 其他
垂直型爬虫	抓取关注特定主题内容或者属于特定行业的网络数据，通常是在增量爬虫的基础上，对如行业、主题内容、发布时间、页面大小等多种因素进行筛选	(1) URL 列表 (2) 敏感热词 (3) 数据更新策略 (4) 其他

值得说明的是，在实际操作中，URL 列表的设置与维护是一个需要对目标应用场景有极强敏锐度的工作，通常需要领域用户的参与。

2. 爬虫策略

在爬虫系统中，待抓取 URL 队列是很重要的一部分。待抓取 URL 队列中的 URL 以什么样的顺序排列决定了网页抓取的先后顺序，而决定这些 URL 排列顺序的方法，则涉及了网络爬虫抓取策略。网络爬虫抓取策略[34]是指网络爬虫系统中决定 URL 在待抓取 URL 队列中排列顺序的方法，不同的网络爬虫抓取策略将对应不同的网页抓取过程，相应的抓取效率也有所不同。常见的网络爬虫抓取策略有以下几种。

1) 深度优先遍历策略

深度优先遍历策略是指网络爬虫会从 URL 队列中选择起始页，然后按照深度优先方式遍历以该 URL 为根节点的所有 URL 网页内容，取出 URL 队列中下一个 URL，继续上述方式循环至 URL 队列遍历完。

深度优先遍历策略的特点是抓取深度大，但是容易导致无限制选取，抓取过程无法有效收敛。

2) 广度优先遍历策略

广度优先遍历策略是按照分层的思想逐层抓取 URL 队列中每一个 URL 的网页内容，并将新下载网页中发现的链接直接插入待抓取 URL 队列的末尾。也就是说网络爬虫会先抓取起始网页中链接的所有网页，然后再选择其中的一个 URL 网页，继续抓取在此网页中链接的所有网页。

广度优先遍历策略的特点是抓取宽度广，抓取的过程容易控制，可以有效地减轻服务器负载，但是这样也容易造成 URL 大量聚集而导致 URL 队列溢出。

3) 反向链接数策略

反向链接数是指一个网页被其他网页链接指向的数量，表示的是一个网页的内容受到其他人推荐的程度。因此，很多时候搜索引擎的抓取系统会使用反向链接数评价网页的重要程度，从而决定不同网页的抓取顺序。

在真实的网络环境中，由于广告链接、作弊链接的存在，反向链接数不能完全等价于网页的重要程度。因此，搜索引擎往往只考虑一些可靠的反向链接数。

4) 局域 PageRank 策略

局域 PageRank 策略借鉴了 PageRank 算法的思想，对于已经下载的网页，连同待抓取 URL 队列中的 URL，形成网页集合，计算每个页面的 PageRank 值，并以此排序，然后按照这个顺序抓取页面。

但在实际应用中每次抓取一个页面，就重新计算一次 PageRank 值，计算量过大。通常会处理成每抓取 K 个页面后，重新计算一次 PageRank 值，这时需要对已经下载下来的页面链接进行分析，如果有的网页页面链接没有 PageRank 值，则为其设定临时的 PageRank 值，具体值为将这个网页所有入链传递进来的 PageRank 值的总和，这样就形成了该未知页面的 PageRank 值，从而参与排序。

在真实的网络环境中，同样由于广告链接、作弊链接的存在，PageRank 值不能完全刻画其重要程度，从而导致实际抓取数据无效。

5) OPIC 策略

在线页面重要性计算(online page importance computation，OPIC)实际上也是对页面进行重要性打分。先给所有网页一个相同的初始现金(cash)。当下载了某个页面 P 之后，将页面 P 的现金分摊给所有从页面 P 中分析出的链接，并且将页面 P 的现金清空。对于待抓取 URL 队列中的所有页面按照现金数进行排序。

OPIC 策略计算速度快于局域 PageRank 策略，对网页重要性的度量较好，适合实时计算场合。

6) 大站优先策略

大站优先策略的本质思想是认为大型网站网页质量较高，倾向于优先下载大型网站，对于待抓取 URL 队列中的所有网页，根据所属的网站进行分类，对于待下载页面数多的网站则优先下载。这个思路虽然简单，但是有一定依据。实验表明大站优先策略效果也略优先于广度优先遍历策略[35]。

对于一个具体的网络爬虫，URL 队列中 URL 的数量以及这些 URL 中数据的更新频率直接影响网络爬虫的计算复杂度和网页数据抓取效率。因此，在全域营销数据获取场景下，使用分布式计算技术，通过多个单机爬虫系统的有效协作和配合，实现网络数据抓取的并行化，已经是目前的必然趋势。

3. 常用的爬虫系统

常用的爬虫系统采用分布式为式获取网页数据，由 Hadoop 支持，通过提交 MapReduce 任务来抓取网页数据，并可以将网页数据存储在 HDFS 中。常用的爬虫系统如下：

Nutch 可以分布式多任务进行抓取数据、存储和索引。由于多个机器并行做抓取任务，Nutch 利用多个机器，充分利用机器的计算资源和存储能力，大大提高系统抓取数据能力。

Crawler4j 和 Scrapy 都是爬虫框架，提供给开发人员便利的爬虫 API。开发人员只需要关心爬虫 API 的实现，不需要关心具体框架怎么抓取数据。Crawler4j、Scrapy 框架大大缩短了开发时间，开发人员可以很快地完成一个爬虫系统的开发。

6.3.4　APP 数据采集

在移动互联网时代，对移动 APP 端的用户行为数据进行采集是进行用户细化及精准化营销的基础，可以使流量有效转换和不断增长。

APP 数据采集最常用的方式就是通过集成软件开发工具包(software development kit，SDK)进行埋点采集。埋点采集可以实现对产品全方位的持续追踪，目前分为代码埋点采集、可视化埋点采集和无埋点采集三种方式。

代码埋点采集是一种侵入式的抓取方式，其实现技术原理很简单，初始化数据采集 SDK，在某个事件发生时调用 SDK 中相应的数据发送接口发送数据。例如，如果想统计 APP 中某个按钮的点击次数，则在 APP 的某个按钮被点击时，在该按钮对应的 OnClick 函数里调用 SDK 提供的数据发送接口来发送数据。代码埋点采集的典型实现方案有友盟统计、百度统计等。

代码埋点采集方式可以非常精确地选择发送数据的时间，也可以方便地设置自定义属性、自定义事件，可以采集到丰富的数据。但是代码埋点采集的代价比较大，每个控件的埋点都需要添加相应的代码，工作量大，专业性强，并且更新的代价也很大，每次更新埋点方案都必须修改代码，而且代码埋点还会出现数据传输时效性低和可靠性差的问题。

无埋点采集，也叫全埋点，是一种非侵入式的数据采集方式，无须通过专门提供代理类，直接由 SDK 提供相关接口，或者通过编译工具，预编译替换代码等，由 SDK 采集全部数据。Google Anlythic 是无埋点采集的典型解决方案。

无埋点采集是一种全数据采集的方式，数据覆盖面广，业务标识可由 SDK 自动生成，ID 规则由 SDK 和产品进行约定，并且支持动态页面和局部动态效果的统计。但是无埋点采集方式前期技术投入大，SDK 开发人员需要提供涵盖多项统计指标的无埋点技术成品。因为是全数据采集，数据量大，后期还需要进行大量处理，并需要还原业务场景。

可视化埋点采集本质上也是一种全埋点采集方式，通常是指用户通过设备连接用户行为分析工具的数据接入管理界面，对可交互且交互后有效果的页面元素(如图片、按钮、链接等)，直接在界面上进行操作实现数据埋点，下发采集代码生效次数的埋点方式。其实现原理是 APP 端采用嵌入 SDK 方式，基于文档对象模型(document object model，DOM)元素和控件可视化交互，可以自行定义选定事件。但因每次埋点后，需等待 APP 更新后才能看到数据，所以目前常用的方法是将核心代码、配置和资源分开，通过网络更新资源和配置来实现采集代码的下发[36]。

对于可视化埋点采集方式，开发人员工作量相对较少，但是数据采集时业务人员工作量加大，APP 改版后需要重新定义事件，和无埋点采集方式一样缺少对业务场景的解读。

这三种数据埋点采集方式各有优缺点，单从数据采集的准确性上来看，代码埋点采集方式的准确性最好，无埋点采集方式的数据质量相对不高。

6.3.5　感知设备数据采集

感知设备数据采集是指通过传感器、摄像头和其他智能终端自动采集信号、图片或录像来获取数据。对于感知设备数据采集的方式一般包括两种，即按照报文方式进行采集和以文件方式进行采集[37]。

按照报文方式进行采集是根据用户设置的采集频率进行数据采集，一般放到消息队列(message queue，MQ)中。其数据采集方式和互联网的日志生成极为类似，都是按一条条报文进行采集。由于采集通常是毫秒级的，且数据量比较大，整个处理方式会有些不同，但是整体和互联网实际上并没有区别，毕竟互联网也有很多是以文件方式来处理的。

感知设备的数据通常也需要采集策略，主要包含采集时间和采集参数两个方面。每个设备有上千个甚至几万个参数，需要下发策略，设置要采集的参数。设备开始采集之后，数据会以文件的方式保存，然后通过网络传送到云存储。由于数据量大，这里通常要进行序列化以及压缩处理，避免给磁盘带来太大开销。

6.4　常见开源的数据采集平台

目前应用广泛的数据采集平台包括 Flume、Fluentd、Logstash 和 Splunk 等。

Flume 是 Apache 旗下的一款开源、高可靠、高扩展、容易管理、支持客户扩展的数据采集平台。Flume 使用 JRuby 语言来构建，所以依赖 Java 运行环境。

Fluentd 是另一个开源的数据收集框架。Fluentd 使用 C/Ruby 语言开发，使用 JSON 文件来统一日志数据。它是可插拔架构的，支持各种不同种类和格式的数据源与数据输出，同时提供了高可靠性和很好的扩展性。Treasure Data 公司对该产品提供支持和维护。

Logstash 是著名的开源数据栈 ELK (ElasticSearch, Logstash, Kibana)中的 L。Logstash 用 JRuby 语言开发，所以运行时依赖 Java 虚拟机(Java virtual machine, JVM)。

Splunk 是一个分布式的机器数据平台，主要有三个角色：Search Head 负责数据的搜索和处理，提供搜索时的信息抽取；Indexer 负责数据的存储和索引；Forwarder 负责数据的收集、清洗、变形，并发送给 Indexer。

6.5　明略大数据汇聚平台

目前，尽管各行业 IT 发展成熟度不一致，但基本已经度过了大批量业务系统建设的阶段，业务系统也经过了几年的运转，积累了不同量级的数据资源。但因早期的 IT 业务系统很少跨部门、跨单位、跨层级地统一规划和建设，业务系统处于分散、独立的状况，业务间数据资源处于烟囱状态，数据资源的一致性和互用性较差，数据资源的价值无法充分发挥。

总之，目前多维感知数据的采集存在着数据海量、数据标准不统一、数据来源广泛、数据结构差异大等方面的难题。如何将不同来源、格式、特点性质的数据在逻辑上或物理上有机地集中，通过应用间的数据有效流通和管理达到数据的有效汇聚，需要解决数据的分布性、异构性、有效性和及时性的问题。

为了提高数据采集汇聚效率，降低数据整合的风险，减少多维感知数据采集汇聚的开发成本，降低数据采集汇聚的技术门槛，明略科技集团研究开发了一个便捷、功能强大的大数据汇聚平台。该平台是一款企业级数据整合和优化工具，能解决数据采集汇聚难、采集过程监控难等问题，可更好地服务于数据治理。

6.5.1　系统架构

明略大数据汇聚平台可以实现多类型的数据源接入、可视化构建数据汇聚作业，提供作业监控，可以查看汇聚后数据信息，其功能架构如图 6-1 所示。

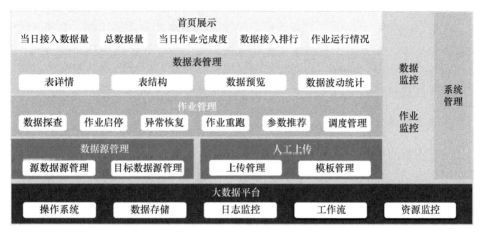

图 6-1　大数据汇聚平台的功能架构

大数据汇聚平台在底层采用了包括 Apache Hadoop 的 CDH(Cloudera 的开源平台发行版)、腾讯大数据处理套件(Tencent big data suite，TBDS)在内的多种大数据平台接入多源数据，如关系型数据库、非关系型数据库、流式数据、文件数据、爬虫数据和传感器数据等。其具体的技术架构如图 6-2 所示。

前端	HTML	CSS	Java Script	React		
业务	Spring Boot		Spring Security			
数据存储	Hive	HBase	MySQL	Postgre SQL	…	
数据处理	Sqoop	分布式 JDBC	Spark JDBC	OGG+Kafka	Flume	Flink
大数据平台	CDH	FI	TBDS	TDH		
数据源	关系型数据库	非关系型数据库	流式数据	文件数据	爬虫数据	传感器数据

图 6-2　大数据汇聚平台的技术架构

TDH：Transwrap Data Hub，星环科技开发的星环大数据基础平台；
FI：Fusion Insight，华为公司开发的一个大数据平台

6.5.2　系统功能

明略大数据汇聚平台的主要功能包括以下四个方面。

1. 数据源管理

大数据汇聚平台提供了多种数据源的接入、清洗和融合等功能，实现了传统关系型数据库、非关系型数据库、流式数据、文件系统等数据源接口的接入。拥有浏览数据源概况，查询、新增数据源，编辑、删除、测试链接、预览数据源表等功能。通过选择数据源类型，填写数据源链接信息，可将数据源接入系统。

2. 作业管理

为了更加直观、快速地配置数据汇聚作业，大数据汇聚平台提供作业流式配置，用户通过选择及填写相关信息即可完成数据汇聚作业的配置。配置完成后可对作业进行启动、停止操作。同时平台提供作业监控功能，对作业的运行过程进行监控，对运行失败的作业提供重跑功能。

3. 数据表管理

数据表管理功能提供了基于表级数据的管理功能，可以直观地了解汇聚后的数据情况。作业抽取成功后，可查看到该表的详细信息，通过点击详情按钮可查看表的数据结构、预览表数据、查看该表每次的数据抽取情况。

4. 人工上传

人工上传主要是针对零散数据的手动上传管理功能。零散数据上传基于系统提供的采集模板，采集模板可自定义配置，提供良好的跨平台和异构处理能力，提供基于图形化、组件化的零散数据采集，如图 6-3 所示。

图 6-3　人工上传功能

6.5.3　系统特点

明略大数据汇聚平台在多源数据采集上具有便捷、高效、安全性好等特点，具体如下所示。

1. 丰富的数据源接入适配

大数据汇聚平台基于标准的 JAVA 数据库连接(java data base connectivity，JDBC)接口，实现对各种主流数据库系统的支持：支持 Oracle、DB2、SQL Server、MySQL、PostgreSQL 等关系型数据库；支持 Hbase、MongoDB、Redis 等非关系型数据库；支持 HTTP、FTP(file transfer protocal，文件传送协议)、Web Services 等协议和其他应用系统进行交互；支持 Kafka、socket 等流式数据的接入；提供丰富的数据文件抽取和加载组件，支持包括普通文本、CSV、XML、Excel 等多种格式的文件。

2. 实时的数据接入总览

数据接入情况用可视化的方式在大屏上实时展示。大屏展示包括数据汇聚整体信息、数据表接入信息、作业运行信息三部分，分别展示不同的功能模块，展示的整体效果清楚简洁、直观、一目了然。不同项目可以进行个性化定制。

3. 数据接入可视化操作

大数据汇聚流程的设计、调试、服务、作业配置、管理都可以在浏览器中进行，相对来说平台简单易用，学习成本低。因采用的是引导式的作业设计器，业务人员和实施人员经过简单培训即可快速上手。

4. 强健的 ETL 引擎

大数据汇聚平台提供基于分布式的 JDBC、Spark JDBC、Flink、FTP 等多种底层技术，根据数据源情况选择合适的 ETL 引擎，如图 6-4 所示，整个任务调度

图 6-4　ETL 引擎配置

流程可以高效运行，为大块、大批量、异构数据的整合提供坚实保障。

5. 作业异常恢复和调度

大数据汇聚平台对数据抽取作业流程提供多个调度机制和异常恢复机制，在异常发生后，可以进行自动和手动恢复。异常恢复可以保证恢复的流程从异常点开始重新同步，从而保证数据的最终完整性和一致性。

在作业调度上，大数据汇聚平台提供全面的、专业的调度管理，可以有效提高数据管理水平，如提供日历方案、频度方案、手动执行方案等按需的自动化任务调度，可以大幅提高开发效率，减少开发成本。作业调度功能如图 6-5 所示。

图 6-5　作业调度功能

6. 全面的作业监控

大数据汇聚平台可以实现全局的作业运行监控服务，这有助于提高数据管理水平。通过灵活的作业状态日志查询、作业批次的详细日志的查询、全局查看作业文件日志，以及简单灵活的作业流水分析与监控可以快速定位问题。

平台支持可视化的多角度作业运行监控，包括总揽全局的总体监控和明细型的计划监控以及事件监控。

总体来说，明略大数据汇聚平台针对多类型、多目标的数据源可以实现零代码、零 SQL 数据接入，通过丰富的大数据汇聚平台的部署和支撑，可以在可视化的状态下构建作业，作业调度和作业异常恢复性能良好。同时平台可以实现数据实时融合并对波动数据进行有效监控，对于多维感知数据的采集和汇聚提供了高效、安全的解决方案。

表 6-3 是明略大数据汇聚平台和目前常见的数据采集工具及产品在功能和特点上的对比。

表 6-3　常见数据采集工具或产品的功能和特点对比

功能、特点	Sqoop	Kettle	Info PWC	Oracle ODI	明略大数据汇聚平台
关系型数据库接入	√	√	√	√	√
非关系型数据库接入	×	×	√	√	√
文件接入	×	√	×	√	√
流式数据接入	×	×	√	×	√
文件上传	×	×	×	×	√
爬虫数据接入	×	×	×	×	√
B/S 模式	×	×	√	√	√
作业监控	×	√	√	√	√
作业异常恢复	×	×	√	√	√
调度管理	×	√	√	√	√
分布式部署	×	×	√	√	√

注：B/S 为 browser/server，即浏览器/服务器。

6.5.4　应用案例

　　某省电力有限公司提出构建"三型两网"企业的重大战略目标，打造状态全面感知、信息高效处理、应用便捷灵活的泛在电力物联网，为传统业务提升及新兴业务的提升提供数据支撑。该公司当前现存业务系统多样，如表 6-4 所示。在数据存储和数据库性能等方面存在多种问题，例如：①数据库现有资源紧张，硬件配置低，查询性能很差，时常发生中断等情况；②单表数据量巨大，有的单表数据量在 160 亿条以上；③很多表缺少索引，并且索引存在空值，技术债负担很重；④只有 OGG[①]数据库增量工具，没有全量接数工具支持，支撑工具单一。为应对复杂多变的业务需求，借助明略大数据汇聚平台，打造企业全业务统一数据中心，赋能前端应用快速、敏捷开发，助力"三型两网"建设。

表 6-4　现存业务系统数据源信息

序号	数据源	系统名称	接入表数/张
1	Oracle	财务管控	342
2	Oracle	电网运营监测	3
3	FTP	FTP	24

---

① OGG 为 Oracle GoldenGate，是 Oracle 公司提供的用于解决异构数据环境中数据复制的一种商业工具。

续表

序号	数据源	系统名称	接入表数/张
4	Oracle	计量生产调度平台	50
5	PostgreSQL	两率一损库	30
6	MySQL	企业资源管理	135
7	Oracle	全国统一电力市场技术支撑	16
8	Oracle	设备运维精益管理	499
9	Oracle	水电厂计算机监控系统	13
10	Oracle	通信管理	85
11	Oracle	统一车辆管理	12
12	Oracle	ERP 备库系统	140
13	MySQL	系统管理	3
14	Oracle	信息通信一体化调度运行支撑	76
15	MySQL	一级数据	45
16	Oracle	一体化电量线损管理	4
17	Oracle	社保中心财务核算系统	22
18	Oracle	营销业务应用	453
19	Oracle	营销辅助决策	2
20	MySQL	营销远程费控	5
21	Oracle	应急指挥管理	18
22	Oracle	运监工作台	4
23	Oracle	用电信息采集查询库	42
	…	…	
合计			2782

截至 2019 年 8 月初，全业务统一数据中心已完成 50 套业务系统数据汇聚，合计数据表总量近 2800 张，每日采集数据数量近 200 亿条，采集数据总量近 1400 亿条。

第7章 营销数据治理技术

随着数据量的指数级增长，海量的数据作为组织战略资产，需要新的方法和技术来管理。数据治理是一套从数据收集到处理应用的管理机制，其重要的前提是建设统一共享的数据平台，而有效的数据治理才是数据资产形成的必要条件。面对海量的营销大数据，急需通过数据治理提升组织数据管理能力、消除数据孤岛、挖掘数据潜在的价值。

7.1 数据治理的相关概念

7.1.1 数据治理的概念

数据治理有不同的定义。IBM 对于数据治理的定义是，数据治理是一种质量控制规程，用于在管理、使用、改进和保护组织信息的过程中添加新的严谨性和纪律性。国际数据治理研究所(Data Governance Institute，DGI)则认为，数据治理是指在企业数据管理中分配决策权和相关职责[38]。我们对数据治理的定义是：数据治理是将一个机构(企业或政府部门)的数据作为战略资产来管理，需要从数据收集到处理应用的一套管理机制，以期提高数据质量，实现广泛的数据共享，最终实现数据价值最大化。数据治理的目标，总体来说就是提高数据质量，在降低企业风险的同时，实现数据资产价值的最大化，包括：

(1) 构筑适配灵活、标准化、模块化的多源异构数据资源接入体系；

(2) 建设规范化、流程化、智能化的数据处理体系；

(3) 打造数据精细化治理体系、组织的数据资源融合分类体系；

(4) 构建统一调度、精准服务、安全可用的信息共享服务体系。

另外，我们还需理解数据治理的职能，即数据治理提供了将数据作为资产进行管理所需的指导。然后，我们要把握数据治理的核心，即数据资产管理的决策权分配和职责分工[39]。

数据治理是指将数据作为组织资产而展开的一系列的具体化工作，是对数据的全生命周期管理。从本质上看，数据治理就是对一个机构(企业或政府部门)的数据从收集、融合到分析管理和利用进行评估、指导和监督(evaluate-direct-monitor，EDM)的过程，通过提供不断创新的数据服务，为企业创造价值。其目标是提高数据的质量(准确性和完整性)，保证数据的安全(保密性、完整性及可用性)，实现数据资源在各组织机构部门的共享，推进信息资源的整合、对接和共享，从而提升集团公司或政务单位信息化水平，充分发挥信息化作用。

数据治理与数据管理是两个十分容易混淆的概念，治理和管理从本质上看是两个完全不同的活动，但是存在一定的联系。信息及相关技术的控制目标(control objectives for information and related technology，COBIT)对管理的定义：管理是按照治理机构设定的方向开展计划、建设、运营和监控活动来实现企业目标[39]。因此，治理过程是对管理活动的评估、指导和监督，而管理过程是对治理决策的计划、建设和运营。具体来说，首先，数据治理与数据管理包含不同的活动，即职能，数据治理包括评估指导和监督，数据管理包括计划建设和运营；其次，数据治理是回答企业决策的相关问题并制定数据规范，而数据管理是实现数据治理提出的决策并给予反馈；最后，数据治理和数据管理的责任主体也是不同的，前者是董事会，后者是管理层。

面对大数据兴起带来的挑战，为了促进大数据治理的发展和变革，目前业界比较权威的大数据治理定义是：大数据治理是广义信息治理计划的一部分，它通过协调多个职能部门的目标，来制定与大数据优化、隐私和货币化相关的策略。此定义指出：大数据的优化、隐私保护以及商业价值是大数据治理的重点关注领域，大数据治理是数据治理发展的一个新阶段，与数据治理相比，各种需求的解决在大数据治理中变得更加重要和富有挑战性。

7.1.2　数据治理体系

数据治理体系是指从组织架构、管理制度、操作规范、IT 应用技术、绩效考核支持等多个维度对组织的数据模型、数据架构、数据质量、数据安全、数据生命周期等各方面进行全面的梳理、建设以及持续改进的体系。

数据治理体系重点是两个方面，一是数据质量核心领域，二是数据质量保障机制。数据治理体系包含数据治理组织、数据构架管理、主数据管理、数据质量管理、数据服务管理及数据安全管理，这些内容既有机结合，又相互支撑。

7.2　营销数据治理的框架

营销数据治理总体框架包括组织架构、数据治理模块、数据运维三部分。通过组织架构建立管理办法，制定工作流程，确定角色职责。数据治理模块主要包括数据标准管理、元数据管理、数据质量管理、数据资产管理、数据安全管理，各模块协同运营，确保大数据平台的数据一致、安全、有效。数据运维贯穿整个数据治理体系的流程中，实现平台化的运维管理思路。

7.2.1　营销数据治理的概念

营销智能领域面对的是海量的营销大数据，用"5V+I/O"(体量、速度、多样性、数据价值和质量以及数据在线)概括其特征，与传统的数据治理有本质的区别，因此基于大数据具有异构(heterogeneous)、自治(autonomous)的数据源以及复杂(complex)和演化(evolving)的数据关联等本质特征，提出了 HACE 定理[20]。该定理从大数据的数据处理、领域应用及数据挖掘三个层次刻画大数据分析框架，如图 7-1 所示。

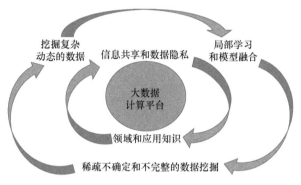

图 7-1　大数据分析框架[40]

框架的第一层是大数据计算平台，该层面临的挑战集中在数据存取和算法计算过程上；第二层是面向大数据应用的语义和领域知识，该层的挑战主要包括信息共享和数据隐私、领域和应用知识这两个方面；架构的第三层集中在数据挖掘和机器学习算法设计上：稀疏不确定和不完整的数据挖掘、挖掘复杂动态的数据以及局部学习和模型融合。

第三层的三类算法对应三个阶段：首先，通过数据融合技术对稀疏、异构、不确定、不完整和多源数据进行预处理；其次，在预处理之后，挖掘复杂动态的数据；最后，对通过局部学习和模型融合获得的全局知识进行测试，并将相关信息反馈到预处理阶段，预处理阶段根据反馈调整模型和参数。

以上框架能够解决营销大数据治理中的以下问题。

(1) 海量数据存储。根据本地实际数据量级和存储处理能力，结合集中式或分布式等数据资源的存储方式进行构建，为大数据平台提供拍字节级数据的存储及备份能力支撑。云计算作为一种新型的商业模式，它提供的存储服务具有专业、经济和按需分配的特点，可以满足大数据的存储需求。

(2) 提高处理效率。大数据治理提供多样化的海量数据接入及处理能力，包括对各类批量、实时、准实时及流式的结构化、非结构化数据提供快速的计算能力和搜索能力，如数据加载能力≥130MB/s、亿级数据秒级检索、百亿数据实时分析时间≤10s、千亿数据离线分析时间≤30min 等。在大数据的搜索能力方面，为了保证数据安全，大数据在云计算平台上的存储方式一般为密文存储。因此，研究人员设计了很多保护隐私的密文搜索算法，其中基于存储在云平台上大数据的计算安全问题的解决方法一般采用比较成熟的完全同态加密算法。

(3) 数据可靠性。围绕行业元数据相关标准规定，基于行业元数据体系打造大数据平台采集汇聚、加工整合、共享服务等全过程的、端到端的数据质量稽核管控体系，确保数据准确可靠。

(4) 数据安全性。数据价值是大数据平台的核心价值，所以数据的安全是保证平台运行的基础。数据安全包括数据存储的安全、数据传输过程中的安全、数据的一致性、数据访问安全等。数据安全的总体目标是保证数据的存储、传输、访问、展示和导出安全。数据安全措施主要有数据脱敏控制、数据加密控制、防拷贝管理、防泄漏管理、数据权限管理、数据安全等级管理等。

有研究人员使用 Weill 和 Ross 框架进行 IT 治理，作为设计数据治理框架的起点。IBM 数据治理委员会以支撑域、核心域、促成因素和成果这四个层次来构建数据治理框架，如图 7-2 所示。

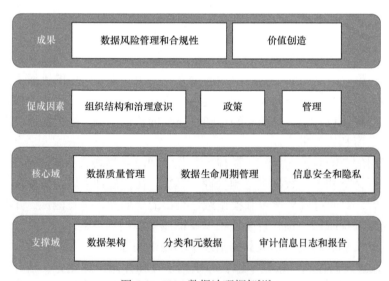

图 7-2　IBM 数据治理框架[41]

图 7-2 的数据治理框架包含的 11 个域并不是相互独立运行的，而是相互关联的，例如，数据的质量和安全/隐私要求需要在整个信息生命周期中进行评估和管理。IBM 的数据治理框架注重数据治理的方法以及过程，IBM 数据治理委员会关

键的命题是数据治理的成果，在下面三层的支撑作用下，最终实现数据治理的目标，提升数据价值。在 IBM 数据治理框架的基础上加以扩充，张绍华等[38]设计了一个大数据背景下的数据治理框架。综合以上数据治理框架，我们对大数据治理框架进行了几处修改，如图 7-3 所示。

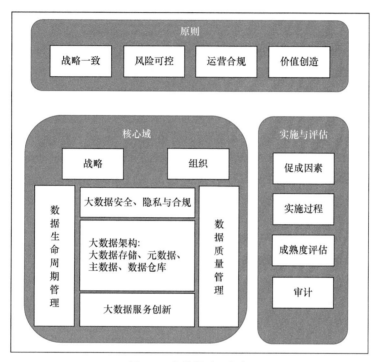

图 7-3　大数据治理框架

以上框架从原则、核心域、实施与评估这三个方面对大数据治理进行全面的描述，企业数据治理应该遵循战略一致、风险可控、运营合规以及价值创造四个基本的指导性原则，治理的核心域或者说决策域包括战略、组织、数据生命周期管理、数据质量管理、大数据服务创新、大数据架构以及大数据安全、隐私与合规这七个部分，实施与评估维度指出大数据治理在实施评估时重点需要关注促成因素、实施过程、成熟度评估以及审计这四个方面。一个大数据治理组织要在四个基本原则下对七个核心域进行数据治理，不断地推进大数据治理的工作。

框架顶部的四个原则是数据治理自上而下的顶层设计，对大数据治理的实施具有指导作用，它为所有其他的管理决策确定方向。战略一致是指数据治理的战略要和企业的整体战略保持一致，在制定数据治理战略时要融合企业的整体战略、企业的文化制度以及业务需要绘制数据治理实现蓝图；大数据的到来不仅伴随着价值同时也会带来风险，企业要保持风险可控，需要有计划地对风险进行不定期的评估工作；运营合规是指企业在数据治理过程中要遵守法律法规和行业规范；企业的数据治理要不断地为企业的创新服务创造价值。

框架的核心域也可以称为决策域，指出了数据治理需要治理的核心对象，下面对数据治理的七个核心域进行介绍。其中，战略要根据大数据治理目标来制定，根据战略的制定，企业应该设置对应的组织架构把战略实施落到实处，明确各个部门相关职责；数据生命周期管理是对数据的采集、存储、集成、分析、归档、销毁的全过程进行监督和管理，根据出现的问题及时进行优化的过程；数据质量管理不仅要保障数据的完整性、准确性、及时性以及一致性，还包括问题追踪和合规性监控。

2014 年 10 月，美国摩根大通集团的计算机系统发生数据泄露，被窃取的信息包括客户姓名、地址、电话号码和电子邮箱地址，将对 7600 万个家庭和 700万家小企业造成影响。2018 年 1 月，有一家数据分析公司对 Facebook 超过 8700万名用户进行非法的数据挖掘，3 月、9 月以及 12 月，Facebook 又多次发生用户数据泄露事件。大数据背景下的信息开放和共享，使得用户隐私和信息安全问题被显著放大，IBM 数据治理专家 Soares 在其著作 *Big Data Governance an Emerging Imperative* 中以清晰的案例介绍电信行业利用地理位置数据侵犯个人隐私。因此在大数据治理过程中，采取一定的措施和策略保证信息安全和隐私保护尤为重要。

下面从大数据安全、隐私与合规两个方面介绍它们的关键技术。

首先，大数据安全防护主要包括以下关键技术。

(1) 大数据加密技术：对平台中的核心敏感数据进行加密保护，结合访问控制技术，利用用户权限和数据权限的比较来防止非授权用户访问数据。

(2) 大数据安全漏洞检测技术：可以采用白/黑/灰盒测试或者动态跟踪分析等方法，对大数据平台和程序进行安全漏洞检测，减少由于设计缺陷或人为因素留下的问题。

(3) 威胁预测技术：利用大数据分析技术，对平台的各类信息资产进行安全威胁检测，在攻击发生前进行识别预测并实施预防措施。

(4) 大数据认证技术：利用大数据技术收集用户行为和设备行为数据，根据这些数据的特征对使用者进行身份判断。

其次，对于隐私与合规，现有的关键技术分析如下。

(1) 匿名保护技术：针对结构化数据，一般采用数据发布匿名保护技术；而对于类似图的非结构化数据，则一般采用社交网络匿名保护技术。

(2) 数据水印技术：一般用于多媒体数据的版权保护，但多用于静态数据的保护，在大数据动态性的特点下需要改进。

(3) 数据溯源技术：由于数据的来源不同，对数据的来源和传播进行标记，可为使用者判断信息真伪提供便利。

(4) 数据审计技术：对数据存储前后的完整性和系统日志信息进行审计。

大数据架构是从系统架构层面进行描述，不仅关心大数据的存储，还关心大数据的管理和分析。数据治理不仅要降低企业成本，还要应用数据创新服务为企业增加价值，大数据服务创新也是大数据治理的核心价值之一。

大数据治理的实施与评估主要包括促成因素、实施过程、成熟度评估和审计。促成因素包括企业的内外部环境和数据治理过程中采用的技术工具；大数据治理是一个长期的、闭环的、循序渐进的过程，在每一个阶段需要解决不同的问题，有不同的侧重点，所以应该对数据生命周期的每个阶段有一个很好的规划，这就是实施过程的内涵所在；数据治理成熟度模型将在后面介绍，但成熟度评估主要是对数据的安全性、一致性、准确性、可获取性、可共享性以及大数据的存储和监管进行评估；审计是第三方对企业数据治理进行评价和给出审计意见，促进有关数据治理工作内容的改进，对于企业的持续发展意义重大。

在企业的数据治理过程中，治理主体通过对数据治理的需求进行评估来设定数据治理的目标和发展方向，为数据治理战略准备与实施提供指导，并全程监督数据治理的实施过程。通过对实施成果的评估，全面了解本公司数据治理的水平和状态，更好地改进和优化数据治理过程，以达到组织的预期目标。

7.2.2 营销元数据管理

元数据(meta data)是指描述数据的数据，通常由信息结构的描述组成。随着技术的发展，元数据内涵有了非常大的扩展，如统一建模语言(unified modeling language，UML)模型，数据交易规则，用 Java、.NET、C++等编写的 API，业务流程和工作流模型,产品配置描述和调优参数以及各种业务规则、术语和定义等。在大数据时代，元数据还应该包括对各种新数据类型的描述，如对位置、名字、用户点击次数、音频、视频、图片、各种无线感知设备数据和各种监控设备数据等的描述。元数据通常分为业务元数据、技术元数据和操作元数据等。业务元数据主要包括业务规则、定义、术语、术语表、运算法则和系统使用业务语言等，主要使用者是业务用户。技术元数据主要用来定义信息供应链(information supply chain，ISC)中各类组成部分的元数据结构，具体包括各个系统表和字段结构、属性、出处、依赖性等，以及存储过程、函数、序列等各种对象。操作元数据是指应用程序运行信息，如其频率、记录数以及各个组件的分析和其他统计信息等。

从整个企业层面来说，各种工具软件和应用程序越来越复杂，相互依存度逐年提高，相应地追踪整个信息供应链各组件之间数据流动、了解数据元素含义和上下文的需求越来越强烈。在从应用议程到信息议程的转变过程中，元数据管理也逐渐从局部存储和管理转向共享。从总量上来看,整个企业的元数据越来越多,光现有的数据模型中就包含了成千上万张表,同时还有更多的模型等着上线。同时随着大数据时代的来临,企业需要处理的数据类型越来越多。为了使企业更高效地运转,需要明确元数据管理策略和元数据集成体系结构,依托成熟的方法论和工具实现元数据管理,并有步骤地提升元数据管理成熟度。

为了实现大数据治理,构建智慧的分析洞察体系,企业需要实现贯穿整个企业的元数据集成,建立完整且一致的元数据管理策略,该策略不仅针对某个数据仓库项目、业务分析项目、某个大数据项目或某个应用单独制定一个管理策略,还针对整个企业构建完整的管理策略。元数据管理策略也不是技术标准或某个软件工具可以取代的,无论软件工具功能多强大,都不能完全替代一个完整一致的元数据管理策略,反而在定义元数据集成体系结构以及选购元数据管理工具之前需要定义元数据管理策略。

元数据管理策略需要明确企业元数据管理的愿景、目标、需求、约束和策略等,依据企业自身当前以及未来的确定要实现的元数据管理成熟度以及实现目标成熟度的路线图,完成基础本体、领域本体、任务本体和应用本体的构建,确定元数据管理的安全策略、版本控制、元数据订阅推送等。企业需要对业务术语、技术术语中的敏感数据进行标记和分类,制定相应的数据隐私保护政策,确保企业在隐私保护方面符合当地隐私方面的法律法规,如果企业有跨国数据交换、元数据交换的需求,也要遵循相关国家的法律法规要求。企业需要保证每个元数据元素在信息供应链每个组件中语义上的一致,也就是语义等效(semantic equivalence)。语义等效可以强也可以弱,在一个元数据集成方案中,语义等效(平均)越强,则整个方案的效率越高。语义等效的强弱程度直接影响元数据的共享和重用。

了解元数据管理策略和元数据集成体系结构之后,企业可以根据需要选择合适的业务元数据和技术元数据管理工具,并制定相应的元数据管理制度进行全面的元数据管理。

针对大数据的业务元数据,依旧可以通过构建基础本体、领域本体、任务本体和应用本体等方式实现。通过构建基础本体,实现对级别且通用的概念以及概念之间关系的描述;通过构建领域本体,实现对领域的定义,并确定该领域内共同认可的词汇、词汇业务含义和对应的信息资产等,提供对该领域知识的共同理解;通过构建任务本体,实现任务元素及其之间关系的规范说明或详细说明;通过构建应用本体,实现对特定应用的概念描述,基础上是依赖特定领域和任务的。这样就通过构建各种本体,在整个企业范围内提供一个完整的共享词汇表,保证每个元数据元素在信息供应链每个组件的语义上保持一致,实现语义等效。

为了实现信息供应链中各个组件元数据的交互和集成，大数据平台的元数据集成体系结构可以采用模型驱动的中央辐射式元数据体系结构。对大数据平台中的结构化数据的元数据管理，可以遵循公共仓库元模型(common warehouse metamodel，CWM)构建元数据体系结构，以便实现各个组件间元数据的交互；对大数据平台中的半结构化和非结构化数据的元数据管理，因为业内还没有通用的公共元模型，企业可以尝试采用自定义模型驱动的方式构建中央辐射式元数据体系结构。

简单来说，企业可以尝试以下步骤进行大数据的元数据管理。

(1) 考虑到企业可以获取数据的容量和多样性，应该创建一个体现关键大数据业务术语的业务定义词库(本体)，该业务定义词库不仅包含结构化数据，还包含半结构化和非结构化数据。

(2) 及时跟进和理解各种大数据技术中的元数据，提供对其连续、及时的支持，如大规模并行处理(massively parallel processing，MPP)数据库、流计算引擎、Apache Hadoop/企业级 Hadoop、NoSQL 数据库以及各种数据治理工具，如审计/安全工具、信息生命周期管理工具等。

(3) 对业务术语中的敏感大数据进行标记和分类，并执行相应的大数据隐私政策。

(4) 将业务元数据和技术元数据进行链接，可以通过操作元数据(如流计算或ETL 工具生成的数据)监测大数据的流动；可以通过数据世系分析(血缘分析)实现在整个信息供应链中数据的正向追溯或逆向追溯，了解数据都经历了哪些变化，查看字段在信息供应链各组件间转换是否正确等；可以通过影响分析了解具体某个字段的变更会对信息供应链中其他组件的字段造成哪些影响等。

(5) 扩展企业现有的元数据管理角色，以适应大数据治理的需要，如可以扩充数据治理管理者、元数据管理者、数据主管、数据架构师以及数据科学家的职责，加入大数据治理的相关内容。

7.2.3　营销主数据管理

主数据(master data)是指在信息供应链中各业务系统之间需要共享的数据、业务规则和策略等。常见的主数据主要包括与客户、供应商、账户以及组织单位相关的数据。主数据管理(master data management，MDM)则描述了一组约束、方法和技术解决方案，用来保证整个信息供应链内主题域和跨主题域相关主数据的完整一致性。

主数据管理是构建企业信息单一视图的重要组成部分，为应用提供精确、完整的关键业务实体数据，可以保证在整个企业范围内跨业务协调和重用主数据。主数据管理不会创建新的数据或新的数据纵向结构，而是提供一种方法使企业能够有效地管理分布在整个信息供应链中的各种主数据。主数据管理可以帮助企业构建并维护贯穿整个信息供应链的主数据单一视图，简化并改进业务流程以提高业务响应速度。统一完整的主数据管理、清晰的主题域划分、完善的元模型有利于更好地管理主数据。

主数据管理的问题，是由企业业务发展的渐进性、IT技术发展的渐进性、统一的数据治理和元数据管理的缺乏等因素造成的。企业的各个业务系统都经历了从无到有、从简单到复杂的过程。在现实中，企业很难只用一个业务系统覆盖所有的业务，特别是大型跨国公司，同一个业务系统也可能会在不同的国家或地区部署多套，加上企业信息化建设缺少统一规划，从而造成了需要在各业务系统中共享的主数据被分散到了各个业务系统分别进行管理。分散管理的主数据不具备一致性、准确性和完整性，使得各企业普遍存在着产品、供应商和订单管理不力的现象，而解决这一问题的根本方法就是引入主数据管理。主数据管理是个持续的过程，通过管理主数据的质量，定义准则、策略、流程、业务规则以及度量值，从而实现业务目标。主数据管理主要包括委派数据管理员、管理数据质量和实施主数据管理三部分。

在大数据时代，通过建立大数据与主数据之间的映射关系可以有效地提高客户关系管理水平，提高客户满意度和忠诚度，提升销售业绩。例如，通过从微博、微信、交友网站以及呼叫中心语音记录中获取数据，进行更精确的客户流失建模，可以有效地提升客户流失预测的准确率；又如，从社交媒体、多媒体、电话语音记录等多种数据源获取数据用于客户细分、交叉销售、提升销售、客户维护挽留、客户偏好管理等，可以有效地提升客户关系管理水平。

主数据和元数据的区别在于：元数据是对数据的描述信息，而主数据是业务的实体信息。所以对于元数据和主数据的管理是对基础数据的管理。

主数据管理需要从各部门的多个业务系统中整合最核心的、最需要共享的数据，即主数据，集中进行数据的清洗和丰富，并且以服务的方式把统一的、完整的、准确的、具有权威性的主数据传送给集团单位范围内需要使用这些数据的操作型应用系统和分析型应用系统。

主数据管理的信息流如下：

(1) 某个业务系统触发对主数据的改动；

(2) 主数据管理系统将整合之后完整、准确的主数据传送给所有相关的应用系统；

(3) 主数据管理系统为决策支持和数据仓库系统提供准确的数据源。

因此，对于主数据管理要考虑运用主数据管理系统实现，主数据管理系统的建设要从建设初期就考虑整体的平台框架和技术实现。

7.2.4　营销数据质量管理

一个组织数据治理的结果是否达到自己预期的目标，可以通过以下几个方面进行评价。

从数据治理的质量方面考虑以下几方面。

(1) 数据的准确性：经过数据治理后的数据应该是准确的，而不能在治理过程中给正确的数据带来噪声。

(2) 数据的完整性和一致性：数据治理之后，数据的完整程度以及数据的一致性应当有保证。

(3) 数据的安全性：好的数据治理要充分地保护敏感数据。

从数据治理的效率方面考虑以下几方面。

(1) 使用每秒处理多少条数据进行直观对比，这直接影响数据的及时性。

(2) 数据治理模型的成熟度：数据治理过程中，所选择数据模型的成熟度直接影响数据治理的结果。

(3) 是否能追根溯源，找到数据质量问题产生的原因。

(4) 人工干预程度：发现质量问题以后，是系统自动处理，还是需要人工干预处理。

一个机构的数据治理能力越高，享受到数据治理带来的价值也会越多，如增加收入、减少成本、降低风险等。于是，很多机构想要准确地评估本公司的数据治理能力。营销数据的质量管理可以利用数据治理成熟度模型方法，包括数据质量管理(data quality management，DQM)集团和 IBM 公司在内的一些组织都开发了类似的数据治理成熟度模型。影响数据治理成熟度的关键因素有严格性、全面性以及一致性。

DQM 集团的数据治理成熟度模型共分为如下五个阶段。

(1) 意识阶段：当公司数据不统一的情况随处可见，数据质量很差却难以提高，数据模型的梳理难以进行时，公司会意识到数据治理对于数据平台的建设至关重要，但并没有定义数据规则和策略，基本不采取行动。

(2) 被动的反应阶段：公司在出现数据上的问题时，会去采取措施解决问题，但并不会寻其根源解决根本问题，也就是说，公司的行动通常是由危机驱动的。该类反应性组织的数据仍然是"孤立"存在的，很少进行共享，只是努力达到监管的要求。

(3) 主动的应对阶段：处在这个阶段的组织最终可以识别和解决根本问题，并在问题出现之前将其化解。这个阶段的组织将数据视为整个企业的战略资产，而不是像第一阶段将数据作为一种成本开销。

(4) 成熟的管理阶段：这个阶段的组织拥有一组成熟的数据流程，可以识别出现的问题，并以专注于数据开发的方式定义策略。

(5) 最佳阶段：这个阶段的组织把数据和数据开发作为人员、流程和技术的核心竞争力。

IBM 的数据治理成熟度模型也分为五个阶段，分别是初始阶段、基本管理阶段、定义阶段(主动管理)、量化管理阶段、最佳(持续优化)阶段。

(1) 初始阶段是指企业缺乏数据治理流程，没有跟踪管理，也没有一个稳定的数据治理的环境，只能体现个人的努力和成果，工作尚未开展。

(2) 基本管理阶段是指企业有了初始的流程定义，开展了基本的数据治理工作，但仍然存在很多问题。

(3) 定义阶段是指企业在相关成功案例的基础上积累了相关的经验，形成了部分标准但仍不完善的流程。

(4) 量化管理阶段是指企业能够运用先进的工具对数据治理的效果进行量化，数据治理已经能取得持续的效果，并且能根据既定的目标进行一致的绩效评估。

(5) 最佳阶段是持续地关注流程的优化，达到此阶段的企业已经具有创新能力，有望成为行业的领导者。

从这些企业的数据治理模型中可以看出，数据治理从来都不是一次性的程序，而是一个持续的过程，这个过程必须是渐进式迭代型的，每个组织必须采取许多小的、可实现的、可衡量的步骤来实现长期目标。

7.3 结构化数据的治理技术

结构化数据的治理技术是指在数据治理的过程中用到的技术工具，其中主要包括数据规范技术、数据清洗技术、数据交换技术和数据集成技术这四类技术，下面具体介绍。

7.3.1 数据规范技术

数据治理的处理对象是分布在各个系统中的海量数据，这些不同系统的数据往往存在一定的差异：数据代码标准、数据格式、数据标识都不一样，甚至可能存在错误的数据。这就需要建立一套标准化的体系，对这些存在差异的数据依照统一标准处理，以符合行业的规范，可以在同样的指标下进行分析，保证数据分析结果的可靠性。例如，对于数据库的属性值，可以建立唯一性规则、连续性规则以及空值规则等来对数据进行检验和约束：唯一性规则一般是指为主键或其他属性填写 unique 约束(唯一约束)，使得给定属性的每个值与该属性的其他值不同；连续性规则是指属性的大值和小值之间没有缺失值并且每个值也是唯一的，一般用于检验数据有效性；空值规则是指使用其他特殊符号代替空值，以及对于这样的值应该如何处理。数据的规范化能够提高数据的通用性、共享性、可移植性以及数据分析的可靠性，所以在建立数据规范时要具有通用性，需要遵循行业的或者国家的标准。

数据治理过程中可使用的数据规范方法有规则处理引擎、标准代码库映射。

1) 规则处理引擎

数据治理为每个数据项制定相关联的数据元标准，并为每个标准数据元定义一定的处理规则，这些处理逻辑包括数据转换、数据校验、数据拼接赋值等。基于机器学习等技术，对数据字段进行认知和识别，通过数据自动对标技术，解决在数据处理过程中遇到的数据不规范的问题。

根据数据项标准定义规则模板，图 7-4 中"出生日期"的规则如下所示。

(1) 值域稽核规则：YYYY: MM: DD 或 YYYY-MM-DD；

(2) 取值范围规则：$1900 < YYYY \leqslant 2018$，$1 \leqslant MM \leqslant 12$，$1 \leqslant DD \leqslant 31$。

将数据项与标准库数据项对应。

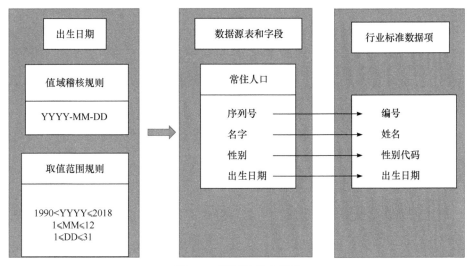

图 7-4 规则处理示意图

借助机器学习推荐来简化人工操作，可以根据语义相似度和采样值域测试，推荐相似度高的数据项关联到对应数据表字段，并根据数据特点选择适合的转换规则进行自动标准化测试。根据数据项的规则模板可以自动生成字段的稽核任务。

规则体系中包含很多数据处理的逻辑：将不同数据来源中各种时间格式的数据项，转化成统一的时间戳(timestamp)格式；对数据项做加密或者哈希转换；对身份证号做校验，检验是否为合法的 18 位身份证号，如果是 15 位的，则将其统一转换成 18 位；将多个数据项通过指定拼接符号，连接成一个数据项；将某个常量或者变量值赋给某个数据项等。

规则库中的规则可以多层级迭代，形成数据处理的一条规则链。规则链上，上一条规则的输出作为下一条规则的输入，通过规则的组合，能够灵活地支持各种数据处理逻辑。例如，对身份证号先使用全角转半角的规则，对输出的半角值使用身份证校验转换规则，统一成 18 位的身份证号；再对 18 位身份证号使用数据脱敏规则，将身份证号转成脱敏后的字符串。

2) 标准代码库映射

标准代码库是基于国标或者通用的规范建立的键-值(key-value)字典库，字典库遵循国标值域、公安装备资产分类与代码等标准进行构建。当数据项的命名为XXXDM(XXX 代码)时，根据字典库的国标或部标代码，通过字典规则关联出与代码数据项对应的代码名称数据项 XXXDMMC(XXX 代码名称)。例如，要将所有表示性别"男"的字段都转换成"男"这种统一的表示方式，可以先建立一个数据字典，其中键的取值范围是所有不同表示方式的集合，值为最终想要归一化表示的"男"。

```
{
    "男"   =>   "男",
    "男性"   =>   "男",
    "male"   =>   "男",
    "man"   =>   "男",
    "1"   =>   "男"
    …
}
```

使用数据转换规则时查找数据字典，将所有不同的表示方式统一成一种表示方式。

7.3.2　数据清洗技术

数据质量一般由准确性、完整性、一致性、时效性、可信性以及可解释性等特征来描述，根据 Rahm 等[42]在 2000 年对数据质量基于单数据源还是多数据源以及问题出在模式层还是实例层的标准进行分类，将数据质量问题分为单数据源模式层问题、单数据源实例层问题、多数据源模式层问题和多数据源实例层问题四大类。现实生活中的数据极易受到噪声、缺失值和不一致数据的侵扰，数据集成可能也会产生数据不一致的情况，数据清洗就是识别并且修复这些"脏数据"的过程[43]。一个数据库数据规范工作做得好，会给数据清洗工作减少许多麻烦。

对于数据清洗工作的研究，基本上是基于相似重复记录的识别与剔除方法展开的，并且以召回率和准确率作为算法的评价指标。现有的清洗技术大都是孤立使用的，不同的清洗算法作为黑盒子以顺序执行或以交错方式执行，而这种方法没有考虑不同清洗类型规则之间的交互，虽然简化了问题的复杂性，但这种简化可能会影响最终修复的质量，因此需要把数据清洗放在上下文中结合端到端质量执行机制进行整体清洗。随着大数据时代的到来，现在已经有不少有关大数据清洗系统的研究，不仅有对于数据一致性以及实体匹配的研究，也有基于 MapReduce 的数据清洗系统的优化研究。下面对数据清洗具体应用技术以及相关算法进行分析。

从微观层面来看，数据清洗的对象分为模式层数据和实例层数据。数据清洗识别并修复的"脏数据"主要有错误数据、不完整的数据以及相似重复的数据，根据"脏数据"分类，数据清洗也可以分为属性错误清洗、不完整数据清洗以及相似重复记录清洗，下面分别对每种情况进行具体分析。

1. 属性错误清洗

数据库中很多数据违反初定义的完整性约束，存在大量不一致的、有冲突的数据和噪声数据，应该识别出这些错误数据，然后进行错误清洗。

1) 检测

属性错误检测有基于定量的属性错误检测方法和基于定性的属性错误检测方法。

基于定量的属性错误检测一般在离群点检测的基础上采用统计方法来识别异常行为和误差，离群点检测是找出与其他观察结果偏离太多的点，Aggarwal[44]将离群点检测方法又分为六种类型：极值分析、聚类模型、基于距离的模型、基于密度的模型、概率模型、信息理论模型，并对这几种模型进行了详尽的介绍。

基于定性的属性错误检测一般依赖于描述性方法指定一个合法的数据实例的模式或约束，因此确定违反这些模式或者约束的就是错误数据。

图 7-5 描述了基于定性的属性错误检测技术在三个不同方面的不同分类，下面对图中提出的三个问题进行分析。

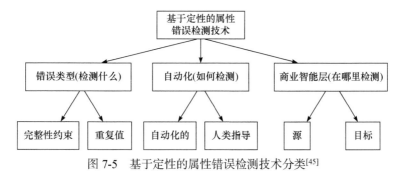

图 7-5　基于定性的属性错误检测技术分类[45]

首先，错误类型是指要检测什么。基于定性的属性错误检测技术可以根据捕捉到的错误类型进行分类。目前，大量的工作都是使用完整性约束来捕获数据库应该遵守的数据质量规则，虽然重复值也违反了完整性约束，但是重复值的识别与清洗是数据清洗的一个核心。

其次，自动化是指如何检测。根据人类的参与与否以及参与步骤对基于定性的属性错误检测技术进行分类，大部分的检测过程都是全自动化的，个别技术涉及人工参与。

最后，商业智能层是指在哪里检测。错误可以发生在数据治理的任何阶段，大部分的检测都是针对原始数据库的，但是有些错误只能在数据治理后获得更多的语义和业务逻辑才能检测出来。

不仅可以使用统计方法对属性错误进行检测，也可以使用一些商业工具进行异常检测，如数据清洗工具以及数据审计工具等。Potter's Wheel 是一种公开的数据清洗工具，不仅支持异常检测，还支持后面数据不一致清洗所用到的数据变换功能[46]。

2) 清洗

属性错误清洗包括噪声数据以及不一致的数据清洗。噪声数据的清洗也叫光滑噪声，主要有分箱和回归等方法。分箱方法是通过周围邻近的值来光滑有序的数据值但只是局部光滑，回归方法是使用回归函数拟合数据来光滑噪声。不一致数据的清洗在某些情况下可以参照其他材料使用人工进行修改，也可以借助知识工程工具来找到违反限制的数据。例如，如果知道数据的函数依赖关系，可以通过函数关系修改属性值。但是大部分的不一致情况都需要进行数据变换，即定义一系列的变换纠正数据，有很多商业工具提供数据变换的功能，如数据迁移工具和 ETL 工具等，但是这些功能都是有限的。

2. 不完整数据清洗

在实际应用中，数据缺失是一种不可避免的现象。在很多情况下会造成数据值的缺失，例如，填写某些表格时需要填写配偶信息，没有结婚的人就无法填写此字段，或者如果是在业务处理的稍后步骤中提供值，字段也可能临时缺失。处理缺失值目前有以下几种方法。

1) 忽略元组

一般情况下，当此元组缺少多个属性值时常采用此方法，但是该方法不是很有效。因为当忽略了此条元组之后，元组内剩下的有值的属性也不能采用，而这些数据可能是有用的。

2) 人工填写缺失值

这种方法最大的缺点就是需要大量的时间和人力，数据清理技术需要做到尽量少的人工干预；在数据集很大、缺失很多属性值时，这种方法是行不通的。

3) 全局变量填充缺失值

使用同一个常量填充属性的缺失值。这种方法虽然使用起来较为简单，但是有时不可靠。例如，用统一的常量"NULL"填写缺失值，在后续的数据挖掘中，可能会认为它们形成了一个统一的概念。

4) 中心度量填充缺失值

使用属性的中心度量填充缺失值。中心度量是指数据分布的"中间"值，如均值或者中位数。对称分布的数据通常使用均值，而倾斜分布的数据使用中位数。

5) 使用可能的值填充

相当于数值预测的概念。回归分析是数值预测常用的统计学方法，此外也可以使用贝叶斯形式化方法的基于推理的工具，或者利用决策树归纳确定缺失值。

鉴于现在很多人为了保护自己的隐私或者为了方便，随意地选择窗口中给定的值，Ming 等[47]于 2007 年提出了一种识别伪装缺失数据的启发式方法，当用户不愿意泄露个人信息时故意错误地选择窗口上的默认值(如生日字段)，这时数据就会被捕获。

3. 相似重复记录清洗

1) 识别

消除相似重复记录，首先应该识别出相同或不同数据集中的两个实体是否指向同一实体，这个过程也叫实体对齐或实体匹配。文本相似度度量是实体对齐的基础方法，大致分为四种：基于字符的度量(如编辑距离、仿射间隙距离、Smith-Waterman 距离、Jaro 距离度量、Q-gram 距离[48])、基于单词的度量(如 Jaccard 系数)、混合型度量(如 soft TF-IDF)和基于语义的度量(如 WordNet)。随着知识表示学习在各个领域的发展，一些研究人员提出了基于表示学习的实体匹配算法，但均是以 TransE(translating embedding)系列模型为基础构建的。TransE 算法是最先被提出的基于翻译的算法，将关系解释为实体的低维向量之间的翻译操作[49]，随之涌现出一些扩展的典型算法，下面对这些算法进行简单介绍。

(1) MTransE 算法[50]：基于转移的方法解决多语言知识图谱中的实体对齐。首先，使用 TransE 算法对单个知识图谱进行表示学习；接着，学习不同空间的线性变换来进行实体对齐。转移方法有基于距离的轴校准、翻译向量、线性变换三种。该知识模型基于 TransE 算法，对于提高实体对齐的精度仍存在很大局限。

(2) JAPE(joint attribute-preserving embedding)算法[51]：是针对跨语言实体对齐的联合属性保护模型，利用属性及文字描述信息来增强实体表示学习，分为结构表示、属性表示。JAPE 基于先验实体匹配，利用联合表示学习技术将不同知识图谱中的实体和关系映射到统一的向量空间中，将实体和关系的映射转换成向量距离计算的问题，即将匹配过程转换成向量之间的距离。

(3) SEEA(self-learning and embedding based entity alignment，实体对齐的自学习和表示)算法[52]分为属性三元组学习、关系三元组学习两部分。该算法能够自学习，不需要对齐种子的输入。每次迭代根据前面迭代过程所得到的表示模型，计算实体向量间的余弦相似度。选取前 β 对实体对添加到关系三元组中更新本次表示模型，直到收敛。收敛条件：无法选取前 β 对实体对。

实体对齐方法不仅应用于数据清洗过程中，对后续的数据集成以及数据挖掘也起到重要的作用。除此之外，也有很多重复检测的工具可以使用，如 Febrl 系统、Tailor 工具、WHIRL 系统、BigMatch 等，但是很多匹配算法只适用于英文环境不适用于中文环境，所以中文数据清洗工具的开发还需要进一步的研究。

2) 清洗

相似重复记录清洗一般采用先排序再合并的思想，代表算法有优先队列算法、近邻排序算法、多趟近邻排序算法。优先队列算法比较复杂，先将表中所有记录进行排序，排好的记录被优先队列进行顺序扫描并动态地进行聚类，减少记录比较的次数，匹配效率得以提高，该算法还可以很好地适应数据规模的变化。近邻排序算法是相似重复记录清洗的经典算法，采用滑动窗口机制进行相似重复记录的匹配，每次只对进入窗口的 w 条记录进行比较，只需要比较 $w \times N$ 次，提高了匹配的效率。但是它有两个很大的缺点：①该算法的优劣对排序关键字的依赖性很大，如果排序关键字选择得不好，相似的两条记录一直没有出现在滑动窗口上，就无法识别相似重复记录，导致很多条相似重复记录得不到清洗；②滑动窗口的 w 值也很难把控，w 值太大可能会产生没必要的比较次数，w 值太小又可能会遗漏重复记录的匹配。多趟近邻排序算法是针对近邻排序算法进行改进的算法，它是采用多次近邻排序算法，每次选取的滑动窗口值可以不同，且每次匹配的相似记录采用传递闭包，虽然可以减少很多遗漏记录，但也会产生误识别的情况。这两种算法的滑动窗口值和属性值的权重都是固定的，所以也有一些学者提出基于可变的滑动窗口值和不同权重的属性值来进行相似重复记录的清洗。以上算法都有一些缺陷：如都要进行排序，多次的外部排序会引起输入(输出)代价过大；由于字符位置敏感性，排序时相似重复的记录不一定排在邻近的位置，对算法的准确性有影响。

7.3.3 数据交换技术

数据交换是将符合一个源模式的数据转换为符合目标模式数据的问题，该目标模式应尽可能准确并且以与各种依赖性一致的方式反映源数据。

早期数据交换的一个主要方向是在关系模式之间从数据交换的上下文中寻

求一阶查询的语义和复杂性。2008 年，Afrati 等[53]开始系统地研究数据交换中聚合查询的语义和复杂性，给出一些概念并做出了技术贡献。在一篇具有里程碑意义的论文中，Fagin 等[54]提出了一种纯粹逻辑的方法完成这项任务。从此，研究人员对数据交换进行了深入研究。2018 年，Xiao 等[55]指出，跨越不同实体的数据交换是实现智能城市的重要手段，他们设计了一种新颖的后端计算架构，即数据隐私保护自动化架构(data privacy-preserving automation architecture，DPA)，促进在线隐私保护处理自动化，以无中断的方式与公司的主要应用系统无缝集成，允许适应灵活的模型和交叉的服务质量保证实体数据交换。随着云计算和 Web 服务的快速发展，Wu 等[56]将基于特征的数据交换应用于基于云的设计与制造的协作产品开发上，并提出了一种面向服务的基于云的设计和制造数据交换架构。是否有完善合理的数据交换服务建设，会关系到大数据平台是否具有高效、稳定的数据处理能力。

数据整合是平台建设的基础，涉及多种数据的整合手段。其中，数据交换、消息推送、通过服务总线实现应用对接等都需要定义一套通用的数据交换标准，基于此标准实现各个系统间数据的共享和交换，并支持未来更多系统与平台的对接。平台数据交换标准的设计，充分借鉴国内外现有的各类共享交换系统的建设经验，采用基于可扩展标记语言(extensible markup language，XML)的信息交换框架。XML 定义了一组规则，用于以人类可读和机器可读的格式编码文档，它由国际万维网联盟设计。XML 文档格式良好且结构化，因此它们更易于解析和编写。XML 由于具有简化、跨平台、可扩展性和自我描述等特征，成为通过互联网进行数据传输的通用语言。XML 关心的重点是数据，而其他的因素如数据结构和数据类型、表现以及操作，都是由其他的以 XML 为核心的相关技术完成的。基于基本的 XML，通过定义一套数据元模型(语义字典)和一套基于 XML Schema 的描述规范来实现对信息的共同理解，基于此套交换标准完成数据的交换。数据交换概括地说有以下两种实现模式。

1. 协议式数据交换

协议式数据交换是在源系统和目标系统之间定义一种数据交换交互协议，遵循制定的协议，通过将一个系统数据库的数据移植到另一个系统的数据库完成数据交换。Tyagi 等[57]于 2017 年提出一种通用的交互式通信协议，称为递归数据交换(recursive data exchange，RDE)协议，它可以获得各方观察到的任何数据序列，并提供单独的性能序列保证。Tyagi 等[58]又于 2018 年提出了一种新的数据交换交互协议，它可以逐步增加通信量，直到任务完成，还导出了基于将数据交换问题与密钥协议问题相关联的小位数的下限。这种交换模式的优点在于：无须对底层数据库的应用逻辑和数据结构做任何改变，可以直接用于开发数据访问层。这种模式的一个缺点是编程人员需要基于底层数据库进行直接修改，编程人员首先要对双方数据库的底层设计有清楚的了解，需要承担较高的安全风险；其次，编程人员在修改原有的数据访问层时需要保证数据的完整性和一致性。这种模式的另一个缺点在于系统的可重用性很低，每次对于不同应用的数据交换都需要做不同的设计。下面举一个通俗易懂的例子：安徽人和广东人有生意上的往来，但由于彼此说的都是家乡话，交易很难进行，于是双方就约定每次见面都使用安徽话或者广东话。假如他们规定一个协议，每次见面都以安徽话交谈，那么广东人每句话的语法结构和发音标准都按照安徽话修改，同时要保证每句话的完整性和准确性，以确保双方顺利交谈。然而在下次的生意中，广东人可能面对的是一位江西人，那么交流依旧出现了困难，此时广东人又需要把自己的广东话转换为江西话。

2. 标准化数据交换

标准化数据交换是指在网络环境中建立一种可供多方共享的方法作为统一的标准，使得跨平台应用程序之间实现数据共享和交换。下面依旧以安徽人与广东人进行交易为例，来解释这种交换模式。为了解决双方无法沟通的困境，双方约定每次见面交易都使用普通话这种标准来交流，下次即使遇到全国各地的人，也可以使用普通话交流，这样大家只需要熟悉普通话的语法规则，不需要精通各地的语言。这种交换模式的优点显而易见，系统对于不同的应用只需要提供一个多方共享的标准即可，具有很高的可重用性。

实现基于 XML 的数据交换确实需要一系列的努力和资源创建或管理交换，但它不是对现有系统的大规模改变而是有限的改变，所以使用基于 XML 数据交换的关键优势是信息共享的组织不需要更改其现有的数据存储或标准，使得异构系统之间可以实现大限度的协同，并能在现有数据交换应用的基础上扩展更多新的应用，从而对在不同企业间发展应用集成起到促进作用。

7.3.4 数据集成技术

在信息化建设初期，由于缺乏有效合理的规划和协作，信息孤岛的现象普遍存在，大量的冗余数据和垃圾数据存在于信息系统中，数据质量得不到保证，信息的利用效率明显低下。为了解决这个问题，数据集成技术应运而生。数据集成技术是协调数据源之间不匹配的问题，将异构、分布、自治的数据集成在一起，为用户提供单一视图，使得用户可以透明地访问数据源。系统数据集成主要指异构数据集成，重点是数据标准化和元数据中心的建立。

数据标准化：其作用在于提高系统的可移植性、互操作性、可伸缩性、通用性和共享性。数据集成依据的数据标准包括属性数据标准、网络应用标准和系统元数据标准。名词术语词典、数据文件属性字典、菜单词典及各类代码表等为系统公共数据，在此基础上促成系统间的术语、名称、代码的统一，促成属性数据统一的维护管理。

元数据中心的建立：在建立元数据标准的基础上，统一进行数据抽取、格式转换、重组、储存，实现对各业务系统数据的整合。经处理的数据保存在工作数据库中，库中所有属性数据文件代码及各数据文件中的属性项代码均按标准化要求编制，在整个系统中保持唯一性，可以迅速、准确定位。各属性项的文字值及代码，也都通过词库建设进行标准化处理，实现一词一义。建立元数据中心的基本流程如图 7-6 所示。

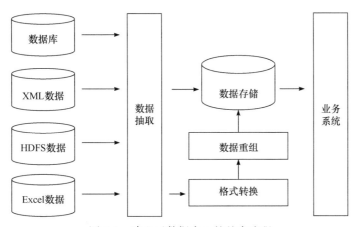

图 7-6 建立元数据中心的基本流程

数据规范和数据交换的完成，对数据集成的有效进行提供了很大的帮助，但在数据集成时仍然需要解决以下难题。首先是异构性，数据异构分为两个方面：其一，不同数据源数据的结构不同，此为结构性异构；其二，不同数据源的数据项在含义上有差别，此为语义性异构。其次是数据源的异地分布性。最后是数据源的自治性。数据源可以改变自身的结构和数据，这就要求数据集成系统应具有鲁棒性。为了解决这些难题，可采用模式集成方法、数据复制方法和基于本体的方法这几种典型的数据集成方法。

1. 模式集成方法

模式集成方法为用户提供统一的查询接口，通过中介模式访问实时数据，该模式直接从源数据库中检索信息，如图 7-7 所示。该方法的实现共分为四个主要步骤：源数据库的发现、查询接口模式的抽取、领域源数据库的分类和全局查询接口集成。

模式集成方法依赖中介模式与源模式之间的映射，并将查询转换为专用查

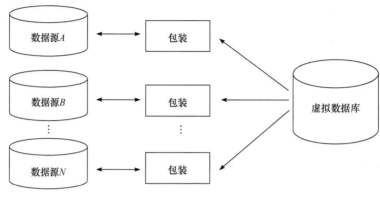

图 7-7　模式集成方法

询，以匹配源数据库的模式。这种映射可以用两种方式指定：作为从中介模式中的实体到数据源中的实体的映射——全局视图(global as view，GAV)方法[59]，作为从数据源中的实体到中介模式中实体的映射——本地视图(local as view，LAV)方法[60]。后一种方法需要更复杂的推理来解析对中介模式的查询，但是可以更容易地将新数据源添加到稳定中介模式中。

模式集成方法的优点是为用户提供了统一的访问接口和全局数据视图，缺点是用户使用该方法时经常需要访问多个数据源，存在很大的网络延迟，数据源之间没有进行交互。如果被集成的数据源规模比较大，且数据实时性比较高、更新频繁，则一般采用模式集成方法。

2. 数据复制方法

数据复制方法是将用户可能用到的其他数据源的数据预先复制到统一的数据源中，用户使用时仅需访问单一的数据源或少量的数据源。数据复制方法提供了紧密耦合的体系结构，数据已经在单个可查询的存储库中进行物理协调，因此解析查询通常需要很少的时间，系统处理用户请求的效率显著提升；但在使用该方法时，数据复制需要一定的时间，所以数据的实时一致性不好保证。数据仓库方法是数据复制方法的一种常见方式，第一个数据集成系统便是使用该方法于1991 年在明尼苏达大学设计的。该方法的过程是：先提取各个异构数据源中的数据，然后转换、加载到数据仓库中，用户在访问数据仓库查找数据类似访问普通数据库。

对于经常更新的数据集，数据仓库方法不太可行，需要连续重新执行提取、转换、加载(extract-transform-load，ETL)过程以进行同步。根据数据复制方法的优缺点可以看出：数据源相对稳定或者用户查询模式已知或有限的时候，适合采用数据复制方法。数据复制方法示意图如图 7-8 所示。

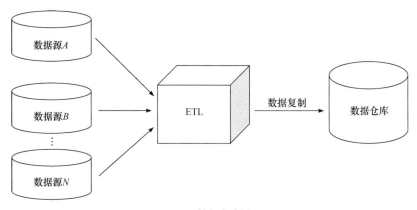

图 7-8 数据复制方法

下面举例说明模式集成方法和数据复制方法在具体应用中的区别。

假设设计一个应用程序,用户可以利用该程序查询到自己所在城市的任何信息,包括天气信息、人口统计信息等。传统的思想是,把所有这些信息保存在一个后台数据库中,但是这种广度的信息收集起来难度大且成本高,即使收集到这些资源,它们也可能只是从已有数据库中复制的数据,不具备实时性。

如果选择模式集成方法解决该应用程序面临的问题,就是让开发人员构建虚拟模式——全局模式,然后对各个单独的数据源进行"包装",这些"包装"只是将本地查询结果(实际上是由相对应的网站或数据库返回的结果)转换为易于处理的表单,当使用该应用程序的用户查询数据时,看似是本地查询,实则背后的数据集成系统会将此查询转换为对应数据源上的相应查询。最后,虚拟数据库将这些查询的结果反馈给用户。

如果选择数据复制方法解决此问题,首先需要把所有的数据信息复制到数据库中,每当数据(如天气情况)有所更新时,就要手动集成到系统中。

3. 基于本体的方法

根据上述介绍,数据异构有结构异构和语义性异构两个方面,模式集成方法和数据复制方法都是针对解决结构异构而提出的解决方案,而基于本体的方法致力于解决语义异构问题。语义集成过程中,一般通过冲突检测、真值发现等技术来解决冲突。常见的冲突解决策略有如下三类:冲突忽略、冲突避免和冲突消解。冲突忽略是引入人工干预把冲突留给用户解决。冲突避免是对所有的情形使用统一的约束规则。冲突消解又分为三类:一是基于投票的方法,此方法采用简单的少数服从多数策略;二是基于质量的方法,此方法在第一种方法的基础上增加关于数据来源可信度的考虑;三是基于关系的方法,此方法在第二种方法的基础上考虑不同数据来源之间的关系。

本体是对某一领域中的概念及其之间关系的显式描述，基于本体的数据集成系统允许用户通过对本体描述的全局模式的查询，来有效地访问位于多个数据源中的数据。Tao 等[61]针对基于本体的 XML 数据集成的查询处理提出了优化算法。目前，基于本体技术的数据集成方法有三种，分别为单本体方法、多本体方法和混合本体方法。

由于单本体方法所有的数据源都要与共享词汇库全局本体关联，应用范围很小，且数据源的改变会影响全局本体的改变。为了解决单本体方法的缺陷，多本体方法应运而生。多本体方法的每个数据源都由各自的本体进行描述，它的优点是数据源的改变对本体的影响小，但是由于缺少共享的词汇库，不同的数据源之间难以比较，数据源之间的共享性和交互性相对较差。混合本体方法的提出，解决了单本体和多本体方法的不足，混合本体每个数据源的语义都由它们各自的本体进行描述，弥补了单本体方法的缺点。混合本体方法还建立了一个全局共享词汇库以弥补多本体方法的缺点，如图 7-9 所示。混合本体方法有效地解决了数据源间的语义异构问题。

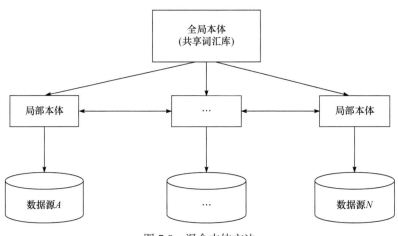

图 7-9　混合本体方法

7.3.5　结构化数据通用治理平台 CONA

CONA(connect all the data)平台集数据接入、数据清洗、数据融合、数据标准化、数据监控和数据管理于一体。通过可视化界面，可以完成知识图谱构建与常规数据治理操作。CONA 平台具有强大而完备的数据清洗与融合功能、多值与溯源功能。基于嵌入式的任务调度器，可以让所有的数据治理工作自动、有序、高效地执行。同时，对错综复杂的知识图谱构建中的人工错误，也提供了一键错误验证机制。

CONA 平台架构如图 7-10 所示。

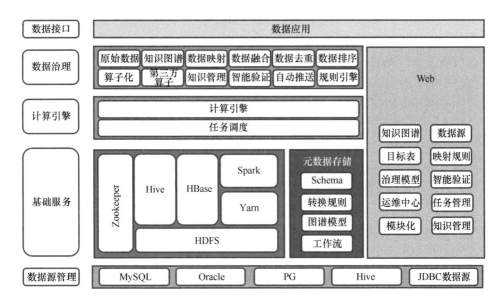

图 7-10 CONA 平台架构

CONA 平台相关概念如下。

算子：对数据进行加工、转换的过程。CONA 平台中定义了四类算子：预处理算子、增量同步算子、(加速)增量计算算子以及融合算子，每一类算子都被实现为一组 Spark 任务。

DAG：即有向无环图(directed acyclic graph)，是指任意一条边都有方向且不存在环路的图。在 CONA 平台中，DAG 中的每个顶点表示一个算子，每条边表示算子之间的依赖关系。

增量同步：将数据从数据源同步到 CONA 平台本地原始表的阶段。

增量计算：将数据从原始表抽取到目标表的阶段。

加速增量计算：如果同一原始表对应存在多个增量计算阶段的算子，为了提高数据治理效率，将这些算子合成一个算子。

融合：将来自多个数据源的增量数据与历史数据按主键或联合主键进行多值处理、去重及排序。

全量表：指一张之后没有新数据进入的原始表。

增量表：指一张之后不断有新数据进入的原始表。

全量式增量表：该表可能没有新数据进来，或者新进来的数据是历史数据的更新。全量式增量表每次都会被纳入治理，并且每次处理的都是该表的全量数据。全量式增量表无需增量字段。

预计算：算出增量表中对应增量字段的最大、最小值，用于判断是否有新的数据进入。对于全量表和全量式增量表，不真正执行预计算，而是立即可以返回结果。

增量版本：如果一个增量表有新数据进入，便创建一个增量版本，表示需要进行治理的数据批次。而对于全量式增量表，每次都会创建一个新的增量版本。

大数据相关知识如下。

1) Yarn

Yarn 是 Hadoop 中内嵌的集群资源管理和调度器，也是 CONA 目前唯一支持的分布式集群资源调度器。CONA 平台将算子实现成 Spark 任务，然后由 CONA 内嵌的任务调度器(以下简称 CONA-Scheduler)提交到 Yarn 集群中接受调度与执行。需要区分的是，Yarn 负责的是对 Spark 任务的资源分配与执行，而 CONA-Scheduler 负责的是决定将算子提交给 Yarn 的时机和顺序。

Yarn 中有以下几个比较重要的概念需要读者了解。

资源管理器(ResourceManager)：在 Yarn 中，资源管理器负责集群中所有资源的统一管理和分配，它接收来自各个节点的资源汇报信息，并把这些信息按照一定的策略分配给各个应用程序(实际上是 ApplicationMaster)。在 Spark on Yarn 架构中，Spark-submit 启动的进程被作为整个 Spark 任务的 ApplicationMaster，负责与资源管理器通信，并请求资源用以运行任务。

节点管理器(NodeManager)：节点是 Yarn 中单个节点上的代理，它管理 Hadoop 集群中单个计算节点，功能包括与资源管理器保持通信、管理容器的生命周期、监控每个容器的资源使用情况、追踪节点健康状况、管理日志等。

应用程序(Application)：用户提交的应用程序。Yarn 管理着应用程序的整个生命周期，从提交一直到运行结束。一个应用程序会被拆分成若干任务放在不同节点上去执行。首先，Yarn 将新提交的应用程序加入到对应的应用程序队列中，如果有足够的资源，则调度其运行。在应用程序运行的过程中，Yarn 会实时追踪每个任务的运行状态，直到所有任务顺利结束。一个 Spark 任务便是一个应用程序，由 Spark-submit 提交到 Yarn，直到运行结束。

容器(Container)：Yarn 会为每个任务分配一个容器，且该任务只能使用该容器中描述的资源。不同于 MRv1 中的 slot，容器是一个动态资源划分单位，是根据应用程序的需求动态生成的。目前，Yarn 仅支持中央处理器(central processing unit，CPU)和内存两种资源。Spark 中的一个执行器(Executor)便运行在一个容器中。

虚拟计算核心(vCore)：Yarn 中可分配的最小计算资源单元。目前一个虚拟计算核心对应物理机上的一个 CPU 核心。集群中 vCore 总的可分配量等于各个节点管理中的可分配量之和。

2) Hive

Hive 是一个基于 HDFS 的数据库，可通过 Hive SQL 对数据进行查询、写入以及管理。CONA 平台使用 Hive 作为主要的数据存储工具，从接入原始数据开始，一直到提供数据服务，其间的数据都是存储在 Hive 中的。

分区表与分区字段：分区有助于加快数据查询效率，也能很好地整合数据，方便管理数据。分区表的概念是，数据按不同分区字段值存储在不同的 HDFS 目录下。CONA 平台中所有算子阶段对应的 Hive 表都是分区表。例如，增量同步阶段的数据输出表中都定义了 version_partition 字段作为分区字段，用于将不同的增量版本数据存储在不同的分区中。

HiveServer2：是 Hive 向外部应用程序提供的 JDBC 服务。CONA 平台在数据治理的过程中会频繁地使用 HiveServer2 服务，若遇到服务异常的情况，将无法正常工作。

Hive-Cli/Beeline 工具：Hive-Cli 与 Beeline 都是 Hive 自带的 SQL 命令行工具。不同的是，Beeline 是基于 JDBC 连接的，而 Hive-Cli 不是。在一般情况下，推荐使用 Beeline。

3) Spark

Spark 是基于内存的数据计算引擎，具有快速、高可靠等特点。Spark 在弹性分布式数据集(resilient distributed dataset，RDD)的基础上构建了一系列的编程接口，其中的 SparkSQL 便支持以 SQL 的方式来分析数据。相较于 Hive，SparkSQL 的速度极快，基于此，CONA 使用了 SparkSQL 来对数据进行加载、处理和持久化。

7.4　非结构化数据的治理技术

非结构化数据是数据结构不规则或不完整，没有预定义的数据模型，不方便用数据库二维逻辑表来表现的数据，包括所有格式的办公文档、文本、图片、XML、HTML、各类报表、图像和音频/视频信息等。非结构化数据格式非常多样，标准也是多样性的，而且在技术上非结构化信息比结构化信息更难标准化和理解。所以非结构化数据治理需要更加智能化的 IT 技术，如海量存储、智能检索、知识挖掘、内容保护、信息的增值开发利用等。

7.4.1　非结构化数据的识别

据互联网数据中心(Internet Data Center，IDC)的一项调查报告中指出，企业中 80%的数据都是非结构化数据，这些数据每年都增长 60%。平均只有 1%~5%

的数据是结构化数据。对于结构化数据，是先有结构，再有数据；而对于非结构化数据，是先有数据，再有结构。不同类型的数据，需要采用不同的方式来处理。因此，首先要对非结构化数据进行有效识别。

非结构化数据在任何地方都可以得到。这些数据可以是公司内部的邮件信息、聊天记录以及搜集到的调查结果，也可以是用户在个人网站上的评论、在客户关系管理系统中的评论或者从使用的个人应用程序中得到的文本字段，而且可以是在公司外部的社会媒体、论坛以及来自一些用户很感兴趣的话题的评论。

有些企业投资几十亿美元分析结构化数据，却对非结构化数据置之不理，在非结构化数据中蕴藏着有用的信息宝库，利用数据可视化工具分析非结构化数据能够帮助企业快速地了解企业现状、显示数据变化趋势并且识别新出现的问题。

真正的分析发生在用户决策阶段，即管理一个特殊产品细分市场的部门经理，可能是负责寻找最优活动方案的市场营销者，也可能是负责预测客户群体需求的总经理。终端用户有能力也有权利和动机去改善商业实践，并且可利用视觉文本分析工具快速识别最相关的问题，及时采取行动，而这都不需要依靠数据科学家。

正确的分析需要机器计算和人类解释相结合。机器进行大量的信息处理，而终端客户利用他们的商业头脑，在已发生的事实基础上决策出最好的实施方案。终端客户必须清楚地知道哪一个数据集是有价值的，应该如何采集并将获取的信息更好地应用到他们的商业领域。此外，一个公司的工作就是使终端用户尽可能地收集到更多相关的数据，同时尽可能地根据这些数据中的信息做出最好的决策。很明显，非结构化数据分析可以用来创造新的竞争优势。

在很多知识库系统中，为了查询大量积累下来的文档，需要从 PDF、Word、RTF、Excel 和 PowerPoint 等格式的文档中提取可以描述文档的文字，这些描述性的信息包括文档标题、作者、主要内容等。这样一个过程就是非结构化数据的采集过程。

非结构化数据的采集是信息进一步处理的基础。有许多开源库已经实现了从非结构化文档中采集关键信息的功能，但针对不同格式的文档，所用的开源库不尽相同。

例如，Apache POI 是 Apache 软件基金会的开放源码函式库，POI(poor obfuscation implementation)意为"简洁版的模糊实现"，是 Java 编写的免费开源的 API，具有对 Microsoft Office 格式文件做读和写的功能。POI 针对 Office 中不同格式的文件进行操作时会提供一些相应的类，例如，HSSF 提供了读写 Microsoft Excel 的 xls 文件的功能，XSSF 提供了读写 Microsoft Excel 的 xlsx 文件的功能，HWPF 提供了读写 Microsoft Word 的 doc 文件的功能，XWPF 提供了读写 Microsoft

Word 的 docx 文件的功能，HSLF 提供了阅读、创建和编辑 Microsoft PowerPoint 演示文稿的功能。

PDFBox 是 Java 实现的 PDF 文档协作类库，提供 PDF 文档的创建、处理以及文档内容提取功能，也包含了一些命令行实用工具。主要特性包括：从 PDF 提取文本；合并 PDF 文档；PDF 文档加密与解密；与 Lucene 搜索引擎的集成；填充 PDFIXFDF 表单数据；从文本文件创建 PDF 文档；从 PDF 页面创建图片；打印 PDF 文档。PDFBox 还提供和 Lucene 的集成，它提供了一套简单的方法把 PDF 文档加入到 Lucene 的索引中去。

另外还有 Parse-RTF 可以对 RTF 文件进行处理，而 SearchWord 可对 Word 和 Excel、PPT 文件进行处理等。

随着计算机、互联网和数字媒体等的进一步普及，以文本、图形、图像、音频、视频等非结构化数据为主的信息急剧增加，如何存储、查询、分析、挖掘和利用这些海量信息资源，特别是非结构化数据信息，就显得尤为关键。传统关系数据库主要面向事务处理和数据分析应用领域，擅长解决结构化数据管理问题，在管理非结构化数据方面存在某些先天不足之处，尤其在处理海量非结构化信息时更是面临巨大挑战。为了应对非结构化数据管理的挑战，出现了各种非结构化数据管理系统，如基于传统关系数据库系统扩展的非结构化数据管理系统、基于 NoSQL 的非结构化数据管理系统等。

在非结构化数据管理系统中，查询处理模块是其中一个重要的组成部分，针对非结构化数据的特性设计合理的查询处理框架和查询优化策略对于非结构数据的快速、有效访问极为重要。传统的结构化查询处理过程是：首先翻译器翻译查询请求生成查询表达式，然后由优化器优化查询表达式得到优化过的查询计划，最后由执行器选择最优的查询计划执行，得到查询结果。查询处理的主要操作包括选择操作、连接操作、投影操作、聚合函数、排序等。查询优化的方法包括基于代价估算的优化和基于启发式规则的优化等。

非结构化查询处理过程中除了结构化数据查询处理包含的操作外，还有两个重要的操作，即相似性检索和相似性连接。相似性检索是指给定一个元素，在由该种类元素组成的集合中寻找与之相似的元素。例如，论文查重系统用到文本的相似性检索，谷歌的以图搜图功能用到图像的相似性检索，手机上根据哼唱匹配音乐用的是音频的相似性检索等。相似性连接是数据库连接操作在非结构化数据上的一种扩展，主要寻找两个元素种类相同的集合之间满足相似性约束的元素对，在数据清洗、数据查重、抄袭检测等领域有着重要的作用。非结构化查询处理框架要针对这两种非结构化数据特有的查询操作对结构化查询处理框架进行改进。

非结构化查询优化,在代价估算上除了要考虑结构化数据的代价估算模型外,还要设法建立相似性查询和相似性连接的代价估算模型,对于针对非结构化数据的全文索引和空间索引,也应该有不同于 B 树索引的代价估算模型。代价估算模型除了要考虑 CPU 时间、输入输出(input-output, IO)外,由于非结构化数据一般都存储在分布式系统之上,还需要考虑到中间结果网络传输所用的时间,所以中间结果的估算对非结构化数据的查询优化比对结构化数据的查询优化更为重要。非结构化数据查询优化中的启发式规则和结构化数据也有所不同。

7.4.2 非结构化数据的主流治理技术

非结构化数据的主流治理技术有以下几类。

1. 深度学习模型

深度学习源于神经网络的研究,可理解为深层的神经网络。通过它可以获得深层次的特征表示,免除人工选取特征的繁复冗杂和高维数据的维度灾难问题。目前较为公认的深度学习的基本模型包括以下四种:基于受限玻尔兹曼机(restricted Boltzmann machine, RBM)的深度信念网络(deep belief network, DBN)、基于自动编码器(autoencoder, AE)的堆叠自动编码器(stacked autoencoders, SAE)、卷积神经网络(convolutional neural networks, CNN)和递归神经网络(recurrent neural networks, RNN)。

1) 基于 RBM 的 DBN

DBN 可用于特征提取和数据分类等。基于 RBM 的 DBN 由多个 RBM 堆叠而成,其结构如图 7-11 所示。网络前向运算时,输入数据从低层 RBM 输入网络,逐层向前运算,得到网络输出。网络训练过程不同于传统的人工神经网络(artificial neural network),分为两个阶段。

(1) 预训练(pre-training)阶段,从低层开始,每个 RBM 单独训练,以最小化 RBM 的网络能量为训练目标。低层 RBM 训练完成后,其隐藏层输出作为高层 RBM 的输入,继续训练高层 RBM。以此类推,逐层训练,直至所有 RBM 训练完成。预训练阶段,只使用了输入数据,没有使用数据标签,属于无监督学习(unsupervised learning)。

(2) 全局微调(fine tuning)阶段,以训练好的 RBM 之间的权重和偏置作为深度信念网络的初始权重和偏置,以数据的标签作为监督信号计算网络误差,利用反向传播(back propagation, BP)算法计算各层误差,使用梯度下降法完成各层权重和偏置的调节。

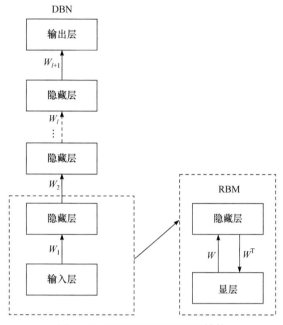

图 7-11 基于 RBM 的 DBN 结构

2) 基于 AE 的 SAE

类似于 DBN，SAE 由多个 AE 堆叠而成，其结构如图 7-12 所示。

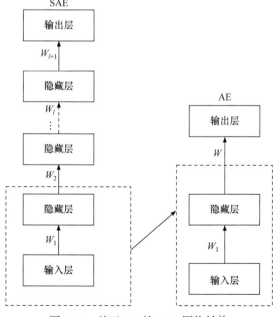

图 7-12 基于 AE 的 SAE 网络结构

　　SAE 前向计算类似于 DBN，其训练过程也分为预训练和全局微调两个阶段。不同于 RBM 的是，AE 之间的连接是不对称的。每个 AE 可视为一个单隐藏层的人工神经网络，其输出目标即此 AE 的输入。

　　在预训练阶段，从低层开始，每个 AE 单独训练，以最小化其输出和输入之间的误差为目标。低层 AE 训练完成后，其隐藏层输出作为高层 AE 的输入，继续训练高层 AE。以此类推，逐层训练，直至所有 AE 训练完成。同样地，SAE 的预训练阶段也只使用了输入数据，属于无监督学习。

　　在全局微调阶段，以训练好的 AE 的输入层和隐藏层之间的权重和偏置作为堆叠 AE 的初始权重和偏置，以数据的标签为监督信号计算网络误差，利用 BP 算法计算各层误差，使用梯度下降法完成各层权重和偏置的调节。

　　3) CNN

　　CNN 可提取输入数据的局部特征，并逐层组合抽象生成高层特征，可用于图像识别等。CNN 由卷积层和次采样层(也叫池化层)交叉堆叠而成。

　　网络前向计算时，在卷积层，可同时有多个卷积核对输入进行卷积运算，生成多个特征图，每个特征图的维度相对于输入的维度有所降低。在次采样层，每个特征图经过池化(pooling)得到维度进一步降低的对应图。

　　多个卷积层和次采样层交叉堆叠后，经过全连接层到达网络输出。网络的训练类似于传统的人工神经网络训练方法，采用 BP 算法将误差逐层反向传递，使用梯度下降法调整各层之间的参数。

　　4) RNN

　　RNN 可用于处理时序数据或前后关联数据。RNN 还可以和 CNN 结合使用，处理处理样本之间相关性的问题，如图 7-13 所示。

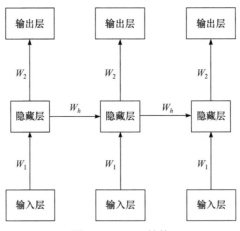

图 7-13　RNN 结构

无论是 DBN、SAE，还是 CNN，都没有考虑样本之间的关联问题。RNN 则考虑了样本之间的关联关系，将这种关联关系以神经网络之间的连接体现出来。一般情况下，单向 RNN 中，单个神经网络的隐藏层连接至下一个神经网络的隐藏层。这种连接方式考虑了前面样本对后面样本的影响。还有一种双向 RNN 的连接方式，单个神经网络的隐藏层连接了其前后神经网络的隐藏层，这种连接方式考虑了前后样本对当前样本的影响。

一般认为，RNN 的各个神经网络具有相同的权重和偏置。当 RNN 训练时，可使用 RBM 或 AE 对其进行预训练来初始化网络参数，然后计算每个样本的输出误差，并以累积误差训练网络参数。

2. 主动学习技术

主动学习(active learning)是人工智能机器学习的一个子领域，在统计学领域也叫查询学习、最优实验设计。机器学习算法通常会综合利用未标注样本和标注样本，具体可归纳为半监督学习、直推式学习和主动学习三类。半监督学习和主动学习都是从未标记样本中挑选部分价值量高的样本标注补充到已标记样本集中，来提高分类器精度，降低领域专家的工作量，但二者的学习方式不同：半监督学习一般不需要人工参与，是通过具有一定分类精度的基准分类器实现对未标注样本的自动标注；而主动学习有别于半监督学习的特点之一就是需要将挑选出的高价值样本进行人工准确标注。半监督学习通过用计算机进行自动或半自动标注代替人工标注，虽然有效降低了标注代价，但其标注结果依赖于用部分已标注样本训练出的基准分类器的分类精度，因此并不能保证标注结果完全正确。相比而言，主动学习挑选样本后是人工标注，不会引入错误类标。

主动学习算法的两个基本且重要的模块是"学习模块"和"选择策略"。主动学习通过"选择策略"主动从未标注的样本集中挑选部分(1 个或 N 个)样本让相关领域的专家进行标注；然后将标注过的样本增加到训练数据集，给"学习模块"进行训练；当"学习模块"满足终止条件时即可结束程序，否则不断重复上述步骤获得更多的标注样本进行训练。

目前主要有三种主动学习场景：基于数据池的主动学习、基于数据流的主动学习以及基于合成样本查询的主动学习。下面将分别对这三种主动学习场景进行介绍。

基于数据池的主动学习是最常见的一种场景，其假设所有未标记数据已经给定，形成一个数据池。主动学习算法迭代进行，每一次从未标记数据池中选择样本向专家查询标记，并将这些新标注的样本加入训练集，模型基于新的训练集进行更新，进而进入下一次迭代。基于数据流的主动学习假设样本以流的形式一个一个到达，因此在某时刻当一个样本到达的时候，算法必须决定是否查询该样本的标记。这种场景在一些实际应用中比较常见，例如，当数据流源源不断产生，而又无法保存下来所有数据时，基于数据流的主动学习就更为适用。基于合成样本查询的主动学习并不是从已有样本中选择来查询标记信息，而是直接从特征空间里合成新的样本进行查询。新合成的样本可能是特征空间里任意取值组合产生的，因此在某些应用问题中可能导致即使人类专家也无法标注这些合成样本。例如，在图像分类任务中，任意像素取值合成的一幅图片可能并不能呈现出清晰的语义。

主动学习的关键任务在于设计出合理的查询策略，即按照一定的准则选择查询的样本。目前大致可以分为三种策略：基于信息量的查询策略、基于代表性的查询策略以及综合多种准则的查询策略。

基于信息量的查询策略是最为常见的，其基本思想是选择那些能最大限度减少当前模型不确定性的样本进行查询。具体而言，信息量又可以通过模型预测的置信度、模型错误率下降期望、委员会投票等多种形式进行度量。这类方法选择样本时只基于现有的已标记样本，忽略了大量的未标记样本中蕴含的数据分布信息，可能导致出现采样偏差问题。基于代表性的查询策略倾向于选择那些更能刻画数据整体分布的未标记数据进行标记查询。这些方法往往通过聚类或密度估计等无监督技术来评估样本的代表性，由于忽略了已标记样本，整体性能也可能会依赖聚类结果的好坏。综合多种准则的查询策略同时考虑选择样本的信息量和代表性，能够有效避免采样偏差和依赖聚类结果的问题。近年来已有研究者从不同角度提出综合多种查询准则的主动学习方法，并展示出较好的实验性能。

随着主动学习的广泛应用，一些实际任务中的新设置和新条件促进了主动学习技术的进一步延伸和发展。例如，在多标记学习任务中，一个样本可以同时具有多个标记，这种查询方式(即以何种方式查询所选样本的监督信息)能提高主动学习性能。此外在一些任务中，提供标记信息的不再是一个专家，而是一群可能提供错误信息的用户，这时如何从带有噪声的数据中获取正确的标记信息就变得非常重要。还有一些任务中，标注每个样本的代价可能不一样，这使得主动学习算法在选择样本的时候不仅要考虑样本可能带来的价值，还要考虑标注它可能花费的代价。这些新的主动学习设置和形式正引起越来越多的关注，使得其应用前景更为广阔。

对于非结构化的营销大数据，数据分析任务变得更加困难，不过这也是主动学习进一步发展和应用的机遇。首先，数据规模庞大但是质量低下，具有精确标记信息的数据尤其稀少。因此，如何从海量数据中选择最有价值的部分数据进行人工标注成为一个常见的重要步骤，这也恰是主动学习研究的内容。其次，数据分析任务的难度越来越高，许多学习任务仅仅依靠机器已经难以达到实用的效果。因此，人与机器在学习过程中进行交互成为一种更有效、更现实的方案。在这样的背景下，主动学习可能会发展出更多新颖的设置，从传统查询样本标记衍生出更多的查询方式，从用户交互中获取更丰富的监督信息。最后，随着数据来源的多样化趋势进一步扩大，主动学习在流数据、分布式学习、众包等场景下的研究和应用将会受到更多的关注。

3. 外接自然语言处理模型

自然语言处理是人工智能的一个子领域，也是人工智能中最为困难的问题之一。因为处理自然语言的关键是要让计算机"理解"自然语言，所以自然语言处理又称为自然语言理解(natural language understanding，NLU)，也称为计算语言学(computational linguistics)。自然语言处理是计算机科学、人工智能、语言学和人类(自然)语言之间相互作用的领域，是人机交互的基础。营销场景中非常需要语言交互，自然语言处理的研究对于营销智能的自动化应用也至关重要。

现代自然语言处理算法是基于机器学习，特别是统计机器学习。许多不同类型的机器学习算法已应用于自然语言处理任务。算法的输入是一大组从输入数据生成的"特征"。一些早期的算法，如决策树，会产生硬的 if-then 规则，就类似于手写的规则，属于普通的系统体系。然而，越来越多的研究集中于统计模型，就产生了基于附加实数值的权重，这样使得每个输入要素的重要程度可以变化，组成基于概率的决策。此类模型能够产生许多不同的可能的答案，而不是只有一个相对的确定性答案。为了产生更可靠的结果，这种模型可以作为较大系统的一个组成部分，而这个系统可以吸收各个子模型的优点。

自然语言处理研究逐渐从词汇成分的语义转移到更进一步的叙事的理解。然而要比肩人类水平的自然语言处理任务，实际上是一个人工智能完全问题。它需要让计算机中负责处理问题的人工智能和人一样聪明，或者比人更强大。所以，自然语言处理的未来与人工智能的发展息息相关。其主要技术范畴包括：文本朗读(text to speech)/语音合成(speech synthesis)、语音识别(speech recognition)、中文自动分词(chinese word segmentation)、词性标注(part-of-speech tagging)、句法分析(parsing)、自然语言生成(natural language generation)、文本分类(text categorization)、信息检索(information retrieval)、信息抽取(information extraction)、文字校对(text-proofing)、问答系统(question answering)、机器翻译(machine translation)、自动摘要(automatic summarization)和文字蕴涵(textual entailment)。

在自然语言处理任务中，数据稀疏与平滑技术非常重要。

大规模数据统计方法与有限的训练语料之间必然产生数据稀疏问题，这样会导致零概率问题，符合经典的齐普夫定律(Zipf's law)。例如，IBM 公司的布朗(Brown)利用 366MB 英语语料训练 trigram(三元组)的时候，在测试语料中，有14.7%的 trigram 和 2.2%的 bigram 在训练语料中未出现。

人们为理论模型实用化进行了众多尝试与努力，诞生了一系列经典的平滑技术，它们的基本思想是"降低已出现 n-gram 条件概率分布，以使未出现的 n-gram 条件概率分布非零"，且经数据平滑后可以保证概率和为 1，具体如下所示。

1) 加一平滑法

加一平滑法，又称拉普拉斯定律，其基本思想是保证每个 n-gram 在训练语料中至少出现 1 次，以 bigram 为例，两个词 w_{i-1} 和 w_i 同时出现的次数表示为 $C(w_{i-1},w_i)$，词 w_{i-1} 出现的次数为 $C(w_{i-1})$，则最大可能估计为

$$P_{\text{MLE}}(w_i|w_{i-1}) = \frac{C(w_{i-1},w_i)}{C(w_{i-1})} \tag{7-1}$$

加一估计为

$$P_{\text{Add-1}}(w_i|w_{i-1}) = \frac{C(w_{i-1},w_i)+1}{C(w_{i-1})+V} \tag{7-2}$$

其中，V 是所有 bigram 的个数。

2) 古德-图灵(Good-Turing)平滑技术

古德-图灵平滑技术的基本思想是修改训练样本中事件的实际计数，使用样本中实际出现的不同事件的概率之和小于 1，剩余的概率量分配给未见的概率。

假设 N 是剩余样本数据中的大小，n_r 是样本中正好出现 r 次事件的数目，则 $N = \sum\limits_{r=1}^{\infty} n_r r$ 利用概率的类别信息对频率进行平滑。调整频率为 r 的 n-gram 频率为 r^*：

$$P_{\text{GT}}(x:c(x)=r) = \frac{r^*}{N} \tag{7-3}$$

直接的改进策略就是对出现次数超过某个阈值的 gram 不进行平滑，阈值一般取 8～10。

3) 线性插值平滑技术

不管是加一平滑法，还是古德-图灵平滑技术，对于未出现的 n-gram 都一视同仁有点不合理(因为事件发生概率存在差别)，所以这里介绍线性插值平滑技术，其基本思想是将高阶模型和低阶模型进行线性组合，利用低元 n-gram 模型对高元 n-gram 模型进行线性插值。因为在没有足够的数据对高元 n-gram 模型进行概率估计时，低元 n-gram 模型通常可以提供有用的信息，公式如下：

$$P(w_n|w_{n-1}w_{n-2}) = \lambda_1 P(w_n|w_{n-1}w_{n-2}) + \lambda_2 P(w_n|w_{n-1}) + \lambda_3 P(w_n)$$
$$\sum_i \lambda_i = 1 \tag{7-4}$$

扩展方式(上下文相关)如下：

$$P(w_n|w_{n-1}w_{n-2}) = \lambda_1\left(w_{n-2}^{n-1}\right)P(w_n|w_{n-1}w_{n-2})$$
$$+ \lambda_2\left(w_{n-2}^{n-1}\right)P(w_n|w_{n-1}) + \lambda_3\left(w_{n-2}^{n-1}\right)P(w_n) \tag{7-5}$$

λ_i 可以通过最大期望(expectation maximum，EM)算法来估计，具体步骤如下：首先，确定三种数据，即训练数据、留存数据和测试数据；然后，根据训练数据构造初始的语言模型，并确定初始的 λ_i(如均为 1)；最后，基于 EM 算法迭代地优化 λ_i，使得留存数据概率最大化：

$$\ln P\left(w_1 \cdots w_n | M(\lambda_1 \cdots \lambda_n)\right) = \sum_i \ln P_{M(\lambda_1 \cdots \lambda_n)}\left(w_i \mid w_{i-1}\right) \tag{7-6}$$

7.5 明略大数据治理技术与平台

7.5.1 Raptor 结构化文本处理技术

企业存在大量非结构化数据，尤其是文本相关数据，从这部分数据中挖掘价值越来越受关注。因此，也涌现了不少自然语言处理服务平台(即远程 API 调用服务)，但这些 API 的实际提取效果都无法达到客户的预期。这是因为企业级的文本数据往往具有高度的领域特性，这些数据从书写习惯、术语命名、上下文结构等方面长期自成体系，与广泛地存在于互联网的新闻数据有很大的差异；而且不同行业、不同企业的文本数据也因为业务关注点不同而彼此存在差异。

为了解决企业级文本数据的价值挖掘，明略科技集团经过长期实践和探索，开发了一款高效的文本自学习平台——Raptor。Raptor 致力于为企业打造专属的企业级自然语言处理服务平台。Raptor 提供包括文本标注、语料管理、语料调整、模型训练、模型对外服务等一整套功能，使数据标注更加轻松、自如，使领域文本挖掘更加容易。

1. 产品概述

1) 产品定位

Raptor 是一种基于深度学习的高效、快速的数据标注工具，但其功能不仅限于数据标注。为了满足不同领域企业的文本处理、文本挖掘问题，Raptor 更多地应用于处理非结构化的数据，比起结构化数据，非结构化的数据更加广泛，蕴含极大的价值。对非结构化数据进行分析，首先需要对数据进行标注，只有标注了足够多的数据，才可以让机器更好地进行学习，从而挖掘其中的数据价值。Raptor 不仅支持普通的数据标注活动，还提供许多辅助性的功能，可以使用户避免一些重复性的工作，如历史标注、规则标注等。除了数据标注以外，它还可以通过深度学习帮助用户建立模型，建立好模型后可以满足用户的文本挖掘需求。

2) 系统架构

(1) 技术架构图。

图 7-14 为 Raptor 技术架构图，整体上来看 Raptor 一共分为五层：最上层是标注页面；下一层是任务流程控制器；接着是模型配方(建议&更新)，而模型又分为实体模型和关系模型两种：实体模型采用基于条件随机场的双向长短记忆网络(bi-directional long short-term memory-conditional random field，BiLSTM-CRF)、迭代扩张的卷积神经网络(iterated dilated convolutional neural network，IDCNN)，关系模型则采用了基于注意力的双向长短记忆网络(bi-directional long short-term memory-attention，BiLSTM-ATT)、分段卷积神经网络(piecewise convolutional neural network，PCNN)；在数据存储方面采用了 Sqlite 数据库。

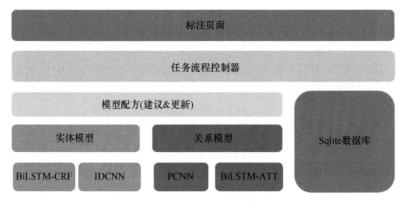

图 7-14　Raptor 技术架构图

(2) 技术优势。

① 利用词典。Raptor 提供一系列的词典来帮助用户进行数据标注。众所周知，在数据标注时，有许多词汇是非常常见的，如地名、国家名称等。如果这一部分采用手动标注，会增加很多工作量、花费较多的时间。为了解决常见词汇的标注问题，Raptor 提供了丰富的词典来帮助用户。

② 面向深度学习模型。深度学习的概念最初来源于人工神经网络，由 Hinton 等提出。深度学习与机器学习既有相似又有不同。二者都分为有监督学习和无监督学习；深度学习是机器学习研究中一个新的领域，深度学习更注重于建立模拟人脑进行分析学习的神经网络，它模仿人脑机制来解释数据。采用深度学习可以用非监督式或者半监督式的特征学习和分层特征提取高效算法来替代手工获取特征的方法。Raptor 采用深度学习模型，来帮助用户进行数据标注工作，减轻用

户标注过程中的重复性操作，提升用户的标注体验，使标注变得不再是一件让人苦恼的事情。深度学习模型除了帮助用户标注以外，还可以帮助用户快速建立某领域模型，帮助用户解决领域文本挖掘问题。

③ 引入主动学习技术。主动学习技术，也称为查询学习，是机器学习的一个分支。在一般情况下，任何监督学习系统如果想表现良好，都需要通过大量的被标注过的实例来进行训练。然而，在很多情况下，为实例打标签是一个困难且时间花费很高、获取昂贵的过程，因此引入主动学习技术。主动学习技术其实就是采用一种学习算法来计算出哪些数据更具有价值，率先让标注人进行标注，然后将这些数据加入训练样本集中对算法进行训练。在 Raptor 中引入主动学习技术，可以更广泛地发现标注价值更大的数据，使得用户在花费同样时间的情况下，标注的数据价值更高。

④ 支持外部自然语言处理模型。Raptor 除了自己提供自然语言处理模型外，还可以很好地支持外部的自然语言处理模型。支持外部自然语言处理模型使得用户的使用自由度更高，满足用户使用自己的自然语言处理模型的需求。这样用户就能得出自己想要的数据标注结果，也就是更倾向于定制化、人性化。

2. 产品功能和特点

Raptor 作为处理非结构化数据的数据标注产品，和普通的数据标注工具的区别是，Raptor 除了采用词典，内置主动学习技术、深度学习模型，支持外部自然语言处理模型以外，还支持多种标注类型、多辅助工具配合标注，可以采用规则标注、建立自定义用户模型以及可以实现多人团队合作标注。

1) 标注类型多样

Raptor 支持实体标注、关系标注和文本分类。此外，它还支持文本语句的情感标注，便于对文本进行情感分析。

2) 多辅助工具配合标注

为了减轻用户在数据标注时的操作重复次数，Raptor 提供了一系列的辅助工具配合标注，如一击多中、历史标注、特殊符号过滤等。

3) 规则标注

某些领域的文本文件内容上会有一定的规则，对于这类特殊的富含规则的数据，Raptor 提供了一整套完备的规则标注体系。用户可以通过书写规则，对文本进行批量自动标注。

4) 模型建立

Raptor 虽然是一个数据标注的工具，但是可提供给用户一个建立模型的途径，不仅仅满足用户的数据标注需求，在用户经过标注后想要对文本进行挖掘或者验证标注数据的质量时，还可以快速建立起一个专属于某用户的模型。

5) 多人标注

在很多情况下,数据标注并非仅靠一人之力可以完成。因此,Raptor 提供了一个多人标注的功能。用户可以创立任何标注任务,然后邀请团队内的其他人员一同进行标注。

Raptor 实际的应用行业及场景很广。现在各行各业都有各式各样的大量数据,而从数据的特征来看,非结构化数据所蕴含的信息价值是很高的。但是因为非结构化数据的多样性、复杂性,处理起来会非常不便。最好的一种方式是通过对行业中的非结构化数据进行数据标注,从而快速建立起适用于某一领域的模型,如公安行业的案件信息文本处理、金融行业的合同类信息整理以及工业行业的文本信息整理等。

7.5.2　HARTS 关联知识挖掘技术

基于各行业的基础信息、标签特征、轨迹行为、交易记录、通联事件、围栏卡口等数据,通过规则引擎、机器学习、图挖掘等多种计算方法,分析、挖掘和推理出多元化对象之间多维度的关联关系,用于行业大脑的知识积累、符号计算和智能推理。通过 HARTS(highly advanced rule-based tactics system,是一个战法引擎),客户可以最大限度地利用和挖掘轨迹类的价值,识别人与人之间的隐性关系,隐性关系丰富了知识图谱中关系边的种类,能够有效地提升效率。

1. 产品概述

1) 产品描述

HARTS 利用汽车、旅店、网吧、案件、卡口、Wi-Fi、电子围栏、核查核录等多类专网的轨迹数据,对各类轨迹信息进行挖掘,从而建立人与人、车与车隐性关系的实战应用系统。

HARTS 提供了丰富的隐性关系,隐性关系可以直接查询,也可以导入明略SCOPA 知识图谱数据库进行图谱分析。HARTS 可以支持单一数据源轨迹分析,如支持火车同行、旅店同住、网吧同上网轨迹分析,也支持混合轨迹分析,如同行同住、同行同上网等多源轨迹关系分析。

2) 体系结构

HARTS 产品技术栈采用多层次体系结构。整个系统分为数据源层、数据接入层、数据存储层、数据计算层和可视化应用层。

数据源层:主要包含基于公安系统内部数据和社会采集数据两种来源的基础数据。

数据接入层:适配多种结构化或非结构化的业务数据,通过建模、抽取、转换等将这些数据导入到数据存储层。

数据存储层：对各种数据的存储，包括标准数据、索引数据、时空模型数据等，并对上层提供统一入口。

数据计算层：配置各种计算引擎，以实时计算平台和批处理计算平台为基础，完成数据加载、实时计算、批处理任务、预测计算等核心功能。另外，计算层内置 20 多种成熟关联模型，可供业务调取使用。

可视化应用层：提供可调用 API 为用户提供交互，方便用户调用和使用。

图 7-15 为 HARTS 产品技术栈整体架构图。

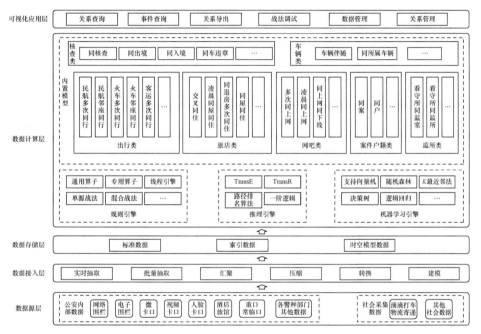

图 7-15　HARTS 产品技术栈整体架构图

3) 部署架构

HARTS 采用弹性的部署方案，如图 7-16 所示，可以根据数据规模和用户数量调整部署的节点。HARTS 产品的 Web、服务层和核心层都可以部署成集群模式。根据实际情况，存储节点和计算节点可共享物理节点。

2. 产品特点和功能

1) 海量的多源数据融合

HARTS 主要整合公安系统内部数据和社会采集数据两种来源的数据，支持的种类可以是实体轨迹，如火车、民航、网吧、大巴等，可以是通信电子轨迹，如手机号、物理地址(media access control，MAC)、移动设备国际识别码(international mobile equipment identity，IMEI)、国际移动用户识别码(international

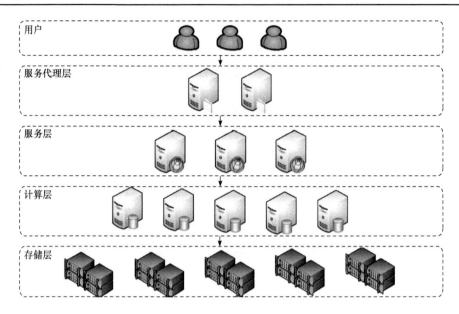

图 7-16 HARTS 部署架构图

mobile subscriber identification number，IMSI)等电子通信 ID 类的轨迹，可以是银行卡、支付宝、微信支付等资金网络数据，可以是社会轨迹如物流寄递等数据，还可以是视频数据等。

2) 支持多源数据治理

HARTS 支持将多样海量数据，如结构化数据和非结构化数据，提取出有用的数据并进行清理，以保证数据的正确性，然后经过 ETL 过程，合并到一个企业级的数据库里，从而得到企业数据的一个全局视图。

3) 特有的时空存储方式

HARTS 整合的数据不再基于传统的行或列的存储，而是采用一种独有的时空存储方式，将数据存储到一个统一的平台中，并提供统一的应用出口，为上层应用提供支撑。

4) 多种隐性关系计算引擎

HARTS 内置规则引擎、推理引擎、机器学习引擎等多种计算引擎，支持基于规则、时空的隐性关系分析计算。

5) 内置多种关联模型

HARTS 目标之一就是让警员能够更快地找到嫌疑人、关联人员和关联团伙。关联模型是建立人员关系的基础，HARTS 支持丰富的关联模型，不仅支持单一数据源关联模型，而且支持混合数据源关联模型。

关联模型是基于轨迹数据、结合规则或者机器学习模型，提炼出人与人、车与车之间的隐性关系，客户可以通过平台直接查询相关实体之间的关系。HARTS内置 20 多类成熟的关联模型，并可以根据实际需求不断扩展和调整。

6) 支持统一的应用出口

在庞大的全局视图中，HARTS 重新组织数据结构，以数据元素为单位存储，提供一个统一的应用出口，支持多种应用，如查询和分析、数据挖掘、可视化，最终为用户决策提供必要的帮助。

7) 支持全量和增量运行模式

HARTS 支持全量和增量两种运行模式。针对不同数据特点，可以灵活选择两种运行模式。对于数据量大、更新频繁、时间密切的数据，如火车、飞机等轨迹类数据，采用增量模式计算更为高效。对于数据量不大、更新不频繁的监所类数据，采用全量计算方式更为高效。用户可以根据数据特点，选择不同的运行模式，提升计算效率，更快地计算隐性关系。

针对计算数据源的特点，选择全量计算或增量计算的模式，可有效提高计算效率。

8) 兼容明略产品

HARTS 挖掘计算出的隐性关系可以直接查询，也可以导入明略 SCOPA 知识图谱数据研判工具进行图谱分析。

第 8 章　知识表示和存储技术

人类的智能活动主要是获得并运用知识，知识是智能的基础。为了使计算机具有智能，能模拟人类的智能行为，就必须使它具有知识。但知识需要以适当的模式表示出来才能存储到计算机中，知识的表示和存储是营销智能中一个十分重要的问题。

本章首先介绍知识和知识表示的概念、人工智能中应用比较广泛的知识表示方法，然后介绍目前营销智能的重要基石，即知识图谱的相关概念和构建方法以及目前主流的知识图谱的存储技术，最后介绍蜂巢知识图谱数据库，为后续介绍知识推理和知识服务等奠定基础。

8.1　知识与知识表示

8.1.1　知识

知识是人们在长期的生产生活和社会实践中积累起来的对客观事件的认识和经验。人们把在实践中获得的信息关联在一起，形成了知识。信息之间有多重关联形式，其中用得最多的一种是用"如果……，则……"表示的关联形式。它反映了信息间的某种关联关系。

知识反映了客观世界中事物之间的关系，不同事物或者相同事物间的不同关系形成了不同的知识。例如，"雪是白色的"是一条知识，它反映了"雪"与"白色"之间的一种关系。又如，"如果头痛且流鼻涕，则可能患了感冒"是一条知识，它反映了"头痛且流鼻涕"与"可能患了感冒"之间的一种因果关系。在人工智能中，把前一种知识称为"事实"，而把后一种知识称为"规则"。下面我们将讨论知识的特性和分类。

1. 知识的特性

知识主要具有以下三个特性。

1) 相对正确性

知识是人类对客观世界认识的结晶，并且受到长期实践的检验。因此，在一定的条件及环境下，知识一般是正确的。任何知识都是在一定条件及环境下产生的，因而也就只有在这种条件及环境下才是正确的。

2) 不确定性

由于现实世界的复杂性，信息可能是精确的，也可能是不精确的、模糊的；关联可能是确定的，也可能是不确定的。这就使得知识并不总是只有"真"和"假"两种状态，而是在"真"和"假"之间还存在许多中间状态，即存在为"真"的程度问题。这一特性称为知识的不确定性。造成知识具有不确定性的原因是多方面的，主要有以下几种情况。

(1) 由随机性引起的不确定性。由随机事件形成的知识不能简单地用"真"或"假"刻画，它是不确定的。例如，对"如果头痛且流鼻涕，则可能患了感冒"这一条知识来说，其中的"可能"就反映了"头痛且流鼻涕"与"患了感冒"之间是一种不确定的因果关系，因此它是一条具有不确定性的知识。

(2) 由模糊性引起的不确定性。由于某些事物客观上存在的模糊性，人们无法把两个类似的事物严格地区分开来，不能明确地判定一个对象是否符合一个模糊概念；又由于某些事物之间存在着模糊关系，人们不能准确地判定它们之间的关系究竟是"真"还是"假"。这种由模糊概念、模糊关系形成的知识是不确定的。

(3) 由经验性引起的不确定性。知识一般是由领域专家提供的，这种知识大都是领域专家在长期实践及研究中积累起来的经验性知识。由于经验本身就蕴含着不精确性及模糊性，这就形成了知识不确定性。因此，在专家系统中大部分知识都具有不确定性这一特性。

(4) 由不完全性引起的不确定性。人们对客观世界的认识是逐步提高的，只有在积累了大量的感性认识后才能升华到理性认识的高度，形成某种知识。因此，知识有一个逐步完善的过程。在此过程中，或者客观事物表露得不够充分，使人们对它的认识不够全面，或者一时抓不住本质，使人们对它的认识不够准确。这种认识上的不完全、不准确必然导致相应的知识是不精确、不确定的。因此，不完全性是使知识具有不确定性的一个重要原因[62]。

3) 可表示性和可利用性

知识的可表示性是指知识可用适当的形式表示出来，如用语言、文字、图形、神经网络等，这样才能被存储、传播。知识的可利用性是指知识可以被利用，可以用来解决我们在生产生活中面临的各种问题。

2. 知识的分类

按照不同的角度，知识具有不同的分类方法。

1) 按知识的作用范围划分

按知识的作用范围，可以分为常识性知识和领域性知识。常识性知识是通用性知识，是人们普遍知道的知识，适用于所有领域。领域性知识是面向某个具体领域的知识，是专业性的知识，只有相应的专业人员才能掌握并用来解决领域内的有关问题。

2）按知识的作用及表示划分

按知识的作用及表示，可以分为事实性知识、过程性知识和控制性知识。

事实性知识用于描述领域内的有关概念、事实、事物的属性及状态等。例如，北京是中国的首都。这就是事实性知识，一般采用直接表达的形式，如用谓词公式表示。

过程性知识主要是指有关系统状态变化、问题求解过程的操作、演算和行动的知识。过程性知识一般是通过对领域内各种问题的比较与分析得出的规律性知识，由领域内的规则、定律、定理及经验构成。

控制性知识又称为深层知识或者元知识，它是关于如何运用已有的知识进行问题求解的知识，因此又称为"关于知识的知识"，如问题求解过程中的推理策略、信息传播策略、搜索策略、求解策略及限制策略等。

例如，从武汉到北京是乘飞机还是坐火车的问题可以表示如下。

事实性知识：武汉、北京、飞机、火车、时间、费用。

过程性知识：乘飞机、坐火车。

控制性知识：乘飞机较快、较贵；坐火车较慢、较便宜。

3）按知识的结构及表现形式划分

按知识的结构及表现形式划分为逻辑性知识和形象性知识。

逻辑性知识是反映人类逻辑思维过程的知识，如人类的经验性知识等。这种知识一般都具有因果性关系及难以精确描述的特点，通常是基于专家的经验，以及对一些事物的直观感觉。

人类的思维过程除了逻辑思维外，还有一种称为"形象思维"的思维方式。例如，问题"什么是山？"，如果用文字来回答这个问题，将十分困难，但若指着一座山说"这就是山"，就容易在人们的头脑中建立起"山"的概念。像这样通过实物的形象建立起来的知识就称为形象性知识。目前人们正在研究用神经网络来表示这种知识。

4）按知识是否具有确定性划分

按知识的确定性划分为确定性知识和不确定性知识。

确定性知识是指可指出其真值为"真"或"假"的知识，它是精确性的知识。不确定性知识是指具有不精确性、不完全性及模糊性等特性的知识。

8.1.2 知识表示

知识表示是把人类知识概念化、形式化或模型化。一般来说，就是运用符号知识、算法和状态图等描述待解决的问题。

已有的知识表示方法大都是在进行某项具体研究时提出来的，有一定的针对性和局限性，应用时需根据实际情况做适当的改变，有时还需要把几种表示模式结合起来。在构建智能系统时究竟采用哪种表示模式，目前还没有统一的标准，也不存在一个万能的知识表示模式。但一般来说，在选择知识表示方法时，应从以下几个方面进行考虑。

1. 充分表示领域知识

知识表示模式的选择和确定往往受领域知识自然结构的制约，要视具体情况而定。确定一个知识表示模式时，首先应考虑的是它能否充分地表示领域知识。为此，需要深入了解领域知识的特点以及每种表示模式的特征，便于做到"对症下药"。

2. 有利于对知识的利用

知识的表示与利用是密切相关的两个方面。表示是把领域内的相关知识形式化并用适当的内部形式存储到计算机中去，利用则是使用这些知识进行推理，求解现实问题。知识表示的目的是利用，而知识利用的基础是表示。为了使一个智能系统能有效地求解领域内的各种问题，除了必须具备足够的知识外，还必须使其表示形式便于对知识的利用。合适的表示方法应该便于对知识的利用，能方便、充分、有效地组织推理，确保推理的正确性，提高推理的效率。如果一种表示模式过于复杂或难以理解，使推理不便于进行匹配、冲突消解及不确定性的计算等处理，就势必影响到推理效率，从而降低系统求解问题的能力。

3. 便于对知识的组织、维护与管理

知识的组织与表示方法是密切相关的。不同的表示方法对应不同的组织方式，这就要求在设计或选择知识表示方法时，应充分考虑将要对知识进行的组织方式。另外，在一个智能系统初步建成后，经过对一定数量实例的运行，可能会发现其知识在质量、数量或性能方面存在某些问题，就需要增补、修改或删除一些知识。同时还需要进行多方面的检测，以保证知识的一致性、完整性，这称为对知识的维护与管理。在确定知识的表示模式时，应充分考虑维护和管理的方便性。

4. 便于理解与实现

为了符合人们的思维习惯，知识的表示模式应该是人们容易理解的。另外，知识的表示模式应该是便于在计算机上实现，否则就没有任何实用价值。

8.1.3　知识表示的方法

根据不同的任务、不同的知识类型，会有不同的知识表示方法。目前常用的知识表示方法有一阶谓词逻辑表示法、产生式规则表示法和语义网络表示法。

1. 一阶谓词逻辑表示法

一阶谓词逻辑表示法是在命题逻辑基础上发展起来的、人工智能领域用到的经典逻辑之一。其特点是任何一个命题的真值或者为"真"，或者为"假"，二者必居其一。谓词逻辑是基于命题中谓词分析的一种逻辑。一个谓词可分为谓词名和个体两部分，其一般形式是 $P(x_1, x_2, \cdots, x_n)$，其中，P 是谓词名，用于刻画个体的性质、状态或个体间的关系，$x_1, x_2, \cdots, x_n$ 是个体，表示某个独立存在的事物或者某个抽象的概念。

谓词名是由使用者根据需要人为定义的，一般用具有相应意义的英文单词表示，或者用大写的英文字母表示，也可以用其他符号或中文表示。例如，对于谓词 $m(x)$，既可以定义它表示为"x 是一杯牛奶"，也可以定义它表示为"x 是一个蘑菇"。

个体可以是常量、变元、函数。个体是常量，表示一个或者一组指定的个体。例如，"小岳是一个学生"这个命题，可以表示为一元谓词 Student(Yue)；个体是变元，表示没有指定的一个或者一组个体。例如，"$x < 5$"这个命题，可以表示为 Less(x, 5)。其中，x 是变元。个体是函数，表示一个个体到另一个个体的映射。例如，"小王的朋友是市场总监"，可以表示为一元谓词 CMO(friend(Wang))。

通常可以用否定、析取、合取、蕴含、等价等连接词以及全称量词、存在量词把一些简单命题连接起来构成一个复合命题，以表示一个比较复杂的含义。

对于谓词公式 P，如果至少存在一个解释使得公式 P 在此解释下的真值为 T，则称公式 P 是可满足的，否则，称公式 P 是不可满足的。当且仅当 $(P_1 \wedge P_2 \wedge \cdots \wedge P_n) \wedge \neg Q$ 是不可满足的，则 Q 为 $P_1, P_2, \cdots, P_n$ 的逻辑结论。这是归结反演的理论依据。

用一阶谓词逻辑知识公式表示知识的一般步骤为：

(1) 定义谓词及个体，确定每个谓词及个体的确切定义；

(2) 根据要表达的事物或概念，为谓词中的变元赋以特定的值；

(3) 根据语义用恰当的连接符号将各个谓词连接起来，形成谓词公式。

实际上，关系数据库也可以用一阶谓词表示。

例如，可以用一阶谓词逻辑表示表 8-1 所示的关系。

表 8-1　关系表示例

住户	房间	电话
Zhao	601	891
Li	601	892
Qian	602	868
Yue	603	868

表中有两个关系分别为 OCCUPANT(给定用户和房间的居住关系)，TELEPHONE(给定电话号码和房间的电话关系)。

用一阶谓词表示为：

OCCUPANT(Zhao, 601), OCCUPANT(Li, 601), …

TELEPHONE(891, 601), TELEPHONE(892, 601), …

一阶谓词逻辑表示法存在一定的局限性，例如，谓词逻辑不能表示不确定的、模糊的知识，但是人类的知识不同程度地具有不确定性，这使得它表示知识的范围受到了限制；在后期知识推理过程中，随着事实数目的增大及盲目地使用推理规则，有可能形成组合爆炸；用谓词逻辑表示知识时，其推理是根据形式逻辑进行的，把推理与知识的语义割裂开来，这就使得推理过程冗长，降低了系统的效率。

尽管一阶谓词逻辑表示法有以上一些局限性，但是它在表示知识时具有自然、精确、严密、容易实现的优点，仍是一种重要的表示方法，许多专家系统的知识表达都采用谓词逻辑表示。

2. 产生式规则表示法

"产生式"由美国数学家波斯特(Post)于 1943 年首先提出，他根据串替代规则提出了一种称为波斯特机的计算机模型，模型中的每一条规则称为一个产生式。产生式通常用于表示事实、规则以及它们的不确定性度量，适合于表示事实性知识和规则性知识。各种知识的产生式表示如下：

(1) 确定性规则知识的产生式表示为"IF P THEN Q"，其中 P 是产生式的前提，用于指出该产生式是否可用的条件；Q 是一组结论或操作，用于指出当前提 P 所指示的条件满足时，应该得出的结论或应该执行的操作。其含义是如果前提 P 被满足，则可得到结论 Q 或执行 Q 所规定的操作。

(2) 不确定性规则知识的产生式表示为"IF P THEN Q(置信度)"，它表示当前提中列出的各个条件都得到满足时，结论 Q 可以相信的程度是 0.6。例如，置信度设为 0.6，这里用 0.6 指出了知识的强度。

(3) 确定性事实性知识的产生式表示为三元组，类似"(对象, 属性, 值)"或

"(关系，对象 1，对象 2)"。例如，小王的年龄是 25 岁，表示为(Wang, Age, 25)；小王和小夏是同学，表示为(Classmate, Wang, Xia)。

(4) 不确定性事实性知识的产生式表示为四元组，类似"(对象，属性，值，置信度)"或"(关系，对象 1，对象 2，置信度)"。例如，小王的年龄很可能是 25 岁，表示为(Wang, Age, 25, 0.8)；小王和小夏不太可能是同学，表示为(Classmate, Wang, Xia, 0.2)。

产生式规则与谓词逻辑中蕴含式的基本形式相同，但蕴含式只是产生式的一种特殊情况。除了逻辑蕴含外，产生式还包括各种操作、规则、变换、算子、函数等。另外蕴含式只能表示确定性知识，而产生式还可以表示不确定知识。

通常会把一组产生式放在一起，让它们相互配合、协同作用，一个产生式生成的结论可以供另一个产生式作为已知事实使用，以求得问题的解，这样就构成了产生式系统。一般来说，一个产生式系统由规则库、综合数据库、推理机(包括控制模块和推理模块)三部分组成，如图 8-1 所示。

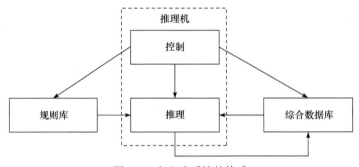

图 8-1　产生式系统的构成

规则库是用于描述相应领域内知识的产生式集合，它是产生式系统求解问题的基础，其知识是否完整、一致，表达是否准确、灵活，对知识的组织是否合理等，将直接影响系统的性能。因此，需要对规则库中的知识进行合理的组织和管理，检测并排除冗余及矛盾的知识，保持知识的一致性。

综合数据库又称为事实库、上下文等。它是一个用于存放问题求解过程中各种当前信息的数据结构，包括问题的初始状态、原始证据、推理中得到的中间结论及最终结论。

推理机包括控制模块和推理模块，由一组程序组成，负责整个产生式系统的运行，实现对问题的求解。简单来说，推理机要完成规则匹配、冲突消解、执行规则、检查推理终止条件等工作，其中控制模块用于控制推理和资源调用。

产生式规则表示法具有自然性、模块性、有效性、清晰性等优点，适合表示关系不密切、不存在结构关系、经验性及不确定性等领域知识。领域问题的求解过程可表示为一系列相对独立的操作，且每个操作可表示为一条或多条产生式规则。但是产生式规则表示法的效率并不高，不能表达具有结构性的知识。

3. 语义网络表示法

语义网络是一种采用网络形式表示人类知识的方法。一个语义网络是一个带标识的有向图。其中，带标识的节点表示问题领域中的物体、概念、事件、动作或者态势。在语义网络知识表示中，节点一般划分为实例节点和类节点两种类型。节点之间带有标识的有向弧表示节点之间的语义联系，是语义网络组织知识的关键。

由于语义联系的丰富性，不同的应用需要的语义联系的种类及其解释也不尽相同，语义网络表示法中比较典型的语义联系有以个体为中心组织知识的语义联系和以谓词或关系为中心组织知识的语义联系。

以个体为中心组织知识的语义联系包括实例联系、泛化联系、聚集联系和属性联系。

1) 实例联系

实例联系用于表示类节点与所属实例节点之间的联系，通常表示为 ISA。一个实例节点可以通过 ISA 与多个类节点相连接，多个实例节点也可以通过 ISA 与一个类节点相连接。

对概念进行有效分类有利于语义网络的组织和理解。将同一类实例节点中的共性成分在它们的类节点中加以描述，可以减少网络的复杂程度，增强知识的共享性；而不同的实例节点通过与类节点的联系，可以扩大实例节点之间的相关性，从而将分立的知识片段组织成语义丰富的知识网络结构。

2) 泛化联系

泛化联系用于表示一种类节点与更抽象的类节点之间的联系，通常用 AKO 表示，如鸟和动物就是泛化联系。通过 AKO 可以将问题领域中的所有类节点组织成一个 AKO 层次网络。图 8-2 给出了动物分类系统中部分概念模型之间的 AKO 联系描述。

泛化联系允许低层类型继承高层类型的属性，这样可以将公用属性抽象到较高层次。由于共享属性不在每个节点上重复，减少了对存储空间的要求。

3) 聚集联系

聚集联系用于表示某一个个体与其组成成分之间的联系，通常用 "part of" 表示。聚集联系基于概念的分解性，将高层概念分解为若干低层概念的集合。这里，可以把低层概念看成高层概念的属性。例如，摄像头是手机的一部分。

4) 属性联系

属性联系用于表示个体、属性及其取值之间的联系。通常用有向弧表示属性，用这些弧指向的节点表示各自的值。

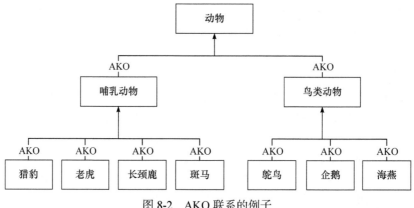

图 8-2 AKO 联系的例子

以谓词或关系为中心组织知识的语义联系则把谓词或关系也作为语义节点。与个体节点一样，关系节点同样划分为类节点和实例节点两种。实例关系节点与类关系节点之间的关系为 ISA。

语义网络可以表达谓词公式中析取、合取、否定、蕴含以及存在量词、全称量词等关系。图 8-3 是关于桌子描述的语义网络。该语义网络中包含实例、泛化、聚集和属性四种联系。

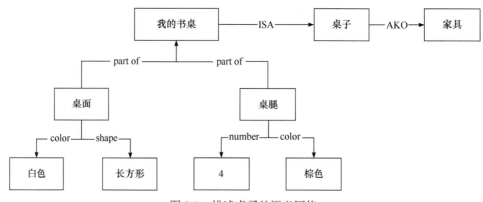

图 8-3 描述桌子的语义网络

由图 8-3 可见，以个体为中心来组织知识，其节点一般都是名词性个体或概念，并通过 ISA、AKO、part of 等基本联系以及属性联系作为有向弧来描述有关节点概念之间的语义联系。

语义网络表示法本质上是将逻辑运算符和逻辑项映射到了图中的元素。语义网络具有以下优点。

(1) 把各个节点之间的联系以明确、简洁的方式表示出来，是一种直观的表示方法。

(2) 着重强调事物间的语义联系，体现了人类思维的联想过程，符合人们表达事物间关系的习惯，因此把自然语言转换成语义网络较为容易。

(3) 具有广泛的表示范围和强大的表示能力，用其他形式的表示方法能表达的知识几乎都可以用语义网络来表示。

(4) 把事物的属性以及事物间的各种语义联系显示地表示出来，是一种结构化的知识表示法。

但语义网络也具有以下缺点：推理规则不十分明确，不能充分保证网络操作所得推论的严格性和有效性；一旦节点个数太多，网络结构复杂，推理就难以进行；不便于表达判断性知识与深层知识。

8.2　知　识　图　谱

知识图谱作为符号主义发展的最新成果，其概念于 2012 年由谷歌首次提出。与语义网络不同，知识图谱不太专注于对知识框架的定义，而是从工程的角度去处理知识问题，着重处理从文中自动抽取或者依靠众包方法获取知识三元组，旨在描述客观世界中实体、事件及它们之间的关系。

知识图谱将互联网的信息表达成更接近人类认识世界的形式，提供了一种更好地组织、管理和理解互联网海量信息的能力。知识图谱目前是营销智能的重要基石。自谷歌推出知识图谱用于改善搜索引擎的搜索质量依赖，知识图谱得到了广泛的关注和应用研究。知识图谱已经成为互联网基于知识的智能服务的基础设施，在智能语义搜索、知识推理、智能问答、智能推荐、大数据分析与决策等人机协同关键技术上显示出强大威力。

8.2.1　知识图谱的定义

知识图谱的研究起源于语义万维网，其技术经历了语义网络、描述逻辑和本体论等发展阶段，目前，学术界和工业界关于知识图谱定义的标准并不统一。

维基百科中认为知识图谱是谷歌用于增强其搜索引擎功能的知识库。本质上，知识图谱旨在描述真实世界中存在的各种实体或概念及其关系，整体构成一张巨大的语义网络图，节点表示实体或概念，边则由属性或关系构成。

百度百科中将知识图谱等同于科学知识图谱[63]，认为在图书情报界知识图谱也称为知识域可视化或知识领域映射地图，是显示知识发展进程与结构关系的一系列各种不同的图形，用可视化技术描述知识资源及其载体，挖掘、分析、构建、绘制和显示知识及它们之间的相互联系。也有将知识图谱定义为由一些相互连接的实体和它们的属性构成的数据集[64]。

尽管各种定义的角度不同，知识图谱的本质是一种语义网络，用图的形式描述客观事物，即由节点和边组成，这也是知识图谱的真实含义，其中：

(1) 节点表示概念和实体，概念是抽象出来的事物，实体是具体的事物；

(2) 边表示事物的关系和属性，事物的内部特征用属性表示，外部联系用关系表示。

(3) 知识图谱用来解释节点和边的领域知识。

当将实体和概念统称为实体，关系和属性统称为关系时，知识图谱可以说是描述实体以及实体之间的关系。如果没有领域知识，节点和边只是符号，这样的图谱是一个数据图谱，而不是知识图谱。

从表示形式上，知识图谱由一条条知识组成，每条知识都可以标识为一个SPO(subject-predicate-object，主语-谓语-宾语)三元组。例如，"姚明出生于上海"这个知识可以用三元组表示为(Yao Ming, PlaceofBirth, Shanghai)，目前流行的做法是用 W3C(万维网联盟)制定的资源描述框架(resource description framework，RDF)来形式化地定义三元组。

RDF 中的资源是用网页页面、图片、视频等表示具体的事物，如书、计算机，或抽象的概念，如量子力学。RDF 中，每个资源用一个统一资源标识符(uniform resource identifier，URI)来标识，URI 是一个用来标识资源的字符串，它是万维网体系结构的重要组成部分。我们常用的网址 URL 是 URI 的一种。

RDF 中的属性是用来描述资源之间的联系，如父子、包含等，RDF 中的属性同样也使用 URI 来标识，这使得万维网环境下全局性的标识资源以及资源间的联系成为可能。

图 8-4 是一个用 RDF 表示的电影知识图谱。

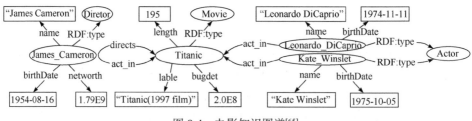

图 8-4　电影知识图谱[65]

知识图谱的概念常与本体(ontology)技术一起提及，事实上，本体是共享概念模型的显式说明[66]，它描述的是概念与概念间的关系。在语义 Web 理念范畴中，本体与知识图谱密切相关。

本体描述概念及概念间的关系，是大多数知识图谱的模式层，是知识图谱的概念模型和逻辑基础。知识图谱与本体的相同之处在于：二者都通过定义元数据以支持语义服务。不同之处在于：知识图谱更灵活，支持通过添加自定义的标签划分事物的类别。本体侧重概念模型的说明，能对知识表示进行概括性、抽象性的描述，强调的是概念以及概念之间的关系。大部分本体不包含过多的实例，本体实例的填充通常是在本体构建完成以后进行的。知识图谱更侧重描述实体关系，在实体层面对本体进行大量的丰富与扩充。因此可以认为，本体是知识图谱的抽象表达，用来描述知识图谱的上层模式；知识图谱是本体的实例化，是基于本体的知识库。

8.2.2　知识图谱的构成

知识图谱在逻辑上由数据层(data layer)和模式层(schema layer)两部分构成[67]。模式层在数据层之上，是知识图谱的概念模型和逻辑基础，对数据层进行规范约束。模式层存储的是经过提炼的知识，多采用本体作为知识图谱的模式层，借助本体对公理、规则和约束条件的支持能力来规范实体、关系，以及实体的类型和属性等对象之间的联系。因此，可以将知识图谱看成实例化的本体，知识图谱的数据层是本体的实例。如果不需要支持推理，则知识图谱可以只有数据层而没有模式层。在知识图谱的模式层，节点表示本体概念，边表示概念间的关系。

在数据层，事实以"实体关系-实体"或"实体-属性-属性值"的三元组存储，形成一个图状知识库。其中，实体是知识图谱的基本元素，指具体的人名、组织机构名、地名、日期、时间等。关系是两个实体之间的语义关系，是模式层所定义关系的实例。属性是对实体的说明，是实体与属性值之间的映射关系。属性可视为实体与属性值之间的 hasValue 关系，从而也转化为以"实体-关系-实体"的三元组存储。在知识图谱的数据层，节点表示实体，边表示实体间关系或实体的属性。

8.2.3　知识图谱的构建方法

知识图谱的构建方法通常有三种，分别是自底向上法、自顶向下法和两者结合的方法。

1. 自底向上法

自底向上法，是从开放链接的数据源中提取实体、属性和关系，加入到知识图谱的数据层；然后将这些知识要素进行归纳组织，逐步往上抽象为概念；最后形成模式层。自底向上法的构建流程如图 8-5 所示。

知识抽取，类似于本体学习，采用机器学习技术自动或半自动地从一些开放的多源数据中提取知识图谱的实体、关系、属性等要素。知识抽取包含实体抽取、关系抽取和属性抽取。实体抽取，也称为命名实体学习或命名实体识别，可以自动发现具体的人名、组织机构名、地名、日期、时间等实体。实体抽取的准确率

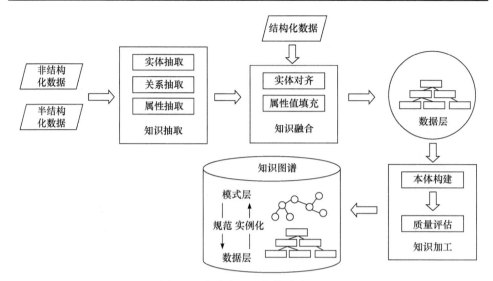

图 8-5　自底向上法的构建流程[68]

和召回率将直接影响知识图谱的质量。关系抽取是指利用语言学、统计学信息科学等学科的方法技术，从文本中发现实体间的语义关系。属性抽取是针对实体而言的，实体属性的抽取问题可转化为关系抽取问题。

知识融合，类似于本体集成。知识图谱在进行知识抽取工作时所使用的数据源是多样化的，因此可能产生知识重复、知识间关系不明确等问题。知识融合可消除实体、关系、属性等指称项与事实对象之间的歧义，使不同来源的知识能够得到规范化整合。知识融合分为实体对齐和属性值填充。实体对齐可用于判断相同或不同数据集中的多个实体是否指向客观世界同一实体，解决一个实体对应多个名称的问题。属性值填充则针对同一属性出现不同值的情况，根据数据源的数量和可靠度进行决策，给出较为准确的属性值。

知识加工，是对已构建好的数据层进行概念抽象，即构建知识图谱的模式层。知识加工包括本体构建和质量评估。基于本体形成的知识库不仅层次结构较强，并且冗余程度较小。由于技术的限制，得到的知识元素可能存在错误，所以在将知识加入知识库以前，需要有一个评估过程。通过对已有知识的可信度进行量化，保留置信度高的知识来确保知识库的准确性。

2. 自顶向下法

自顶向下法的构建是借助百科类网站等结构化数据源，从高质量数据中提取本体和模式信息，加入到知识库里，其构建流程如图 8-6 所示，主要包括本体构建和实体学习两个步骤。

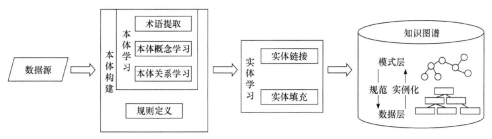

图 8-6　自顶向下法的构建流程[68]

本体构建的任务是构建知识图谱的模式层。从最顶层的概念开始构建顶层本体，然后细化概念和关系，形成结构良好的概念层次树。需要利用一些数据源提取本体，进行本体学习。实体学习则是将知识抽取得到的实体匹配填充到构建的模式层本体中，包括实体链接和实体填充两个任务。

3. 两者结合的方法

自顶向下和自底向上两种知识图谱构建方法并不是一成不变的，在构建初期两种方式区别很明显，在知识图谱构建的后期，两种方式可能会结合使用。对于自顶向下的构建方法，随着数据量的不断积累，可能会发现原来的数据模式层并不完善，有很多数据可能没有包含在数据模式层的体系中，这时就需要修订模式层，根据数据的特点完善模式层。同样，在自底向上的构建方法中，慢慢形成的模式层对于后期的数据收集也有一定的指导作用，按照形成的数据模式可以快速准确地收集相关数据。总之两者结合的方法，是在知识抽取的基础上归纳构建模式层，之后对新得到的知识和数据进行归纳总结，从而迭代更新模式层，并基于更新后的模式层进行新一轮的实体填充。

8.3　知识图谱的存储

随着各领域知识图谱规模的不断增长以及多用户并发访问需求的不断涌现，其存储管理问题正引起越来越多的关注。传统以文件或关系数据库存储知识图谱数据的方式，越来越难适应实际应用的需求。为此，涌现出大量的知识图谱存储系统，包括语义 Web 领域的 RDF 存储系统和数据库领域的图数据库。

8.3.1　数据模型

知识图谱存储的核心是数据模型，如层次、网状和关系等模型。目前，主流知识图谱数据模型包括 RDF 图模型和属性图模型两种。

1. RDF 图模型

前面已经介绍过 RDF 是语义 Web 数据交换的基础数据模型，RDF 图是三元组 (S, P, O) 的有限集合，每个三元组的主语部分为 URI 或空白节点；谓语部分为 URI；宾语部分为 URI、空白节点或字面量。字面量是以词法形式表示的值，如数字、日期等；空白节点为未给定 URI 或字面量的资源，也称匿名资源。

2. 属性图模型

属性图模型是另一种管理知识图谱数据常用的数据模型。与 RDF 图模型相比，属性图模型对于顶点属性和边属性具备内置的支持。图 8-7 是电影知识图谱属性图示例。其中，节点为实体，可具有任意数量的属性，即键-值对，可附上标签表明该节点类型，如导演、电影、演员。边提供两个实体间的有向连接，包含方向、类型、开始节点和结束节点。和节点一样，边也可以有属性。一般情况下，边的属性均为量化描述，如权重、代价、距离和评分等。每个节点和边均由唯一 ID 进行标识，实线圆角矩形节点表明实体，其标签表明类型，属性由属性名和属性值构成。

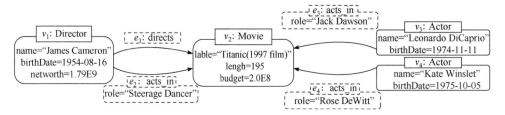

图 8-7　电影知识图谱属性图示例[65]

目前，属性图模型被图数据库业界广泛采用，包括著名的图数据 Neo4j。最近，由图数据管理领域学术界和工业界成员共同组成的关联数据基准委员会 (Linked Data Benchmark Council，LDBC) 也正在以属性图为基础对图数据模型和图查询语言进行标准化。

8.3.2 存储结构

1. RDF 数据存储

对于 RDF 数据存储，目前主要依赖关系数据库，可分为三元组表存储、水平表存储以及属性表存储三类。

1) 三元组表存储

三元组表存储的基本思想是在关系数据库中建立一张具有 3 列的表，分别存放三元组的主语、谓语和宾语。该方式的主要特点是简单直接，但查询时会引入大量的自连接操作，带来很大的系统开销，因此在数据规模较大时系统性能会受到影响。三元组表存储的典型系统是 3store。为了避免自连接操作对查询性能的影响，可将各种可能的查询建立索引，将需在记录集上遍历的操作变为查询索引。

RDF-3X 中的每个三元组均由主语 S、谓语 P 和宾语 O 组成，对三元组的全部 6 种排列建立索引，包括 SPO、SOP、OSP、OPS、PSO 和 POS，不同查询均可利用这些索引提高查询效率。

2) 水平表存储

将 RDF 数据的每个主语的所有谓语和宾语存储为一条数据库记录，其行数对应 RDF 数据中的不同主语数量，列数对应 RDF 数据中的不同谓语数量。该方式的缺点是表中存在大量空值，会影响表的存储和查询性能。

3) 属性表存储

对水平表存储的改进，将同类主语存入一张表，其假设是同类主语具有相似谓语，故可有效解决数据稀疏问题，典型系统为 Jena。实际上，即使在同一类型中，不同主语具有的谓语集合也可能有较大差异，依然会造成与水平表类似的空值问题。

垂直划分也称二元表存储，基本思想是将 RDF 数据按照谓语进行划分，每个谓语的主语和宾语存放在一个二元表的两列中。表的总数对应 RDF 数据中不同谓语数量，典型代表为 SW-Store。该方案的主要缺点在于当 RDF 数据的谓语较多时，需要维护大量的表，且这些表之间需要进行大量的连接操作。

2. 属性图存储

属性图是当前图数据库主要使用的数据模型，每种数据库管理工具均针对属性图设计了相应的存储结构。Neo4j 是为属性图专门设计的原生底层存储系统，主要包含节点、关系(边)、属性和标签四类数据存储。每个节点记录占 15B，Neo4j 节点记录格式如图 8-8 所示。其中，inUse 表明该节点正常使用；next_rel_id 表明该节点关联的下一个关系；next_prop_id 表明该节点的下一个属性；labels 表明该节点标签，其内容存在 DynamicStore(长度可变的存储结构)，如果长度超过一个block(块)，则分 block 存储，并将第一个 block 的 ID 保存在 labels 字段；extra 目

图 8-8　Neo4j 节点记录格式

前只用第一位，表明节点是否为关系超过 50 的稠密节点。

8.3.3　常见的知识图谱存储系统

知识图谱存储系统根据数据模型分为使用 RDF 图模型的 RDF 存储系统和使用属性图模型的图数据库两类，它们的基本信息对比如表 8-2 所示。

表 8-2　常见知识图谱系统基本信息比较

项目	存储系统	存储结构	查询语言	分布式	许可证
RDF 存储系统	3store	三元组表	SparQL	否	开源
	RDF-3X	三元组表	SparQL	否	开源
	Virtuoso	三元组表	SparQL	是	开源/商业
	Jena	属性表	SparQL	否	开源
	SW-Store	垂直划分	SparQL	否	—
图数据库	Neo4j	原生图存储	Cypher	是	开源/商业
	JanusGraph	键-值数据库	Gremlin	是	开源
	OrientDB	键-值数据库	Gremlin	是	开源/商业

RDF 存储系统中，3store、RDF-3X 和 SW-Store 主要用于研究，基本不更新。Virtuoso 和 Jena 维护更新频繁，应用较广泛，已占据主流地位，其中 Jena 不支持并行化，大规模数据可扩展性方面表现欠佳。

图数据库中，Neo4j、JanusGraph 和 OrientDB 均不断更新和维护且使用较广泛。存储结构上，Neo4j 针对属性图特点做了专门设计，确保高效性；JanusGraph 和 OrientDB 存储方式较类似，均依赖 NoSQL 的键-值数据库进行存储。

8.4　明略蜂巢知识图谱数据库

蜂巢 NEST 是明略科技集团自主研发的一款提供知识图谱存储和计算能力的跨行业跨场景的知识图谱产品。在蜂巢 NEST 中，元数据被抽象为"实体-关系-实体""实体-关系-事件"等三元组形式，根据不同的数据对象类型，使用最合适的存储方式以及对应的查询方法，为用户提供强大的分析功能。通过蜂巢 NEST，用户可以快速将分散的海量多样数据进行智能分析和挖掘关联，并将全量数据归一为业务理解的语言和图形，最大化地还原了数据的本质。

NEST 可在数亿实体和数十亿的关系网中，实时进行关系挖掘、路径推演、全文检索、时空分析等，并通过强大灵活的交互，提供全新的数据分析解决方案。

通过 NEST，对企业从内外部接入的结构化数据、非结构化数据、半结构化数据，进行数据预处理和数据提取，进而存储计算，可以达到最大限度地利用和挖掘数据资产价值的目的。

8.4.1　蜂巢 NEST 的功能

NEST 作为一款知识图谱数据库产品，建立在大数据平台的基础上，基于混合存储技术，可以向下对接多种形式的结构化/非结构化数据并融合为统一的多维度关联知识，向上为业务应用提供基础的图谱查询能力和复杂的图谱分析计算能力。

NEST 将所有数据以实体、关系、事件、文档的形式存储，形成了包含二维关联信息、时空信息、历史状态信息、隐性关联信息、非结构化模糊关联等多个层次的大知识基础，结合自主知识产权的多元化检索、复杂图谱分析、在线关系挖掘等技术，为业务应用提供了兼具深度和广度的高性能知识服务。面向垂直行业的具体应用场景的实现是基于知识图谱的线性推理，在信息不完全的情况下开展隐性关系计算，实现多模态定位和推荐。

1. 知识图谱存储融合功能

通过可扩展的数据源适配程序，NEST 可以很方便地从不同数据源接入图谱数据，可以对接多种多样的数据格式，如 Excel、关系型数据库、Parquet 文件、Snappy 文件等，并将来自多个源头的不同数据汇聚到一个知识图谱中，支撑图谱的关联分析和挖掘应用。另外，非结构化数据与结构化数据可以在 NEST 中通过唯一标识进行关联，从而实现多源异构数据的关联融合。

借助 Hadoop 和 Spark 平台的分布式并行计算框架，NEST 具有高性能的图谱数据加载功能，每分钟导入的数据量可以达到几百万条，可满足不同场景下的数据高效率入库。数据导入方式可以分为批量导入和流式导入，批量导入可以用于历史存量数据导入或对数据更新时效性要求不高的日增量导入，流式导入可以用于对数据时效性要求较高的应用场景，如轨迹分析。

由于同一个实体/关系的数据随着时间的推移可能会发生变化，NEST 为知识图谱中的实体和关系保留多个历史版本，且历史版本数量不受限制，做到数据不丢失、可恢复、可追踪。无论是在线导入、流式导入，还是批量导入的数据，都可以把历史版本保留下来。此外，NEST 支持历史版本的快速加载，解决了历史版本初次加载的效率问题。在历史版本查询方面，NEST 提供了相关接口，可以快速查询到实体/关系的历史变迁情况，并且很容易查询到某个子图在某个历史时间点的有效状态。

2. 大规模知识图谱分析查询

借助知识图谱的推理和存储技术，NEST 为快速分析查询知识图谱数据提供了高效的能力。

1) 图谱数据检索

NEST 对搜索引擎服务进行了功能抽象，隐藏了底层使用的搜索引擎细节，对外提供统一的搜索功能接口。NEST 可以对接 ElasticSearch 和 SolrCloud 两大常用的开源搜索引擎。

在搜索应用中，索引过程和查询过程是密不可分的。为了支持更多的查询功能，NEST 提供了非常灵活的索引功能。NEST 支持用户自定义文档索引结构，指定任意多的索引字段个数；在某些应用场景下，为了提高搜索结果的相关性，用户还可以为整个索引或单个索引字段指定一个权重，使得不同索引或字段可以影响最终查询结果的排序。如前所说，NEST 对底层搜索引擎实现进行了功能的抽象，其对外提供的索引接口也是与行业及业务无关的，可以高度复用到不同的项目中。在索引配置上，NEST 提供了一些与业务无关的配置供用户选择，如字段分词器、复合搜索字段、正排索引、相似度计算方式等。NEST 内建的分词方案支持按单字符、按单词及混合分词多种不同的配置，用户可以根据具体应用场景选择一种或多种分词方案，为上层应用提供支撑。除了内建的分词器，高级用户还可以自定义新的分词器并将其添加到配置中。

在执行最终的索引操作之前，用户往往会有一些数据预处理的需求，NEST 允许用户通过扩展插件的形式，对将要创建索引的数据进行自定义的预处理操作，形成一套索引前的处理流水线，保证最终索引的数据符合用户的期望。由于在 NEST 内部构建索引的过程本身是并行的，通过内部插件的形式进行预处理，而不是由用户编写外部应用程序先进行预处理，可以使得整个索引过程得到极大的性能提升。

在查询方面，NEST 提供了全文检索和高级检索两大类功能。在全文检索中，用户只要指定一系列关键词即可查询出结果；而在高级检索中，用户可以指定要搜索的若干个索引字段作为过滤条件，满足这些过滤条件组合的结果才会被返回。NEST 还提供了丰富的搜索接口，供调用者自定义搜索逻辑，满足不同场景的查询需求。

为了优化搜索性能，NEST 支持根据实际数据的规模智能划分索引数据块，将索引分散到搜索集群的多台机器上，充分利用硬件的优势加速查询。

2) 隐性关系挖掘和关系扩展

NEST 支持用户根据已有图谱数据挖掘出与指定实体相关的其他实体，这种挖掘出来的非直接关联关系称为"隐性关系"。用户可以自定义隐性关系计算规则，若两个人"同坐火车三次以上"，则这两个人为"同行"隐性关系。由于这种关系挖掘是通过在线查询得到的，并且可以定义非常灵活的规则，作为直接显性关联数据的补充，可以满足多种复杂关联分析研判的应用场景。用户自定义的隐性关系计算规则可以保存在 NEST 中不断积累，形成丰富的关系集市。

作为一个知识图谱数据库，NEST 提供了高性能的关系扩展功能，可以在几十亿关系规模并发情况下进行秒级的关系扩展。用户可以基于 NEST 提供的关系扩展接口实现自定义条件的多条关系扩展。

3) 丰富的查询功能

NEST 可以查询两个实体之间的所有路径，以及两个实体之间的最短路径，支持广度遍历操作。

除了支持大量事件数据存储之外，NEST 还将时空轨迹数据存储为事件，提供了灵活的轨迹查询功能。用户通过设定多种轨迹条件来获取指定实体的轨迹记录，可以基于轨迹事件对实体进行碰撞，碰撞规则也可以根据具体业务场景由用户自定义。

对于包含经纬度坐标数据的轨迹事件，NEST 提供了半径范围、路径范围的轨迹搜索功能，方便用户结合时间条件和空间条件快速定位出需要的轨迹记录。

4) 知识库复杂检索和碰撞

NEST 提供了多种复杂的图谱查询，如针对多个实体的多属性条件(包括模糊关键词)并行过滤查询、针对多个实体并行扩展多类关系的查询、多种轨迹类型数据的并行过滤查询。NEST 支持上述几种查询结果的碰撞(交集、并集、差集)，并且可以将上述几种查询组合起来进行复杂查询。

为了执行复杂的查询分析过程，用户可以将一套复杂的查询步骤根据先后执行依赖顺序，定义为一个有向无环图，并将该有向无环图交给 NEST，其内部通过智能的查询分析和复杂的逻辑计划优化过程，将一个查询分解成不同类型的子查询进行并行处理，并汇总碰撞子结果得到最终结果，最后返回给用户，如图 8-9 所示。

5) 统一查询语言

NEST 提供了统一查询语言(NEST query language，NQL)，用户只要通过命令行工具或者 NEST 图形化查询页面，输入 NQL 查询语句，即可方便地查询出实体、关系、事件结果并进行可视化。NQL 具有与用户想查询的知识图谱结构一一对应的查询语法结构，因此很直观且很容易被用户使用，其强大的表示能力又能满足用户多种多样的查询场景。通过 NQL 这个统一接口，用户可以很直观地执行关系扩展、轨迹事件查询、多点关系路径查询、实体模糊检索等功能。图 8-10 为 NQL 可视化页面查询效果。

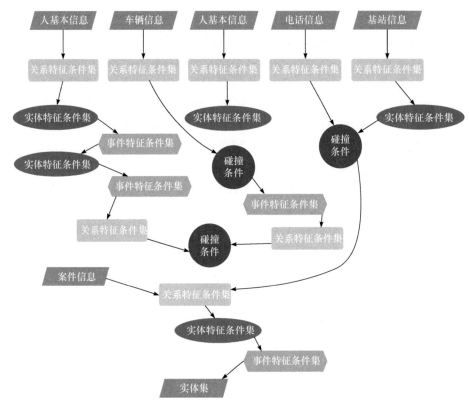

图 8-9　复杂查询的有向无环图

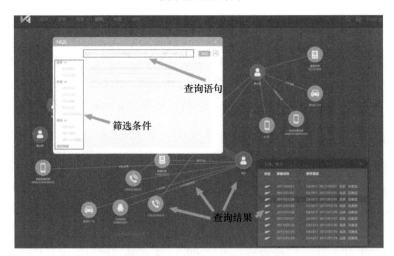

图 8-10　NQL 可视化页面查询效果

3. 丰富的运维工具

作为一个成熟的知识图谱数据库，NEST 提供了丰富的运维工具，如状态及性能的监控工具，可以监测服务节点的状态，查看服务节点日志及性能变化，如图 8-11 所示。为了方便追踪数据的增删改过程，NEST 对数据导入操作有对应的审计记录，如图 8-12 所示。

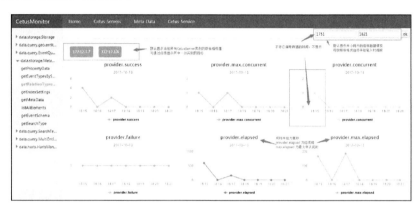

图 8-11　监测服务节点的状态

同时 NEST 还提供了可视化的数据接入状态监控页面，如图 8-13 所示，可以看到其中存储的实体、关系、事件的记录数的动态变化。

用户	日期时间	导入文件名称	数据源名称	记录数（条）
Admin	2018-01-12 16:40:23	86235801057652_20140519050821.xls	online	4
Admin	2018-01-12 16:40:23	86235801057652_20140519050821.xls	online	1
Admin	2018-01-12 16:40:23	86235801057652_20140519050821.xls	online	10
Admin	2018-01-12 16:40:23	86235801057652_20140519050821.xls	online	10
Admin	2018-01-12 16:40:23	86235801057652_20140519050821.xls	online	10
Admin	2018-01-12 16:39:20	86235801057652_20140519050821.xls	online	1
Admin	2018-01-12 16:35:17	86235801057652_20140519050821.xls	online	8
admin	2018-01-08 14:23:34	bbb122.txt	online	0
Admin	2017-12-21 10:16:10	13035885069.xls	online	50
Admin	2017-12-21 10:16:10	13035885069.xls	online	48
Admin	2017-12-21 10:16:09	13035885069.xls	online	21
Admin	2017-12-21 10:16:09	13035885069.xls	online	60
Admin	2017-12-21 10:16:08	13035885069.xls	online	21
Admin	2017-12-21 10:16:08	13035885069.xls	online	1
peiyuchao	2017-12-07 19:46:32	/cona31whz/localHive/people_verify_1_1/part-00000.snappy	hdfs	27
peiyuchao	2017-12-07 19:45:08	/cona31whz/localHive/flight_verify_1_1/part-00000.snappy	hdfs	31
peiyuchao	2017-12-07 19:35:24	/cona31whz/localHive/flight_verify_1_1/part-00000.snappy	hdfs	0
peiyuchao	2017-12-07 17:48:11	hdfs://ns1/user/yarn/indexFile_0	hdfs	31
peiyuchao	2017-12-07 17:13:12	hdfs://ns1/user/yarn/indexFile_0	hdfs	0

图 8-12　数据导入审计记录

8.4.2　蜂巢 NEST 的特色

常规的图数据库只是负责将图谱中的实体和关系存储起来，提供最基本的存储和查询功能。NEST 则是在多种数据库的基础上强化、扩展和封装后的产物。作为分布式知识图谱系统，可以结合业务应用，满足实际应用领域上层业务应用对多源异构数据的存储计算性能需求。具体的特色如下所示。

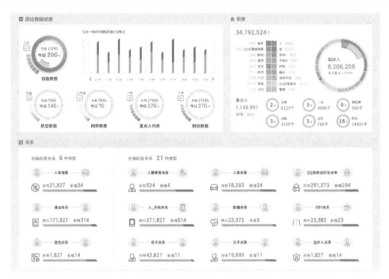

图 8-13　数据接入状态可视化监控页面

1. 时序事件的存储和优化

NEST 可以根据实际业务需求，对时序事件存储进行定制化研发，便于进行后续时空轨迹查询和碰撞；可指定地理坐标范围和时间范围筛选实体和事件，适用于对轨迹数据和交易数据的分析，可以应用在许多行业和领域，如金融行业、公安行业、传染病防治领域等。

事实上单一图数据库无法很好地表示和记录这些实体和关系的变迁，包括进行简单的增、删、改等操作。例如，人的姓名可能会改变，两个人的夫妻关系可能由于离婚而在某时间点终止，这些信息包含了事件属性。常规图数据库一般会通过增加点边关系并附带属性的方法实现时序信息的存储，为查询带来更高的时间和空间复杂度，导致查询效率低，无法满足实际业务应用需求，而 NEST 为这类时序信息的存储研发了扩展方案(NoSQL 的交互模块)，可以支持灵活时间变化的数据探索。

2. 信息检索与查询优化

NEST 支持排序算法的多种全文索引，可以综合实体、关系、事件多方面条件筛选。例如，公安领域需要在大范围内模糊查找线索，对于没有明确出发点的情况，尤其是也没有明确要查找的属性时，常规图数据库往往无能为力。NEST 则提供了友好的模糊搜索交互接口，可以帮助快速定位相关的图谱数据，并且能理解输入查询内容中的语义信息，给出最直接相关的结果。例如，在图数据库中，可以通过内建的索引查询所有"姓名"＝"刘晓"的实体人，但无法做到在输入

"刘晓"时精确返回这个实体人而不返回其他包含"刘晓"的内容。

基于专家经验，通过策略性的手段，NEST 提升了查询效率，如对实体的一度关系数量的查询速度优化。

3. 支持数据回溯

NEST 支持实体、关系的历史版本存储和查询。真实世界中实体和关系的数据可能会发生变化，NEST 可以记录数据的变更信息，而且记录数据的数量不受限制，数据接入形式不限，记录也可恢复、可追踪。并且，NEST 提高了加载效率，可以实现历史数据版本的快速切换。

4. 支持 OLAP 和 OLTP

在超大规模图谱分布式离线分析中，图数据库注重的是联机事务处理(on-line transaction processing，OLTP)，并面向 OLTP 的应用需求选择优化的存储方式和查询方案，但这些面向 OLTP 的方案往往无法同时满足在超大规模图谱的联机分析处理(on-line analytic processing，OLAP)需求。如果在全图范围内的查询、挖掘，或者要为业务算法模型提供实时数据，或者即使能执行 OLAP 处理也会对 OLTP 的使用造成较大的影响。NEST 提供了一体化的图谱 OLTP 和 OLAP 功能，同时满足用户对于 OLTP 和 OLAP 的不同需求，并利用分离的计算引擎，将两类功能之间的负面影响降至最低。

8.4.3　蜂巢 NEST 的行业应用

NEST 可以为业务人员提供易于分析判断案例的交互式环境，便于处理复杂数据，理清数据之间的关联和逻辑关系。NEST 可以广泛应用于与营销智能相关的各个行业，如金融、证券、保险、电信等行业。本书以金融行业为例，介绍 NEST 在行业中的应用。

随着欺诈行为对于金融企业的危害越来越大，企业需要工具收集或治理大量信息，在数据层上搭建业务应用层来识别和根除隐藏在企业数据背后的欺诈犯罪模式。改变现有的由客户经理、项目经理和各级风险管理人员、市场销售人员等金融从业人员被动搜集信息的方式，需要通过主动提示或任务机制提升各层风险核查人员的工作效率和核查频率。目前在 NEST 上已经实现但不局限于以下具体应用。

(1) 反洗钱分析——发现可疑账户间明确的路径、交易规律以及趋势等。在此之上做深层次的交易分析，碰撞配置的黑名单(比特币、境外交易、被执行人、老赖、同乡等，交易物、交易方式、自然人和团体)，配对预警规则库，得到反洗钱研判结果。

(2) 消费金融反欺诈——识别和根除隐藏在金融机构数据背后的欺诈犯罪模式，用算法梳理现存档案和找到蛛丝马迹，识别诈骗的异常模式。

(3) 保险分析——最大化保险家族数据价值，助力保险家族关联客户营销，调查索赔欺诈，提升保险业调查循证能力。

(4) 资本市场监管——批量发现关联交易账户，预先发现可疑关联交易模式，助力深度调查取证进而确保资本市场正常平衡运行，避免群体性事件发生。

(5) 担保圈识别——实现存量客户或潜在客户关联群、担保链信息挖掘。通过直观和动态的关联图谱分析方式，实现以单一企业客户为中心的客户关系网，有效地识别出现在客户身上的担保链及担保圈，从客户关联角度入手，防范关联风险。

(6) 银行零售业务——在客户的信贷历史等强金融属性数据和消费偏好数据之上，利用大数据分析产生对客户特征、偏好、需求等的洞察，辅助业务人员为客户定位，帮客户选择，找到"发力点"。

(7) 贷后企业风险检测——针对存量贷款，采用动态实时的爬取技术，将如企业工商变更、法人信息变更、司法事件等外部变更信息进行用户定制化推送；同时结合资金流动变换、资金流水异常以及外部公示的失信信息、黑名单、诉讼信息等，结合图计算，利用机器学习方法，发现信贷风险传导模式，并进行企业的风险预警推送，帮助银行及时发现潜在风险，提前启动催收流程。

第9章　知识推理与知识服务

知识图谱具有知识表达形式简洁直观、格式灵活丰富的特点。在传统的知识推理方法应用基础上，采用分布式表示推理、基于神经网络的推理、混合推理等技术，根据已有的知识推理出新的事实知识或识别出错误的知识，能够较好地实现对知识图谱的补全和去噪。对大规模知识图谱进行快速推理，可以为垂直搜索、智能问答系统、推荐系统、机器翻译等多个产品提供营销智能服务。

本章首先介绍知识推理的概念、应用及其分类，然后介绍知识推理的方法，最后介绍营销智能领域应用较多的知识服务——智能检索。

9.1　知　识　推　理

这里讨论的知识推理主要是面向知识图谱的推理，旨在基于已有的知识图谱事实，推理新的知识或识别错误知识，具体任务一般包括知识图谱补全和知识图谱去噪。知识图谱补全，也称为知识图谱的链接预测，主要是利用知识图谱已经存在的事实或者语料，运用算法工具推理出实体之间的关联关系，自动产生新的知识，补充缺失的事实，完善知识图谱，这也是知识图谱构建的重要手段之一。例如，在 DBpedia 中已知三元组$(X, \text{birthplace}, Y)$，可以在很大程度上推理出缺失的三元组$(X, \text{nationality}, Y)$。

9.1.1　知识推理及其应用

知识推理就是通过各种方法获取新的知识或者结论。知识推理使得知识图谱中的知识关联更加丰富紧密。王永庆[69]认为：推理是人们对各种事物进行分析、综合和决策，从已知的事实出发，通过运用已掌握的知识，找出其中蕴含的事实，或归纳出新的事实的过程。严格地说，就是按照某种策略由已知判断推出新的判断的思维过程。

知识图谱在形式上通常用三元组形式表达事物的属性以及事物之间的语义关系，其中，事物和属性作为三元组中的实体，属性和关系作为三元组中的关系。知识图谱的补全任务实际上就是给定三元组的任意两个元素，试图推理出缺失的另外一个元素。具体来说，包括实体预测和关系预测。实体预测即通过给定的头实体和关系，或者关系和尾实体，找出与之形成有效的三元组的尾实体或头实体；

关系预测是给定头实体和尾实体，找出与之形成有效的三元组的关系。无论是实体预测还是关系预测，最后都转化成选择与给定元素形成的三元组更可能有效的实体/关系作为推理预测结果。

知识推理有非常广泛的应用。将知识推理产生的新知识应用到基于知识图谱的搜索引擎上，可以使搜索引擎的检索内容表现得更加丰富完善。例如，当使用谷歌搜索引擎搜索"奥巴马"，会返回有关"奥巴马"的所有相关网页，同时，在结果列表页面的右侧以知识卡片的形式展示前美国总统"奥巴马"的个人资料，如图 9-1 所示。当知识图谱中存储的知识足够全面时，知识卡片展现出来的内容也会更加丰富。

图 9-1 知识推理在搜索引擎中的作用

在营销领域，借助于知识图谱的知识推理技术，可以实现智能客服问答、产品组合智能推荐等客户增值服务、营销效果评估等。例如，产品服务组合智能推荐可以各营销产品服务为节点，相关功能特点、适用范围、价格等因素为关系边构建产品图谱库，用户购买某个产品后系统会自动推荐相似产品，并将用户及其属性补充至产品图谱库中，扩充为"客户-产品-客户"关系图谱，这样，用户不仅能获取已经购买产品的相似产品，还可以浏览与其年龄、行为习惯等属性相似用户购买的产品，实现协同营销；智能客服问答则主要是通过自然问句的解析，从知识图谱中寻找答案匹配的过程，但是由于知识图谱中知识不完备等，智能客服问答同样需要推理技术的支撑。

9.1.2 知识推理分类

知识推理作为人类智能的模拟，和人类的思维方式一样，有多种推理方式。

具体地，从不同的角度有不同的分类。

1. 按照推出结论的途径

按照推出结论的途径来划分，知识推理可以分为归纳推理和演绎推理。

1) 归纳推理

归纳是从特殊到一般的过程。归纳推理就是从一类事物的大量特殊事例出发，去推出该类事物的一般性结论。

从归纳时所选事例的广泛性来划分，归纳推理又可分为完全归纳推理和不完全归纳推理两种。

(1) 完全归纳推理是指在进行归纳时考察了相应事物的全部对象，并根据这些对象是否具备某种属性，推出这个事物是否具备这个属性。例如，某服装厂进行产品质量检查，如果对每一件服装都进行了严格检查，并且都合格，则推导出结论"该厂生产的服装合格"。

(2) 不完全归纳推理是指考察了相应事物的部分对象，就得出了结论。例如，检查产品质量时，只是随机地抽查了部分产品，只要它们合格，就得出了"该厂生产的产品合格"的结论。

不完全归纳推理推出的结论不具有必然性，属于非必然性推理，而完全归纳推理是必然性推理。但由于要考察事物的所有对象通常比较困难，大多数归纳推理都是不完全归纳推理。归纳推理是人类思维活动中最基本、最常用的一种推理形式，人们在由个别到一般的思维过程中经常要用到它。

2) 演绎推理

演绎推理是从一般性知识推出适合于某一具体情况的结论，是一种从一般到特殊的推理过程。演绎推理是人工智能中一种重要的推理方式。许多智能系统中采用了演绎推理。最经典的演绎推理是三段论，具体如下。

大前提：已知的一般性知识或假设。

小前提：关于所研究的具体情况或个别事实的判断。

结论：由大前提推出的适合于小前提所示情况的新判断。

下面是一个三段式推理的例子。

大前提：华为 Mate 系列手机适合 40 岁以上的男性商务人士。

小前提：张华是 40 岁以上的男性商务人士。

结论：华为 Mate 系列手机适合张华。

当然，演绎推理不仅仅局限于三段论，也不只是从一般到特殊的过程。它有着强烈的演绎特性，重在通过利用每一个证据，逐步地推导到目标或以外的结论，多用于思维推导等各类应用中。

2. 按照推理时所用知识的确定性

按照推理时所用知识的确定性来划分, 知识推理可分为确定性推理和不确定性推理。

确定性推理大多指确定性逻辑推理, 它具备完备的推理过程和充分的表达能力, 可以严格地按照专家预先定义好的规则准确地推导出最终结论。但是确定性推理很难应对真实世界中, 尤其是存在于网络大规模知识图谱中的不确定甚至不正确的事实和知识。

不确定性推理也称为概率推理, 是统计机器学习中的一个重要议题, 它推理时所用的知识和证据不都是确定的, 推出的结论也是不确定的。通常不确定性推理是根据以往的经验和分析, 结合专家先验知识构建概率模型, 并利用统计计数、最大化后验概率等统计学习的手段对推理假设进行验证或推测。不确定性推理可以有效建模真实世界中的不确定性。

3. 按照知识表示形式

按照知识表示形式来划分, 知识推理可以分为符号推理和数值推理。

符号推理是在知识图谱中的实体和关系符号上直接进行推理。确定性和不确定性逻辑推理都属于符号推理。

数值推理是使用数值计算, 尤其是向量矩阵计算的方法, 捕捉知识图谱上隐式的关联, 模拟推理的进行。本书要介绍的基于分布式知识表示的推理就是一种典型的数值推理方法。

知识图谱本质上是一种语义网络, 以简单直观结构化的三元组方式表达知识, 可以很容易找到与事物相关的所有知识。因此, 面向知识图谱的知识推理不仅仅局限于逻辑和规则为主的传统知识推理, 还可以有更多样化的推理方法。

9.2　知识推理的方法

9.2.1　基于传统方法的推理

传统的知识推理, 包括本体推理, 一直以来备受关注, 产生了一系列的推理方法。面向知识图谱的知识推理可以应用这些方法完成知识图谱场景下的知识推理。本节首先将概述这些应用的实例, 具体可分为三类: 基于归纳逻辑程序设计的方法、基于传统规则推理的方法、基于本体推理的方法, 然后分别应用于面向知识图谱的知识推理。

1. 基于归纳逻辑程序设计的方法

归纳逻辑程序(inductive logic programming，ILP)设计是以一阶逻辑归纳理论为基础，并以一阶逻辑(first-order logic，FOL)为表达语言的符号规则学习方法。一阶逻辑是一种形式系统，与只能陈述简单命题的命题逻辑相比，它引入了谓词、函数和量词等更多词汇，可以通过谓词量化地陈述命题[70]。ILP 学习到的模型是易于理解的一阶逻辑符号规则，在学习中可以相对容易地显式利用以一阶逻辑描述的领域知识。而且学习到的模型能对领域中的个体关系进行建模，并非仅仅针对个体的标记进行预测。

ILP 模型是由逻辑公式组成的集合：

$$A \leftarrow B_1 \wedge B_2 \wedge \cdots \wedge B_n \qquad (9\text{-}1)$$

其中，A 和 $B_i(i=1,2,\cdots,n)$ 分别是 FOL 的原子和文字。一般称这种公式为 FOL 规则。该规则表示：若 $B_1,B_2,\cdots,B_n$ 均成立，则 A 也成立。

FOL 系统的语义体现在 FOL 公式的赋值中。我们可以对每一个具体事实进行赋值，令其为 true 或为 false，FOL 系统会按照一定的规则进行演算，从而得到其他公式的真值。如果存在一种赋值方式让某公式为 true，则称此公式为可满足的。公式 Γ 和 T 之间的可满足性被称为"语义蕴含"，记为 $\Gamma |= T$，它表示一切令 Γ 为真的赋值也使得 T 为真。公式之间还存在一种"语构蕴含"关系，记为 "$\Gamma |\!-\!T$"，读作 "Γ 可以推出 T"。它表示 Γ 可以凭借 FOL 推则证明出 T。

ILP 主要关注"概念学习"，学习一个关于目标概念的描述。其学习过程是输入一组关于目标概念的样例和背景知识 B，输出一个满足所有样例的模型 H。假设训练样本记为 $E = E^+ \cup E^-$，其中 E^+ 和 E^- 分别代表正、负样例，则概念学习任务可以用 FOL 语言形式化为

$$B \cup H |= E \qquad (9\text{-}2)$$

对传统的概念学习问题来说，B 和 E 的形式一般为属性-值数据集，E 中的每个示例均被表示为一个特征向量，H 可以是任何形式。对于 ILP，这里的 B、E 和 H 均为逻辑程序。通常情况下，E 是一组关于目标概念的具体事实，B 是一系列关于原始概念的具体事实，H 是一个 FOL 规则集，每条规则均由原始概念组成。

ILP 方法基本都源于 FOL 规则集中的归纳运算，可以看成 FOL 规则中演绎的逆运算，常用的方法有最小一般泛化、逆归结、逆语构蕴含、逆语义蕴含。

传统 ILP 解决的问题，其中的谓词可以是多元的，需要目标谓词的正例和反例，具有封闭世界假设，即所有未声明的正例的样本全都是反例。知识图谱推理问题中，谓词几乎都是二元的，一般不显式表示谓词的反例。

2. 基于传统规则推理的方法

基于传统规则推理的方法主要借鉴传统知识推理中的规则推理方法，在知识图谱上运用简单规则或统计特征进行推理。

卡内基梅隆大学开发的 NELL(never-ending language learning)知识图谱内部的推理组件采用一阶关系学习算法进行推理[71]。推理组件学习概率规则，经过人工筛选过滤后，代入具体的实体将规则实例化，从已经学习到的其他关系实例推理得到新的关系实例。

德国马普研究所开发的 YAGO(yet another great ontology)知识图谱内部采用了的 Spass-YAGO 推理机来丰富知识图谱内容[72]。Spass-YAGO 抽象化 YAGO 中的三元组到等价的规则类，采用链式叠加计算关系的传递性，叠加过程可以任意地迭代，通过这些规则完成 YAGO 的扩充。

William 等[73]提出了一阶概率语言模型 ProPPR(programming with personalized pagerank)进行知识图谱上的知识推理。ProPPR 构建有向证明图，节点对应"关系(头实体变量，尾实体变量)"形式的子句连接或推理目标，其中，起始节点为查询子句，边对应规则，也即一个推理步，从一个子句归约到另一个子句。边的权重与特征向量相关联，当引入一个特征模板时，边的权重可以依赖模板的部分实例化结果，如依赖子句中某个变量的具体取值。同时，在图中添加从每个目标尾节点指向自己的自环以及每个节点到起始节点的自启动边。自环用于增大目标尾节点的权重，自启动边使得遍历偏向于增大推理步数少的推理的权重。

3. 基于本体推理的方法

基于本体推理的方法主要利用更为抽象化的本体层面的频繁模式、约束或路径进行推理。

Bühmann 等[74]提出了基于模式的知识图谱补全，首先对多个本体库进行统计分析，发现频繁原子模式；然后在具体的知识图谱上查询这些原子模式和相关数据，得到候选原子集，即原子模式的实例，例如，原子模式"$A \equiv B \sqcap \exists r.C$"对应的原子可以是"soccerplayer $\equiv$ person $\sqcup \exists$ team.soccerclub"；最后基于知识图谱中的正确性统计，计算每个候选的得分，用大于阈值的候选作为规则补全知识图。

Richardson 等[75]关注用启发式规则推理知识图谱中不确定和冲突的知识，提出了基于马尔可夫逻辑网(Markov logic network，MLN)的系统去噪抽取的 NELL 知识图谱。MLN 由带权的一阶逻辑规则组成，结合了一阶逻辑和概率图模型。用一组常量实例化后，MLN 最大化该实例化网络的概率分布。该概率分布基于推出实例多的强规则对应的权重大的原则，学习逻辑规则的权重。由此硬约束对应的权重无穷大。

总体来说，面向知识图谱的知识推理可以借鉴传统的知识推理方法，特别是本体推理方法，当规则、统计特征、本体频繁模式、本体约束/路径有效时，准确率高。现有的典型知识图谱内部由于高准确率的要求，大多采用这些传统的推理方法。但无论是规则还是抽象层面的本体约束，都需要实例化，可计算性比较差，对于实例数量很大的知识图谱，代价很高。另外，有效并且覆盖率广的规则和本体约束难以获得，导致推理结果的召回率通常比较低。而统计特征过分依赖已有数据，不易迁移，难以处理样本稀疏的情况；并且，当数据存在噪声时，抽取的特征甚至误导推理[76]。因此，面向知识图谱的知识推理逐渐发展出独有的具体推理方法。

9.2.2　基于分布式知识表示的推理

基于分布式知识表示的推理通过表示模型学习知识图谱中的事实元组，得到知识图谱的低维向量表示，然后将推理预测转化为基于模型的简单向量操作，并最大限度地保留原始的图结构。

基于分布式知识表示的推理是典型的数值推理方法。其基本实现步骤包括三步，如图 9-2 所示。

第一步：实体/关系表示，首先定义实体和关系在向量空间中的表示形式，如向量、矩阵或张量。

第二步：定义评分函数，以衡量每个三元组成立的可能性。

第三步：表示学习，构造优化问题，学习实体和关系的低维连续向量表示。

具体来说，分布式知识表示方法又可以分为基于转移距离的方法和基于张量分解的方法。

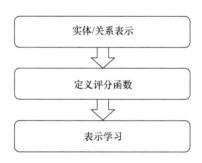

图 9-2　基于分布式知识表示的推理步骤

1. 基于转移距离的方法

基于转移距离的方法采用基于距离的评分函数来衡量三元组成立的可能性，得分越高，三元组越可能有效。采用该方法建模知识图谱中的事实元组及其对应的负例元组，最小化基于评分函数的损失，得到实体和关系的向量表示。推理预测时，选取与给定元素形成的多元组得分高的实体/关系作为预测结果。基本的转移假设将关系看成实体间的转移，后续发展出更复杂的转移假设，将关系看成经过某种映射后的实体之间的转移。

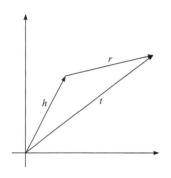

图 9-3　TransE 转移距离模型[49]

TransE[49]是经典的具有代表性的转移距离模型，其核心思想是实体和关系间的转移假设，即如果三元组(头实体、关系、尾实体)成立，则头实体向量 h 和关系向量 r 的和与尾实体向量 t 相近，即 $h+r\approx t$，如图 9-3 所示，否则远离。由该基本转移假设得到评分函数 $-\|r+h-t\|_{L_1/L_2}$，用 L_1 或 L_2 范数衡量距离。学习过程替换头实体或尾实体得到负例，类似支持向量机，最小化一个基于 Margin(边界)的损失，使正例的得分比负例的得分至少高一个 Margin。在进行推理的时候，评分范数取值大的候选实体/关系就是推理结果。

TransE 简单有效，但是也存在一些不足，例如，TransE 严格要求有效的三元组满足头实体加关系在向量空间中与尾实体足够靠近，可以很好地处理一对一的关系，但是在处理多映射属性关系时，存在多个实体竞争一个点的现象。这样就会出现即使语义差别大，也会造成向量空间的拥挤和误差；再如，TransE 没有考虑丰富的语义信息，缺乏对空间中向量分布位置的进一步调整，没有考虑知识的时间约束等问题。因此，针对 TransE 的缺陷和不足，后续又衍生出一系列基于转移模型的方法，如 TransH、m-TransH、TransR、TranSpare 等。

2. 基于张量分解的方法

张量是高维数据的统称，张量分解是将高维数据分解成多个低维矩阵的过程。基于张量分解的方法是将基于张量分解的表示推理将三元组(头实体，关系，尾实体)看成张量中的元素构建张量，通过张量分解方法表示学习。分解得到的向量表示，相乘重构成张量，元素值即为对应三元组有效与否的得分，可以认为得分大于特定阈值的三元组有效，或候选预测按照得分排序，选择得分高的候选作为推理结果。该类方法的典型代表是 Nickel 等[77]提出的三阶张量分解方法 RESCAL。RESCAL 方法已经应用在大型知识图谱 YAGO 中进行推理。

在有 n 个实体和 m 个关系的知识图谱中，可以用一个三阶张量 $\chi_{n\times n\times m}$ 来表示，而实体与实体之间的第 k 种交互关系可以用张量的第 k 层 χ_k 表示，通过对第 k 层的张量分解，可以近似表示为：$\chi_k\approx AR_kA^{\mathrm{T}}$，$k=1,2,\cdots,m$，其中 A 表示 $n\times r$ 的矩阵，n 表示知识图谱的实体个数，r 表示每个实体具有的特征数，A 矩阵中的每一行表示一个实体，R_k 是 $r\times r$ 的矩阵，表示实体与实体的第 k 种关系，张量分解示意图如图 9-4 所示。通过最小化重构误差来学习实体和关系的表示。RESCAL 方法将高维的多关系数据通过三阶张量分解，降低了数据维数和复杂度，同时也保留了原始数据的特征。

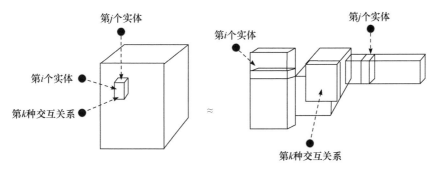

图 9-4 张量分解示意图

但 RESCAL 方法的张量分解也存在一些不足:并未考虑实体与关系之间的约束条件,认为实体和某种关系类型之间存在某种联系。而在现实世界中,大多数关系类型仅仅适合于少量类型的实体;在大型知识图谱的学习和推理过程中,存在更新实体矩阵和关系矩阵时间复杂度过大的问题。针对 RESCAL 的不足,后续也提出了 TRESCAL(类型化张量分解)[78]、ARE(additive relational effects,叠加关系效应)[79]、采用分治策略的 TRESCAL 的可扩展集成框架 RSTE(random semantic tensor ensemble,随机语义张量集合)[80]等方法。

9.2.3 基于神经网络的知识推理

基于神经网络的知识推理利用神经网络直接建模知识图谱事实元组,得到事实元组元素的向量表示,用于进一步的推理。该类方法依然是一种基于评分函数的方法,区别于其他方法,整个网络构成一个评分函数,神经网络的输出即为得分值。

Socher 等[81]提出了神经张量网络(neural tensor network,NTN),用双线性张量层代替传统的神经网络层,在不同的维度下,将头实体和尾实体关联起来,可以刻画实体间复杂的语义联系,如图 9-5 所示。

输入层中实体的向量表示通过词向量的平均得到,可以充分利用词向量构建实体表示。具体地,每个三元组(h, r, t)用关系特定的神经网络学习,头实体 h 和尾实体 t 作为输入,与关系张量 M_r 构成双线性张量积,进行三阶交互,同时建模头尾实体和关系的二阶交互。最后,模型返回三元组的置信度 $f_r(h, t)$,如果头尾实体之间存在该特定关系,返回高得分;否则,返回低得分。特别地,关系特定的三阶张量的每个切片对应一种不同的语义类型。一种关系多个切片可以更好地建模该关系下不同实体间的不同语义关系。NTN 是迄今为止最具表达能力的模型,但是由于它的每个关系需要 $O(d^{2k})$ 个参数,不能简单有效地处理大型的知识图谱。

多层感知机(multi-layer perception,MLP)是一种更简单的方法。在这种方法

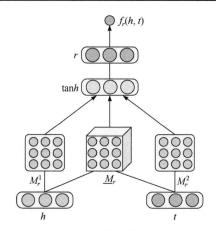

图 9-5　NTN 模型结构示意图

中，每个实体及关系都由一个向量组合而成，如图 9-6 所示，给定一个事实(h, r, t)将嵌入向量 h、r 和 t 连接在输入层中，并映射到非线性的隐藏层，然后由线性输出层生成分数。其中 M^1、M^2、M^3 是第一层的权重，W 是第二层的权重，权重共享在不同的关系中[82]。

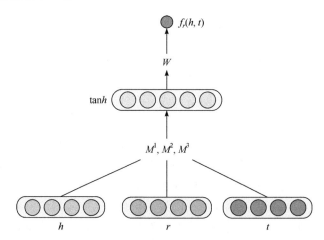

图 9-6　MLP 模型结构示意图[82]

　　随着深度学习的兴起，人们开始将深入学习技术引入知识图谱的推理中，神经关联模型(neural association model，NAM)使用深度架构进行语义的匹配，如图 9-7 所示。给定一个事实，NAM 将头实体的嵌入向量和输入层中的关系连接起来，即 $Z(0)=[h,r]$，然后将 $Z(0)$ 输入到由一个 L 层线性隐藏层组成的深度神经网络中，有

$$a^{(l)} = M^{(l)}z^{(l)} + b^{(l)}, \quad l = 1, 2, \cdots, L \tag{9-3}$$

$$z^{(l)} = \text{ReLU}(a^{(l)}), \quad l = 1, 2, \cdots, L \tag{9-4}$$

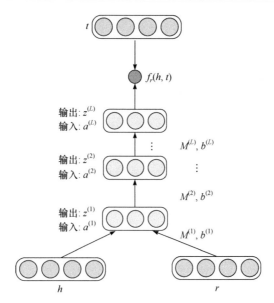

图 9-7　NAM 结构示意图[83]

其中，$M^{(l)}$ 和 $b^{(l)}$ 表示第 l 层的权重矩阵和偏差。在前馈过程之后，通过匹配最后一个隐藏层的输出和尾实体的嵌入向量给出分数[83]。

　　总而言之，基于神经网络的知识推理试图利用神经网络强大的学习能力建模知识图谱事实元组，获得很好的推理能力和泛化能力。然而，神经网络固有的可解释性问题也依然存在于知识图谱的应用中，如何恰当地解释神经网络的推理能力是一大难点。由于神经网络的高表达能力及其在知识图谱相关领域，如图像处理、文本处理、社交网络等图结构数据领域的突出表现和高性能，基于神经网络的知识推理的研究前景非常广阔。

9.2.4　混合知识推理

　　上述介绍的推理方法各有优势，基于传统方法的推理准确率高，基于分布式知识表示的推理方法计算能力强，基于神经网络的知识推理方法学习能力和泛化能力强。混合知识推理方法通过混合多种推理方法，可以充分利用不同方法的优势。这里介绍混合规则与分布式表示的推理，以及混合神经网络与分布式表示的推理。

　　1. 混合规则与分布式表示的推理

　　在知识推理方面，基于传统规则的方法和基于分布式知识表示的方法可以相互辅助。

在分布式表示辅助规则发现方面，一些传统的推理规则发现方法通过计算关系之间的分布式相似度实现，其中，关系表示为对应实例的特征向量。但是这类方法的弊端是没有考虑特定的上下文，建模关系独立，忽略了关系之间的依赖。因此，Han 等[84]提出了上下文敏感的推理规则发现方法，具体实现如下。

首先，构建关系图，如图 9-8 所示，抽象关系元组如"X buy Y"，和实例化特征如"X=Facebook"和"Y=WhatsApp"，作为节点，边代表抽象关系元组和实例化特征的共现，如"X buy Y"和"X=Facebook"之间的连边或抽象关系元组之间的语义依赖关系(同义词、上位词等，如 X buy Y 和 X purchase Y 之间的连边)。

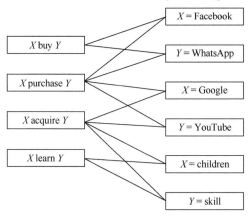

图 9-8　关系图实例[84]

然后，基于关系图学习特定上下文的关系表示，形式化为抽象关系元组与对应特征上下文敏感的相关性得分的拼接向量，相关性得分通过关系元组到特征的重启型随机行走计算。

最后，计算关系向量之间的相似度，大于阈值的关系对及对应上下文形成推理规则。这里，上下文信息的利用体现在随机行走重启概率的计算上，对于上下文无关的特征节点，其相似性通过词的相似度计算，设置高的重启概率，反之设置低的重启概率。

在规则辅助基于分布式表示的推理方面，Guo 等[85]将知识领域设定为简单的规则，进行增强规则的 TransE 知识图谱补全。其具体方法是首先训练 TransE 模型，然后结合规则(如首都这一关系的头实体必须是国家实体)调整 TransE 的推理结果。这些方法中的规则需要实例化，即替换规则中的变量为知识图谱中的实体。

2. 混合神经网络与分布式表示的推理

混合神经网络与分布式表示的推理有两种混合模式：一种是用神经网络方法

建模外部信息，如相关的外部文本、实体描述等，表示建模知识图谱中的三元组；另一种是用神经网络方法建模知识图谱，其输出进一步用于表示模型。

Toutanova 等[86]捕捉文本关系的组成结构，共同建模文本关系三元组和知识图谱三元组。其中，文本关系为对实体对描述进行主、谓、宾等的标注得到的依赖路径，与对应的实体对构成文本关系三元组。采用一个卷积神经网络学习文本关系，得到其向量表示。这些文本关系三元组和知识图谱三元组通过相同的表示学习模型一起训练，允许信息源之间更深层的交互。模型将实体对描述作为三元组的附加信息，只在训练过程中进行学习，调整向量表示，不能处理预测时实体只有实体描述而不存在知识图谱三元组的情况。

DKRL(description-embodied knowledge representation learning，基于描述的知识表示学习)方法结合三元组和实体描述学习知识表示，直接从实体描述建立向量表示，可以处理只有实体描述的情况。

DKRL 首先根据 Freebase 等知识库中实体的文本描述信息，通过分词和去停用词等操作提取每个实体的关键描述词。在实体和关系向量的训练方法上，考虑采用两种不同的建模方式。

(1) 基于连续词袋(continuous bag of words，CBOW)模型，其主要思路是首先利用 CBOW 模型对实体的所有关键词进行编码，获得关键词的向量表示。然后将特定实体关键词的向量表示通过简单的加和方式得到该实体的向量表示。最后根据 $h+r=t$ 基本假设进行参数训练得到推理模型。

(2) 利用 CNN，其主要思路是通过 CBOW 模型得到关键词 embedding 之后，采用 CNN 将词序列投影到低维表达空间中，从而得到实体的向量表示。其中，CNN 的网络结构包含两个卷积层和两个池化层。CNN 模型方法的三元组评分函数由两部分构成，第一部分是 TransE 中三元组的得分函数；第二部分是在 TransE 得分函数的基础上替换头实体或尾实体或者同时替换头尾实体向量为基于对应实体描述的实体向量得到的三个得分函数之和。当实体未出现在知识图谱的训练集中时，可以忽略需要该直接实体表示的项，并根据实体描述得到基于实体描述的实体表示，代入相应的项，计算得分，进行推理预测。相对于 CBOW 方法，CNN 方法考虑了词序信息，且建模方式更为科学。

总之，混合神经网络与分布式表示的推理方法不同于其他具体的某类方法，它更像是一种策略，主要是基于对各类方法深入透彻的分析，找到优势互补的方法进行混合。该方法通常以一方为主，另一方为辅。

另外，随着知识图谱的应用越来越广泛、深入，知识推理也由直接关系的单步推理进一步发展为间接关系的多步关系。多步关系体现了一种传递性约束，可以建模更多信息，这里不再做详细介绍。

9.3　智 能 检 索

智能检索是大规模信息检索与人工智能技术结合的产物，是重要的营销智能信息处理技术，理想的智能信息检索能够模拟人类关于信息处理的智能活动和思维过程。在营销智能中使用智能检索可以实现信息知识的存储、检索和推理，显著提高知识挖掘的大规模知识获取能力和挖掘质量，向用户提供智能辅助。

9.3.1　智能检索的基本思想

智能检索就是能在已有知识的基础上进行推理，为用户的信息需求确定一个相关文献集合。智能检索的定义应用的人工智能的基本原理是：智能=知识+推理。也有情报检索专家认为智能检索是一种似然推理，用 D 表示文献，用 R 表示信息需求。信息检索是建立 $D \rightarrow R$ 的可能性处理。该定义将检索看成似然推理(统计推理和不精确推理)，并指出文献与提问之间的不确定蕴含关系。这种不确定依赖于表示文献内容的语义模式。要证明文献与提问之间的逻辑蕴含，语义推理是其核心问题。

智能检索的基本思想是模拟人类的认知功能与智能活动，如推理、学习等。有效地利用一切知识源，尽快找到满足用于需求的信息知识。理想的智能检索系统应具有强大的自然语言理解能力，使用户可以用自然语言更确切地表达自己的信息需求；模拟专家的检索方法，把用户表达信息需求、制定解决策略以及分析结果的工作转移到智能信息检索系统来处理；具有强大的学习能力，能自动地获取知识，能直接向书本学习，并在实践中实现自我完善。

因此，自然语言检索是智能检索的重要特点。一个理想的信息检索系统应该是一个"问答机"，人们提出问题，它负责解释并回答。它理解的并不是只言片语，而是提问者的意图。作为最终用户，不应多费心表达自己的提问，也无须学习一套烦琐的命令、格式或代码。

随着自然语言处理技术的发展进步和知识图谱的广泛应用，逐渐实现人类自然语言检索已经成为智能信息检索领域的重要研究目标。从技术角度来讲，实现自然语言检索的关键就是将自然语言处理技术应用于信息检索系统的信息组织、索引、输入输出、检索等各个模块，充分理解自然语言查询以及文档的语法、语义和语用信息。而从用户角度来看，就是用自然语言的字、词或句子作为提问输入和对话接口的信息检索方式，就像口语对话一样。自然语言检索使得检索式的组成不再依赖于专门的检索语言，信息检索变得简单、直接、自然而人性化，更加适合非专业的一般检索者使用。

9.3.2　检索处理和检索方法

认知功能主要是人类的认知能力和认知思维方法。人类的思维方法直接影响其智能活动。人类的智能活动包括智能感知、智能思维、智能行为，如推理、学习、语言理解等。在检索处理中，凡需要人类专知才能解决的问题和任务，均可应用人工智能技术加以实现。从这个角度来看，检索的子任务分为智能任务和非智能任务。从整体功能来看，智能检索能够应用人类的知识和知识处理技术来实现高效率、高质量的检索，知识检索就属于智能检索的范畴。智能检索能够处理各类用户，包括：无经验用户的各种信息需求问题，如不完整的和模糊的问题、推导和建立合适的需求模型；应用合适的检索策略和推理方法，尽快检索到最大可能满足用户需求的信息知识。

智能检索方法与知识表示方法直接相关。知识图谱、语义网络等知识表示机制提供了对象或概念间丰富的语义关系，利用语义关系进行搜索，可以实现无规则链的语义推理检索，如联想检索、继承检索和分类检索；使用产生式规则知识表示方法，可以利用检索专家的知识，实现规则演绎推理检索；基于谓词逻辑表示，可以执行逻辑演绎推理检索。但如前所述，客观世界的大多数情况，真正应用严格逻辑描述是很困难的。因此，在智能检索中，不确定性知识推理方法受到人们的重视，成为非常重要的实现技术。

9.3.3　智能检索模型

智能检索模型如图 9-9 所示，它包含四个主要元素，即用户需求、检索结果、检索推理机和知识库[87]。这种检索模型是根据知识表示和推理的基本原理来实现知识检索的，其中的元素解释如下。

(1) 用户需求包括用户信息知识需求、偏好和对检索结果的要求等，可用自然语言、逻辑表达式或形式符号表达。

(2) 检索结果是检索的信息知识。

(3) 检索推理机将信息检索技术与推理技术有机结合起来，实现知识检索任务。检索策略与方法可以是布尔检索、概率检索、相似检索和模糊检索；语义推理是指利用对象或概念之间的语义关系及启发式知识，进行智能检索，如联想检索、分类检索和继承检索；规则演绎推理是利用专家的规则知识进行推理；近似推理是指模糊推理或不精确性推理；逻辑演绎推理是利用谓词逻辑进行推理。

(4) 知识库表示知识库集合，其中控制策略库包含系统控制策略、检索和推荐策略等知识；专家知识库包括专家的信息组织和检索策略、方法等理论知识和经验知识；用户知识库包括用户需求、偏好、背景知识、用户的交互、检索行为

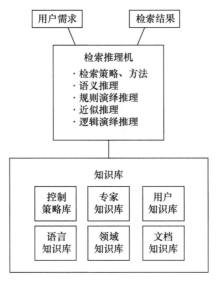

图 9-9   智能检索模型[87]

知识以及用户对检索机制和检索结果的反馈信息等；语言知识库存放语言学知识，主要是字典、词典和语法知识，为用户提问提供自然语言会话能力，为文档分析提供自然语言处理；领域知识库包含应用领域的学科分类知识、元数据和专业概念知识等；文档知识库存储有关文档的各种知识信息，包含文档内容知识和文档之间或元素之间的各种关系描述。

9.3.4   智能检索案例

明略公司基于知识图谱理念设计了明察检索系统，其拥有强大的搜索引擎和语义分析能力，能充分理解人类的语言及意图，出色完成各类型检索任务，并且按照业务场景进行检索结果定制。

明察检索系统通过智能应用服务，打破数据壁垒，汇聚各类数据，全面构建以拍字节级海量数据的广义索引，可以实现超大数据量的动态索引、字段关联、ID融合、多维检索、时空比对及可实现化展示的大数据检索。其具体功能如下所示。

1. 企业级的智能检索

1) 精确搜索

精确搜索功能可以全面展现一个精确 ID 的所有常规数据、行为数据、感知类(人脸、社会化采集数据)及画像(标签)类数据；基于数据挖掘对多元异构数据进行融合，多维汇聚数据；关联同一实体的各种 ID 信息，全息展现一个人的数据全貌，赋能分析。

2) 模糊搜索

模糊搜索功能是基于数据挖掘和用户意图探查,实现检索结果的自动优先排序、智能化二次检索,进一步提高搜索能力,满足客户预期。首先,根据搜索意图进行结果优先排序,优先展示用户最期望的信息;其次基于检索结果,系统智能化地筛选识别出相关联的其他实体信息,如身份证号与姓名、手机号、银行卡号等之间的关联,可直接快速链接进行二次检索,精确定位结果内容,查询结果如图 9-10 所示。

图 9-10　模糊查询结果

3) 组合查询

组合查询功能是将基础属性(姓名、性别、年龄)+动态轨迹(地址、时间)等组合进行多条件查询。可根据业务侧重需求定制组合查询语句,如"姓名+性别+年龄""年龄+地点(南京-北京)""酒店+民族+时间"。

4) 意图识别与自动化推荐

意图识别与自动化推荐功能是基于语义分析和自动推理的核心技术,根据用户实际使用习惯进行特定训练,使检索系统能够准确理解客户意图,并对搜索内容进行自动提示和补充,如图 9-11 所示。

图 9-11　搜索意图识别

5) 智能范围搜索

系统提供范围搜索功能,可根据输入条件和检索内容,智能匹配搜索范围和搜索字段,如图 9-12 所示。智能范围搜索功能可以大幅度提高检索效率,并且对检索结果的范围筛选提供了很大的灵活性。用户可自行设置搜索范围,可多选;搜索范围按类型分类,每个类型下可选择不同的表;搜索范围显示的一级类型和二级表可在后台自行设置。

图 9-12　智能范围搜索

6) 拼音检索姓名

系统支持拼音检索姓名功能,通过拼音汉字转换技术,在数据导入时提供数据清洗用户自定义函数(user-defined function,UDF)转换能力,将姓名汉字自动转换为拼音,并结合实际的人名数据训练出一套数据模型,使得系统能够通过用户输入的姓名拼音智能识别出对应的人名汉字,进而检索出需要的人员信息,如输入 wangpeng 自动检索姓名为王鹏、王朋、汪鹏等人名。

7) 图片检索

系统支持图片检索功能,给定一张人脸照片,通过使用人脸检测和人脸识别等技术,利用结构化特征,从海量人像库中查询出与该人相似的人像图片,快捷精准寻找到目标人。

具体做法是首先针对给定的人脸照片,使用人脸检测算法,检测出人脸所在的区域,将其送入训练好的人脸特征网络中抽取人脸特征。将该特征与底库中的人脸特征向量进行比对计算找出最相似的人脸。可以进行支持分布式多进程的特征抽取,在单台服务器每秒可对 30 张图片进行特征抽取。

8) 文本要素提取

文本要素提取功能是针对导入或输入的文档文本,可以自动提取信息要素,如从一份包含个人信息的文档中提取包括姓名、身份证号、机构、日期、地址、电话号码、银行卡号等实体要素，打通各类数据包含的实体人属性及时空关联，同时可针对不同地域特征训练不同模型，进一步大大增加识别精准度，如图 9-13 所示。

图 9-13　文本要素提取

9) 检索结果智能化多维展示

检索结果智能化多维展示功能即基于检索结果的探查分析、智能推荐，可以进一步提高搜索能力、满足用户预期的关键功能。首先根据搜索信息的相关度排序，将用户最期望的信息优先展示；其次基于检索结果视图，在一个高度集中页面充分展示实体人的档案基本信息、属性标签、轨迹时间轴、关系分析、重点关系人推荐、关联案件分析等信息；对于已有检索结果集，如图 9-14 所示，可以进行轨迹比对、轨迹时空分析、图析、二次检索等应用，以便捷高效地获取到需要的信息及应用需求。

10) 批量检索

批量检索功能是手动上传数据文件，选择比对对象，自动完成提取并与底库比对分析，支持自定义导出统计及明细结果。

2. 自扩展的全息档案

汇聚多维度、多主题的相关信息，在一个高度集成的页面中，对主题实体的基础信息、标签信息、背景信息、关联 ID、地址判定、行为信息、关系信息等汇总融合展示，同时可自定义接入预警分析、图像视频结构化等信息，实时动态更新，减少用户跨多个系统查找、关联数据的不便。在实体关系网络内存在关注对象时会给出提示性信息，方便用户发现关联线索。

图 9-14　智能化的多维展示

3. 轨迹时空化比对分析

轨迹时空化比对分析功能是在营销智能的真实实践中对信息进行比对的应用过程，通过可视化操作方式快速进行数据比对和分析，帮助分析人员快捷地从海量信息中比对碰撞出符合要求的信息，并分析出线索信息所涉及的各种人物、时间、事件序列以及关联关系和可用的线索，如图 9-15 所示。时空碰撞比对分析包括基于时间轴的轨迹查询、同行同住隐性关系分析展示、一键上地图展示轨迹路径等功能。

图 9-15　轨迹时空化比对分析实例

4. 灵活的文本导入

文本导入功能可以灵活解决各地各类分散数据的在线上传问题，无需复杂的定义和模板选择，数据一旦上传即可检索，如图 9-16 所示，同时可根据不同业务需要进行数据共享。

图 9-16　文本导入

5. 快速文本入图

业务人员在实际工作中往往需要对一些碎片化的文本数据进行分析，从中发现重要线索和有用信息。由于文本数据组织结构简单、信息表达能力不强，尤其是篇幅较长或者待分析的文本数量较多时，将会涉及大量的人、车、手机等不同种类实体，实体之间还存在错综复杂的关系，如果没有一个友好的辅助分析工具，将会是一项十分费时、耗力的工程。明察检索系统支持的快速文本入图功能，聚焦于文本数据的信息抽取与整合、图文协同分析和知识汇聚存储等多方面业务需要，利用先进的 AI 技术抽取和汇集知识，进而提高文本分析效率，释放人力资源。文本入图的主要功能如下。

1) 碎片化文本的信息抽取

开放式的信息抽取，从各类不同来源、不同领域的文本数据中抽取实体、关系、属性等要素信息。

2) 文本知识库构建

从文本数据中抽取出来的信息将以知识图谱的形式组织成知识库，该知识库支持动态扩展和内部融合，逐渐完成从小到大、从稀少到丰富的转变，最终成为重要的研判分析知识库。

3) 信息录入和扩展

对于文本之外的信息(如两个实体人之间的特定关系)，支持用户手动录入，从而补充和扩展文本知识库。用户可以直接在图谱中编辑属性和添加关系。

4) 关联图谱推荐和信息整合

新上传文本并自动生成图谱后,系统会自动分析该图谱与以往的历史图谱是否存在关联关系,将存在关联的历史图谱展示出来,通过系统推荐和用户人为鉴别相结合的方式对这些图谱进行合并,从而不断地将孤立、分散的图谱连接起来,实现信息的高效整合。

5) 图文协同分析

文本入图功能包含关系图谱区域展示和文本信息区域展示。关系图谱区域展示全部实体及其关联关系、属性、实体类型统计等信息;文本信息区域展示该图谱相关的文本(多个文本可切换),文本中的实体会自动进行标记,并且支持与关系图谱联动,从图到文迅速定位实体,从而提供一种文图结合的高效分析手段。

6) 对接知识图谱平台

支持与明略知识图谱数据库 NEST 无缝结合,将文本信息知识图谱融入基于公安大数据构建的更完备的知识图谱数据库之中,并通过明略的关联关系分析平台 SCOPA 进行统一的分析研判。

9.4　明略 SCOPA 知识图谱应用平台

SCOPA 知识图谱应用平台(以下简称 SCOPA)集成了知识图谱数据库 NEST,支持超大数据量的关联、检索、时空、比对、建模和挖掘等,是一款理念先进、技术领先、拥有强大的人机交互功能,坚守"人工引导"和"数据说话"理念的知识图谱应用平台。同时,作为知识图谱解决方案的底层支撑平台,SCOPA 提供了丰富的业务功能及组件,将业务知识与机器智能完美结合,根据业务场景和数据图谱特点,提供关系网络分析、时空轨迹碰撞、实时多维检索、信息比对碰撞、智能协作、实时数据接入、文本识别和自然语言识别等强大功能,使知识图谱的行业解决方案快速落地变成了可能。

SCOPA 深入公共安全、金融、税务、工业等各个行业,将单位信息量小而孤立、价值密度极低的原始数据,通过关联碰撞,转化为蕴含更高维度信息的全新"实体-关系"数据形态,其本质是将原始数据编织成带有行业属性的知识图谱,从而让数据融合、信息检索、交互分析和多维展示等基础功能的性能和效用边界发生质的飞跃,进而实现对行业数据的超深度分析和应用。

9.4.1　系统功能

SCOPA 涵盖数据治理、图谱构建、关系挖掘、智能分析等从原始数据到机器智能感知服务的一体化应用，如图 9-17 所示，真正体现全方位的智能化应用服务。

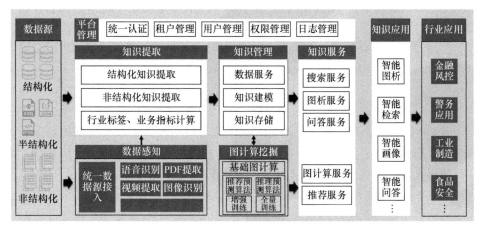

图 9-17　SCOPA 功能展示

1. 超级检索

知识图谱应用平台提供了智能检索功能，可以实现高效的复杂检索，理解和识别用户的搜索意图，为用户提供企业级的智能检索服务，可以灵活地设置搜索范围，并实现批量式比对检索。

2. 文本分析

SCOPA 结合深度学习、命名实体识别等自然语言处理技术，可以对不同领域的文本集合训练出不同的应用领域模型，并通过唯一的关联物或属性信息连通各类数据，实现时空关联关系的挖掘。

3. 关联关系网络分析

在 SCOPA 中，通过可视化的数据关联技术将实体和关系抽象成便于理解的点和线。实体库不仅可以根据不同行业客户的不同业务需求由用户自己定义，也可以随时进行动态调整，通过高度抽象的数据表达方式最大限度地还原数据本来面目。SCOPA 提供的各种工具可以协助用户在复杂环境中捕捉到蛛丝马迹，支持用户在数据分析的过程中从海量实体关系中通过搜索功能快速查找，追踪线索，并自由添加便签，帮助用户理清思路，找到数据背后的逻辑关系。

4. 轨迹时空分析

SCOPA 支持用户对数据基于时间-空间维度进行关联分析，通过时间轴与时间卷轴可以直观显示数据和其所在时间段的分析,当选择某一个时间点或时间段时在关系图中会高亮显示选中时间段内的数据流。SCOPA 同时提供地图研判功能,支持将有地理位置信息的对象拖放到地图上,显示地理位置信息和其他相关信息。同时,在地图上点击对象,可以查看详细信息,通过地图可实现更多展示效果,结合进行高效分析。SCOPA 也提供轨迹时空比对分析功能,实现实战中对信息进行比对的应用过程。

5. 数据探索与建模

SCOPA 通过简单的图形化组合方式搭建各种业务模型,实现多源数据的过滤查询、条件碰撞、交集比对、时空分析、数据合并、特征检索等碰撞处理,为开展深层次、精细化的专业分析应用和最终决策行动提供支持。

SCOPA 也可接入各方数据,通过可视化建模,按照用户设置的碰撞条件,利用后台业务库、专题库、基础信息库、知识图谱库对接入的数据进行比对,快速核查数据的有效性、真实性与关联性,锁定目标身份,在数据计算和过滤的同时,完成高效检索和比对碰撞,支持公安的智能摸排、串并比对、数据碰撞等战法。

6. 知识图谱的自动构建与扩展和融合

实现知识图谱自动构建。基于用户上传的零散文本数据,文本入图功能通过先进的开放式文本信息抽取技术提取出文本中的实体、关系、属性等知识要素,然后通过实体消歧和共指消解等技术完成知识融合,得到一系列的基本事实表达,最后通过后续的知识加工过程得到文本知识图谱。信息抽取后经过知识融合过程和知识加工形成文本的知识图谱。

实现知识图谱的扩展和融合。一方面,由于文本数据自身含带的信息有限,基于文本自动构建的知识图谱仍不够全面;另一方面,由于不同文本的实体之间可能存在关联,对应构建的图谱也存在同样的关联,而非独立存在。文本入图功能提供用户补充知识以扩展图谱的能力,以及打破孤岛状态将关联图谱融合拼接的能力。

9.4.2 系统特点

SCOPA 提供可视化功能,以知识图谱为支撑,融合自然语言理解,具有灵活性强、扩展性强的特点。

1. 具有可视化功能

SCOPA 提供可视化功能,将复杂的实体、关系、事件抽象成了简单的图形,通过高度抽象的数据表达方式最大限度地还原数据本来面目，能提供给客户最全面的信息，并在复杂数据中找到因果关系及规律，理清思路和逻辑。SCOPA 的设计理念充分尊重人类心理认知模型，将数据之间复杂的关系通过"实体-关系"的模型形象表达，协助用户感知数据、理解数据、挖掘数据，在最短时间内锁定关键线索。

(1) 基于用户心理模型的交互方式。SCOPA 的交互系统中多处使用信息可视化的表现方式简化了人对于复杂信息的接收过程，打破了人与数据间的隔阂，加速用户对数据的理解。

(2) 易用性。SCOPA 的诸多交互细节均立足于用户的使用习惯之上，将人工智能和大数据推演的复杂过程简化到用户习以为常的操作中，降低了挖掘数据时的障碍和学习成本。

(3) 提供统一的视觉语言。在界面风格中，SCOPA 从整体的感官到细节的设计都保持了充分的一致性，在用户理解实体和事件等元素的关系上起了重要作用，成为特有的视觉指纹。

2. 以知识图谱数据库 NEST 为存储计算支撑

明略自主研发的混合型知识图谱数据库 NEST 运用混合型数据存储技术，支持海量数据图谱的高效存储和查询，为 SCOPA 提供存储计算层的技术支撑。

3. 自然语言理解平台

SCOPA 利用前沿的自然语言理解、知识图谱、深度学习等多项技术在为用户不断提供更好的服务过程中，衍生出了针对企业级软件服务专门设计的一款革命性的人机交互产品——小明。它通过自然语言让人和机器进行交互，实现智能应用面向人类的适配。"小明"的出现降低了现有企业级服务的使用门槛，提高了知识共享的自动化程度。

(1) 精准的自然语言理解。自然语言理解功能主要负责将非结构化的自然语言转化为结构化的语义表示模型，如框架语义。"小明"内置了多个自然语言理解模型框架，包括意图识别、实体抽取等。用户通过提供少量的语料数据和在线训练即可得到一个面向特定业务领域的自然语言理解模型。以预置模型框架的方式，保证了"小明"能够为不同的领域快速定制出可用的自然语言理解服务。

(2) 支持多种业务系统的对接。"小明"根据框架语义，能够支撑多种不同业务系统的接口，确保机器根据自然语言理解自动地完成某项任务，保证了系统的通用性。目前"小明"已经内置了匹配包括 REST API，SCOPA 的 NQL 等业务系统的对接模块。

(3) 大量内置的领域意图模型。结合明略已经积累的大量行业知识，"小明"内置了多个领域意图模型，包括地址知识库、闲聊模型等，具有"开箱即用"的特点。

(4) 自我迭代优化。随着使用日志的积累，"小明"利用主动学习和强化学习等两项技术能够从使用日志当中提取有效数据，不断地升级和完善模型。

4. 基于多规的 ID 融合技术

实现身份 ID、手机 MAC、手机号、IMEI、IMSI、车牌号等多类实体和虚拟身份 ID 的关联融合，将多个不同的 ID 关联到同一个人，可以实现对重点关注人员的多维分析、多轨查询、一键布控预警等应用。

在具体实现中，首先自动识别或手动辅助识别多表中 ID 的关联关系，构建实体对，然后对于每个实体对(如身份证号与手机号)，从实体对单表频次、实体对跨表频次、实体对鲜活度以及实体对所在表的置信度四个维度进行打分，从多个维度判断关联实体 ID 的可信度，从而得到融合结果，这个过程是可以溯源的。

5. 智能化地址数据处理能力

基于地址标准化算法，对结构化、非结构化数据中的地址数据进行批量标准化处理，在此基础上开展信息抽取、规范化表达、地址相似性比对、地址经纬度解析、距离计算等分析应用，打通时空数据，为上层基于空间的数据关联分析提供能力。

6. 极强的灵活性与扩展性

SCOPA 可以实时地导入各种形态的原始数据，并与全量数据库中的数据进行融合。支持预先设置模式，方便对不同数据源进行解析，从而实现快速的数据导入，使用者只需简单的操作即能导入不同类型的数据源并结合全量数据进行深度分析。

7. 字段集授权，审计机制健全

1) 成熟的权限模块

权限管理(菜单、动作、数据)主要是面向系统管理人员和一线使用人员。将操作相关菜单、数据的权限，按照当前的公共安全权限角色进行分配，同时设计并开发出成熟的权限模块，实现支持基于元数据和基于内容的双重权限管理机制。最终实现系统专人专用，保障系统和数据隐私安全。

2) 安全的日志审计

通过集中采集系统中的系统安全事件、用户访问记录、系统运行日志、系统运行状态等各类信息，经过规范化、过滤、归并和警告分析等处理后，以统一格式的日志形式进行集中存储和管理，结合丰富的日志统计汇总及关联分析功能，实现对信息系统日志的全面审计。

结束语 让营销智能澎湃中国创新动力①

2019 年 8 月，"营销智能国家新一代人工智能开放创新平台"在上海启动并授牌，标志着营销智能成为新的国家平台之一。这是继依托百度建设自动驾驶，依托阿里云建设城市大脑，依托腾讯建设医疗影像，依托科大讯飞建设智能语音，依托商汤建设智能视觉国家新一代人工智能开放创新平台等之后，中国新一代人工智能领域发展过程中的又一重大事件。"营销智能国家新一代人工智能开放创新平台"由明略科技集团领衔建设，计划 5 年内投入 30 亿元着力打造。作者有幸作为这个平台的负责人，深感责任重大，使命光荣。

营销连接生产者与消费者，调研市场机会，服务市场渗透、市场开发、产品服务创新，进而引领市场变革，贯穿企业的全生命周期。营销是所有企业的"必修课"，从企业的产品和服务开始，研究、发掘消费者需求，让消费者了解和购买企业的产品和服务，实现企业价值，为客户、市场、合作伙伴、企业以及整个社会带来经济效益和社会效益。营销包括从产品和服务到消费者的定位，也包括从消费者的市场需求到产品和服务的开发和更新迭代。

营销智能旨在让企业的市场机会、市场渗透和市场开发形成一个可持续的正向闭环。应用人工智能、大数据、客户关系管理等技术，收集和分析多源异构的海量信息，帮助企业在消费和生产数据中发现业务规律，为企业提供智能化的用户洞察、消费者画像、品牌分析、个性化广告、产品和服务推荐、供应链分析、营销库存管理等经营决策支持。通过推理推荐和知识服务技术，支持从研发、生产、营销、销售到服务的全生命周期，赋能企业的高效运转和加速创新。

"营销智能国家新一代人工智能开放创新平台"聚焦以消费者动态变化的个性化、碎片化需求，协同人类智能(HI)、人工智能(AI)和企业的组织智能(OI)形成HAO 智能，研发以数据治理、知识图谱、推理推荐、人机协同为核心技术的营销智能平台，以开放、创新、共享为基本原则，建设营销智能软件与硬件平台、开源社区平台、培训平台，构建人工智能众创平台和标准验证实验室，全面打造营销智能的平台生态体系，识别标杆客户，服务中国品牌的国际化。

明略科技从 2006 年开始营销技术的探索和实践，十几年来为宝洁等绝大部

① 吴信东教授应《人民日报海外版》和科学出版社的约稿，于 2020 年 4 月 6 日在《人民日报海外版》第 9 版发表了"科技名家笔谈"专栏文章(http://paper.people.com.cn/rmrbhwb/html/2020-04/06/content_1980227.htm)，以此作为本书的结束语。读者可到国家营销智能平台 MIP(https://mip.mininglamp.com/)进行开发、创新和共享。

分世界 500 强企业策划广告投放运营、监测广告流量异常、利用社交网络数据为客户进行品牌分析。2014 年以来，明略科技把传统营销领域所积累的各种大数据分析和人工智能技术和经验，应用到案件侦破、工业轨道交通设备状态自动检测与故障诊断、新冠肺炎疫情趋势分析等诸多领域，进行多源异构的数据采集和画像，研究"制造者"(原因)与"消费者"(后果)的供-需关系定位和迭代，积累了丰富的实战经验。

　　2018 年 7 月，明略科技成立了明略科学院，汇聚了一批有国内外著名高校教学科研经历和世界 500 强项目实战经验的专家，形成了一系列具有国际水平的科研成果。这支水平过硬的专家队伍和已经取得的成就，为我们建设国际领先水平的营销智能国家平台奠定了坚实基础。当前，这个平台建设以超大规模行业知识图谱平台的研发及产业化为抓手，通过多维感知、大数据治理、数据安全、数据挖掘、知识融合、高效排序和推理推荐技术等，自动化构建知识图谱并利用知识图谱进行自动机器问答，建立对企业数据资产进行物理管理和逻辑管理的数据中台，形成面向人机协同的智能应用，加速知识图谱及人工智能技术在餐饮、工业、零售等领域的商业化落地。我们自主开发的 HAO 技术正在平台网站上(https://mip.mininglamp.com/)向企业界和学术界进行开发和共享，广泛邀请国内外的大学和企业协同创新，共同开发智能时代数据资源的价值，以期使数据能够更好地服务于行业，助力企业提升生产效率，加快推进产业智能化升级，为经济社会持续发展提供战略储备、拓展战略空间，推动经济结构转型升级，让营销智能澎湃中国创新动力。

参 考 文 献

[1] 徐丙臣. 市场营销学原理与实践. 北京: 中国经济出版社, 2011.

[2] 杜玮. 市场营销组合及影响因素分析. 中国商论, 2017, (2): 7-8.

[3] 国家统计局. 服务业风雨砥砺七十载 新时代踏浪潮头领航行. http://www.stats.gov.cn/tjsj/ zxfb/201907/t20190722_1679700.html. [2022-04-30] .

[4] 吴建安. 市场营销学. 6 版. 北京: 高等教育出版社, 2018.

[5] 卫军英. 整合营销传播理论与实务. 4 版. 北京: 首都经济贸易大学出版社, 2017.

[6] 唐·舒尔茨, 海蒂·舒尔茨. 整合营销传播: 创造企业价值的五大关键步骤. 何西军, 黄鹂, 等译. 北京: 中国财政经济出版社, 2005.

[7] 任星. 浅析经济新常态下网络营销的现状. 经济研究导刊, 2019, 396(10): 80-81, 89.

[8] Pine B J, Gilmore J H. Welcome to the experience economy. Harvard Business Review, 1998, (76): 97-105.

[9] 汪涛, 崔国华. 经济形态演进背景下检验营销的解读和构建. 经济管理, 2003, (20): 43-49.

[10] Schmitt B H. Experiential Marketing: How to Get Customers to Sense, Feel, Think, Act and Relate to Your Company and Brands. New York: The Free Press, 1999.

[11] 郭国庆, 牛海鹏, 胡晶晶, 等. 消费体验、体验价值和顾客忠诚的关系研究——以大中型休闲类网络游戏为例. 武汉科技大学学报(社会科学版), 2012, 14(1): 81-87.

[12] Csikszentmihalyi M. Optimal experience: Psychological Studies of Flow in Consciousness. Cambridge: Cambridge University Press, 1988.

[13] Holbrook M B, Hirschman E C. The experiential aspects of con-sumption: Consumer fantasies, feelings, and fun. Journal of Consumer Research, 1982, 9: 132-140.

[14] Sheth J N, Newman B I, Gross B L. Why we buy what we buy a theory of consumption values. Journal of Business Research, 1991, 2: 159-170.

[15] Rintamaki T, Kanto A, Kuusela H, et al. Decomposing the value of department store shopping into utilitaruan, hedonic and social dimensions: Evidence from finland. International Journal of Retail & Distribution Management, 2006: 34(1): 6-24.

[16] Varshneya G. Experiential value: Multi-item scale development and validation. Journal of Retailing and Consumer Services, 2017: 34: 48-57.

[17] 刘大勇. 场景营销: 打造爆款的新理论、新方法、新案例. 北京: 人民邮电出版社, 2019.

[18] 向世康. 场景式营销: 移动互联网时代的营销方法. 北京: 北京时代华文书局出版社, 2017.

[19] 魏伶如. 大数据营销的发展现状及其前景展望. 现代商业, 2014, (15): 34-35.

[20] 陈志轩, 马琦. 大数据营销. 北京: 电子工业出版社, 2019.

[21] 刘亚男, 胡令. 新媒体营销: 营销方法+平台工具+数据分析. 北京: 人民邮电出版社, 2021.

[22] 李京京, 王莉红. 新媒体营销. 北京: 人民邮电出版社, 2019.

[23] 阳翼. 人工智能营销. 北京: 人民大学出版社, 2019.

[24] 吉姆·斯恩特. 人工智能营销. 朱振欢, 译. 北京: 清华大学出版社, 2019 .

[25] 于承新, 王海滋, 郝怀杰, 等. 电子商务概论. 济南: 山东科学技术出版社, 2007.

[26] 明略科技集团. DMP 产品白皮书. https://mip.mininglamp.com/#/app-dmp. [2022-04-10].

[27] 明略科技集团. CDP 产品白皮书. https://mip.mininglamp.com/#/app-cdp. [2022-04-10].

[28] 明略科技集团. CEM 产品说明文档. https://mip.mininglamp.com/#/app-cem. [2022-04-10].

[29] 明略科技集团. CMP 产品说明文档. https://mip.mininglamp.com/#/app-cmp. [2022-04-10].

[30] 明略科技集团. Serving 产品白皮书. https://mip.mininglamp.com/#/app-serving. [2022-04-10].

[31] 明略科技集团. BTD 产品白皮书. https://mip.mininglamp.com/#/app-btd. [2022-04-10].

[32] 梅宏. 大数据导论. 北京: 高等教育出版社, 2018.

[33] Master T J. 大数据采集技术综述. https://blog.csdn.net/qq_21125183/article/details/80584561. [2020-03-21].

[34] 张俊林. 这就是搜索引擎——核心技术详解. 北京: 电子工业出版社, 2012.

[35] 扶七先生. 网络爬虫的抓取策略. https://blog.csdn.net/a575553272/article/details/80265182. [2020-02-09].

[36] Tom_fans. 物联网数据采集处理架构. https://blog.csdn.net/tom_fans/article/details/78667779. [2020-02-09].

[37] QYUooYUQ. 大数据采集技术概述. https://blog.csdn.net/dsdaasaaa/article/details/93661858. [2020-02-09].

[38] 张绍华, 潘蓉, 宗宇伟. 大数据治理与服务. 上海: 上海科学技术出版社, 2016.

[39] Otto B. Data governance. Business & Information Systems Engineering, 2011, 3(4): 241-244.

[40] Wu X D, Zhu X Q, Wu G Q, et al. Data mining with big data. IEEE Transactions on Knowledge and Data Engineering, 2014, 26(1): 97-107.

[41] Wróbel A, Komnata K, Rudek K. IBM data governance solutions. 2017 International Conference on Behavioral, Economic, Socio-Cultural, Krakow, 2017: 1-3.

[42] Rahm E, Do H H. Data cleaning: Problems and current approaches. IEEE Data Engineering Bulletin, 2000, 23(4): 3-13.

[43] Tang N. Big data cleaning. Asia-Pacific Web Conference, Changsha, 2014.

[44] Aggarwal C C. Outlier Analysis. Cham: Springer International Publishing, 2015.

[45] Chu X, Ilyas I F. Qualitative data cleaning. Proceedings of the VLDB Endowment, 2016, 9(13): 1605-1608.

[46] Raman V, Hellerstein J M. Potter's Wheel: An interactive data cleaning system. Proceedings of the 27th International Conference on Very Large Data Bases, Rome, 2001: 381-390.

[47] Ming H, Jian P. Cleaning disguised missing data: A heuristic approach abstract. The 13th ACM SIGKDD International Conference on Knowledge Discovery and Date Mining, San Jose, 2007: 950-958.

[48] Elmagarmid A K, Ipeirotis P G, Verykios V S. Duplicate record detection: A survey. IEEE Transactions on Knowledge and Data Engineering, 2007, 19(1): 1-16.

[49] Bordes A, Usunier N, Garcia-Duran A, et al. Translating embeddings for modeling multi-

relational data. Proceedings of the 26th International Conference on Neural Information Processing Systems, Lake Tahoe, 2013: 2787-2795.

[50] Chen M, Tian Y T, Yang M H, et al. Multilingual knowledge graph embeddings for cross-lingual knowledge alignment. Proceedings of the 26th International Joint Conference on Artificial Intelligence, Vienna, 2017: 1511-1517.

[51] Sun Z Q, Hu W, Li C K. Cross-lingual entity alignment via joint attribute-preserving embedding. Proceedings of the International Semantic Web Conference, Vienna, 2017: 628-644.

[52] Guan S P, Jin X L, Jia Y T, et al. Self-learning and embedding based entity alignment. Proceedings of the 2017 IEEE International Conference on Big Knowledge, Hefei, 2017: 33-40.

[53] Afrati F, Kolaitis P G. Answering aggregate queries in data exchange. Proceedings of the 27th ACM SIGMOD-SIGACT-SIGART Symposium on Principles of Database Systems, Singapore, 2008: 129-138.

[54] Fagin R, Kimelfeld B, Kolaitis P G. Probabilistic data exchange. Journal of the ACM (JACM), 2011, 58(4): 15.

[55] Xiao Z, Fu X J, Goh R S M. Data privacy-preserving automation architecture for industrial data exchange in smart cities. IEEE Transactions on Industrial Informatics, 2018, 14(6): 2780-2791.

[56] Wu Y Q, He F Z, Zhang D T, et al. Service-oriented feature-based data exchange for cloud-based design and manufacturing. IEEE Transactions on Services Computing, 2018, 11(2): 341-353.

[57] Tyagi H, Watanabe S. Universal multiparty data exchange and secret key agreement. IEEE Transactions on Information Theory, 2017, 63(7): 4057-4074.

[58] Tyagi H, Viswanath P, Watanabe S. Interactive communication for data exchange. IEEE Transactions on Information Theory, 2018, 64(1): 26-37.

[59] Goh C H, Bressan S, Madnick S, et al. Context interchange: New features and formalisms for the intelligent integration of information. ACM Transactions on Information Systems, 1999, 17(3): 270-293.

[60] Duschka O M, Genesereth M R. Answering recursive queries using views. Proceedings of the 16th ACM SIGACT-SIGMOD-SIGART Symposium on Principles of Database Systems, Tucson, 1997: 109-116.

[61] Tao C, Zhang L, Shi B L. Query processing for ontology-based XML data integration. Journal of Computer Research and Development, 2005, 42(3): 112-121.

[62] 王万良. 人工智能及其应用. 3 版. 北京: 高等教育出版社, 2016.

[63] 百度百科. 知识图谱. https://baike.baidu.com/item/知识图谱/8120012. [2022-02-12].

[64] Pan J Z, Vetere G, Gomez-Perez J M, et al. Exploiting Linked Data and Knowledge Graphs in Large Organisations. Cham: Springer International Publishing, 2017.

[65] 王鑫, 邹磊, 王朝坤, 等. 知识图谱数据管理研究综述. 软件学报, 2019, 30(7): 2139-2174.

[66] Gruber T R. A translation approach to portable ontology specifications. Knowledge Acquisition, 1993, 5(2): 199-220.

[67] 徐增林, 盛泳潘, 贺丽荣, 等. 知识图谱技术综述. 电子科技大学学报, 2016, 45(4): 589-606.

[68] 黄恒琪, 于娟, 廖晓, 等. 知识图谱研究综述. 计算机系统应用, 2019, 28(6): 1-12.

[69] 王永庆. 人工智能原理与方法. 西安: 西安交通大学出版社, 1998.

[70] 戴望州, 周志华. 归纳逻辑程序设计综述. 计算机研究与发展, 2019, 56(1): 138-154.

[71] Carlson A, Betteridge J, Kisiel B, et al. Toward an architecture for never-ending language learning. Proceedings of the 24th AAAI Conference on Artificial Intelligence, Atlanta, 2010: 1306-1313.

[72] Suda M, Weidenbach C, Wischnewski P. On the saturation of YAGO. International Conference on Automated Reasoning, Edinburgh, 2010: 441-456.

[73] William W Y, Mazaitis K, Lao N, et al. Efficient inference and learning in a large knowledge base. Machine Learning, 2015, 100: 101-126.

[74] Bühmann L, Lehmann J. Pattern based knowledge base enrichment. Proceedings of the 12th International Semantic Web Conference, Sydney, 2013: 33-48.

[75] Richardson M, Domingos P. Markov logic networks. Machine Learning, 2006, 62(1): 107-136.

[76] 官赛萍, 靳小龙, 贾岩涛, 等. 面向知识图谱的知识推理研究进展. 软件学报, 2018, 29(10): 2966-2994.

[77] Nickel M, Tresp V, Kriegel H P. A three-way model for collective learning on multi-relational data. Proceedings of the 28th International Conference on Machine Learning, New York, 2011: 809-816.

[78] Chang K W, Yih W T, Yang B, et al. Typed tensor decomposition of knowledge bases for relation extraction. Proceedings of the Conference on Empirical Methods in Natural Language Processing, Stroudsburg, 2014: 1568-1579.

[79] Nickel M, Jiang X, Tresp V. Reducing the rank in relational factorization models by including observable patterns. Proceedings of the Advances in Neural Information Processing Systems, Montreal, 2014: 1179-1187.

[80] Tay Y, Luu A T, Hui S C, et al. Random semantic tensor ensemble for scalable knowledge graph link prediction. Proceedings of the 10th ACM International Conference on Web Search and Data Mining, New York, 2017: 751-760.

[81] Socher R, Chen D, Manning C D, et al. Reasoning with neural tensor networks for knowledge base completion. Proceedings of the Advances in Neural Information Processing Systems, Lake Tahoe, 2013: 926-934.

[82] Dong X, Gabrilovich E, Heitz G, et al. Knowledge vault: A web-scale approach to probabilistic knowledge fusion. Proceedings of the 20th ACM SIGKDD International Conference on Knowledge Discovery and Data Mining, New York, 2014: 601-610.

[83] Liu Q, Jiang H, Evdokimov A, et al. Probabilistic reasoning via deep learning: Neural association models. Artificial Intelligence, 2016, arXiv: 1603. 07704.

[84] Han X P, Le S. Context-sensitive inference rule discovery: A graph-based method. Proceedings of the 26th International Conference on Computational Linguistics, Osaka, 2016: 2902-2911.

[85] Guo S, Ding B Y, Wang Q, et al. Knowledge base completion via rule-enhanced relational learning. China Conference on Knowledge Graph and Semantic Computing, Beijing, 2016: 2659.

[86] Toutanova K, Chen D, Pantel P, et al. Representing text for joint embedding of text and knowledge bases. Proceedings of the Conference on Empirical Methods in Natural Language Processing, Lison, 2015: 1499-1509.

[87] 李蕾, 王小捷. 机器智能. 北京: 清华大学出版社, 2016.